0度

本初子午线地理学

[英] 查尔斯·W. J. 威瑟斯
著

梁卿
译

ZERO DEGREES

GEOGRAPHIES OF THE PRIME MERIDIAN

by
Charles W. J. Withers

北京联合出版公司
Beijing United Publishing Co.,Ltd.
· 后浪

图书在版编目（CIP）数据

0度：本初子午线地理学 /（英）查尔斯·W. J. 威瑟斯著；梁卿译. -- 北京：北京联合出版公司，2024.12

ISBN 978-7-5596-5875-3

Ⅰ. ①0… Ⅱ. ①查… ②梁… Ⅲ. ①本初子午线－普及读物 Ⅳ. ①P127-49

中国版本图书馆CIP数据核字（2022）第021754号

审图号：GS（2024）2442号

ZERO DEGREES: Geographies of the Prime Meridian
by Charles W. J. Withers
Copyright © 2017 by the President and Fellows of Harvard College
Published by arrangement with Harvard University Press
through Bardon-Chinese Media Agency

Simplified Chinese edition copyright © 2024 by Beijing United Publishing Co., Ltd.
All rights reserved.
本作品中文简体字版权由北京联合出版有限责任公司所有

0度：本初子午线地理学

[英] 查尔斯·W. J. 威瑟斯　著
梁卿　译

出 品 人：赵红仕
出版监制：刘　凯　赵鑫玮
选题策划：联合低音
责任编辑：翦　鑫
封面设计：杨　慧
内文制作：聯合書莊

关注联合低音

北京联合出版公司出版
（北京市西城区德外大街83号楼9层　100088）
北京联合天畅文化传播公司发行
北京美图印务有限公司印刷　新华书店经销
字数281千字　710毫米×1000毫米　1/16　21印张
2024年12月第1版　2024年12月第1次印刷
ISBN 978-7-5596-5875-3
定价：68.00元

版权所有，侵权必究
未经书面许可，不得以任何方式转载、复制、翻印本书部分或全部内容。
本书若有质量问题，请与本公司图书销售中心联系调换。电话：（010）64258472-800

目　录

地图与插图

※ 本书插图系原文插附地图

[1] Ferro，即今日所称加那利群岛中的耶罗岛（El Hierro）。——编者注

一个地方的经度是指，从经过起算点的子午线起，这个地方在赤道上计算所得的差；这条子午线是整个地球的地标，一切具体地点的经度都以它为界围绕地球进行计算。现在，几个国家对我们作为经度起算点的子午线做了不同的规定。

威廉·阿林厄姆（William Allingham），

《地图的性质与使用》（*The Nature and Use of Maps*，1703）

序　言

1883 年 11 月，一名 67 岁的英国水手给世界地理学会写来一封信。他开门见山地写道："有些事物为人类共有。"威廉·帕克·斯诺（William Parker Snow）的心中所想正是一条唯一的本初子午线，一个（条）供世界各国使用的地球原点或基准线。他分析指出，如果以这个共同议定的点为地球测量的起点，航海家和地理学家就可以规划航线、调整地图，天文学家或许还能绘制太空地图，大家统一使用地球上的一个标准参照点。帕克·斯诺强调指出，供全世界使用的唯一本初子午线将"对科学和人文大有裨益"[1]。

他对统一的测量基准的诉求源自切身体验。威廉·帕克·斯诺 1817 年出生在英国普尔（Poole）。他是水手、作家、巴塔哥尼亚短期殖民者、美国内战史学家，也是老资格的北极探险家，最后这个身份对他的自我形象塑造很重要。他还号称拥有特异功能，时人评论他活在"第四度空间的边缘"。帕克·斯诺所谓的特异功能表现为，1850 年 1 月，他深信（别人却难以置信）自己梦到了倒霉的富兰克林探险队 1847—1848 年在北极失踪的地点。帕克·斯诺本人年轻时曾在海上遭遇暴风雨，险些遇难，当时他的船与另一艘船差点相撞，因为对方测算大洋中位置和航线所依据的首子午线[1]跟他不一样。[2]

帕克·斯诺的请求正当其时。19 世纪末期尚无唯一的本初子午线，尚无全球共用的开展多维空间测量的 0 度原点——尚无一个计算起点，供地理学家、航海家、天文学家和计时员据以确定各自的测量体系。过去也没有。到 19 世纪 80 年代，让全世界采用唯一本初子午线的运动在几个方面取得了实质性的进展。帕克·斯诺对此有所察觉。可是在他所处的时代，本初子午线的故事——其历史、地理、各国各界的使用——是个旷日持久的各国各行其是的故事。例如，1825 年《伦敦百科全书》（*London Encyclopaedia*）中“子午线”的条目清楚地说明了这个问题的性质：“一国的首子午线是指该国的地理学家、航海家和天文学家测量经度所依据的起点；子午线本身彼此没有区别，首子午线的认定相当武断，不同的人群、国家和时代以不同的点为经度起算点，给地理学造成非同小可的混乱。”至少在这位作者看来，这些差异和由此导致的混乱不可调和：“国家乃至科学界普遍存在强烈的嫉妒心，我们对全世界将于近期设定共同的起始子午线不抱希望。”[3]

在帕克·斯诺生活的世界，有二十多条本初子午线在使用。欧洲几国长期以通过加那利群岛最西边的费鲁岛的子午线为本初子午线。选择这个地理原点是继承了古希腊的文化遗产。不过，《伦敦百科全书》接着指出，截至 1825 年，各国一般使用各自的首子午线：“各主要国家如今通常以本国首都为起始子午线。”例如法国使用两条首子午线：一条在费鲁岛，约 1720 年后还有一条子午线以巴黎天文台为中心。1776 年后，美国如法炮制，把华盛顿特区的

---

[1] 本书英文版在表示“起始经线”时，主要使用了三种不同表达。为保留这种差异，简体中文版以三种不同译文与原文对应：“本初子午线”对应 prime meridian，“起始子午线”对应 the first meridian，“首子午线”对应 initial meridian。在其他表达中，meridian 一般译作“经线”。——编者注

首子午线用于天文目的，把英国格林尼治的首子午线用于地理和航海：1850 年，这两条首子午线被庄严地写入美国法律。英国从 18 世纪 60 年代后期起，最常用于航海目的的本初子午线是以格林尼治皇家天文台为基准的子午线。[4]

帕克・斯诺1883年关于一条“国际本初子午线[1]”的提议——他用的字体强调了他的主张——是，“在我看来，要设在大自然似乎为此目的在地球上专门安放的那个点上”[2]。他选择的点是圣保罗礁［Saint Paul’s Rocks，今名圣彼得与圣保罗群岛（Saint Peter and Saint Paul Archipelago），或圣彼得与圣保罗礁（Saint Peter and Saint Paul Rocks）］，这是大西洋上赤道附近的一群小岛，位于巴西本土的卡尔坎角（Cabo do Calcanhar）东北约 1014 千米。“如果把这个点定为通用的本初子午线，”他论述道，“在海上换算经度的难题将迎刃而解，国家或个人对特定地点的偏爱也将得以消除。”帕克・斯诺打算为了世界的福祉设定一个新的测量起点，他的主张在一定程度上带有这样的印记——某国原有的本初子午线高于其他本初子午线：“如果采纳我的建议，这个点［要］叫作‘新格林尼治本初子午线’。”[5]

如今，圣彼得与圣保罗礁上有一座建于 1995 年的灯塔，还有一座建于 1998 年的巴西科学站，用于卫星通信。帕克・斯诺计划把“新格林尼治”用作地球测量的起点，也是出于对海上通信和安全的考虑：“我本人并不局限于只把这些礁石当作想象中的子午线所在地。我的计划包括利用它们和大洋中的其他礁石、岛屿和岬角，实现更多科学和人文目的。”[6] 三十多年间，他在谈话和文章中大力宣传的设想是设立一系列“海洋救援站点”。1880 年 11 月《钱伯斯杂志》（*Chambers’s Journal*）刊载的文章写道，该计划是用电

---

[1] 英文版中“国际本初子午线”为 INTERNATIONAL PRIME MERIDIAN。——编者注

[2] 基于此，对于书中以某地地名表示经过当地的经线一类表达，在不影响理解的前提下，一般不做处理。——编者注

缆和停泊的灯塔船织成一张巨大的网络，好比一台“漂在海洋世界的电报机”，以全世界唯一的“新格林尼治本初子午线”为 0 度心脏。[7]

设定唯一本初子午线背后的想法，是解决由各国长期各行其是所造成的地理学混乱。使用唯一的起始经线可以拯救生命，把地图标准化，团结各界科学人士，还可以为世界提供一个用来规范空间和时间测量的原点。但这件事不可能一蹴而就。要想给世界设定唯一的本初子午线，就必须彻底废除各国数百年间的成规惯例。也就是说，必须彻底废除各国各界无数人士在研究地球的工作过程中使用多条本初子午线（且用法不同）的惯常做法。地理学家和地形测量人员经常根据制图的特定需求和环境任意设定 0 度，即测量的本初子午线。天文学家则以天文台的 0 度为原点计算观测的本初子午线。帕克·斯诺差点丢掉性命的经历表明，不同国家（乃至同一国家）的水手又用别的方法计算出发港的 0 度——有时以天文台，有时以界标，或者使用其他习以为常的起始经线。

威廉·帕克·斯诺寄出这封信不到一年后，二十多个国家的地理学家、天文学家、航海家和政治家齐聚华盛顿特区，出席国际子午线会议（International Meridian Conference），旨在为了世界的福祉提出唯一的本初子午线，但此次会议绝不是对帕克·斯诺来函的直接回复。会场上不见帕克·斯诺的身影。他的主张在会上提出的议题中也无迹可寻。新格林尼治不在会议讨论的几个备选地点之列，会议以外也没有人对它产生兴趣。会议印制的日程安排对帕克·斯诺或新格林尼治只字未提。然而，在华盛顿特区，人们提出了一条本初子午线，它战胜其他选项成为测量地球的起点，用于绘图、航海、天文研究和记录时间。这条线并非如帕克·斯诺所愿，由大自然赋予的事物决定，而是由政治和科学辩论决定的：在哪里、为什么以及如何在众多本初子午线中选择一条作为世界的起点。

引　言

一条线统领世界

本初子午线是地球经度设为0度和经度原点所在的那条线。本初子午线在严格的物质意义上并不存在，但它通过地图和钟表统领着地球上全体人类的生活。经度和时间这两个方面的测量都以本初子午线为基准。自1884年以后，它就设在英国格林尼治皇家天文台。地球空间在图例上以时间中的这一刻统一规范，以空间中这个点设定世界标准时间（协调世界时）。

1884年10月到11月，应美国总统之邀，华盛顿特区召开了“国际子午线会议”，格林尼治作为世界测量空间和时间的0度原点的地位就是此次会议的结果。会议主席、海军少将C. R. P. 罗杰斯（C. R. P. Rodgers）致开幕词，他代表总统欢迎“外交界和科学界的诸位知名代表”，并提醒他们，此次会议的目的是“各国缔结新协议，商定一条适合在世界范围内用作共同的经度为0度和时间标准的子午线”。他强调指出，当前全世界的科学家和各国政府都已明白，“各国采用唯一的本初子午线，取代现存的多条首子午线，是可取之举”。一个月后，罗杰斯主持了闭幕会。此时，围绕地球的本初子午线和世界标准时间，代表们就七条建议达成了几乎全体一致的意见——他们称之为“决议”。其中的关键内容是接受“各国共用唯一的本初子午线”（决议第1条），决定英国格林尼治为世界的“首子午线”（决议第2条），同意设定国际日期（决议第4条），还裁定“该国际日期在全世界从首子午线的子夜 0 时开始”[1]（决议第 5 条）。

1884 年，世界唯一的本初子午线定在英国格林尼治皇家天文台，并以之设定世界标准时间，这对时人而言是一件大事——至少有望成为一件大事。在现代学者看来，华盛顿会议、格林尼治、1884 年等，是全球科学和世界主义政治学的一个重大时刻，是构建现代性的一块“世界试金石”。[2]格林尼治占据了计量主导地位，人们往往把这个故事描述为世纪末英国的科学和政治权威所导向的似乎不可避免的结果，把早先的局面和别国的视角（倘若予以考虑）解读为几乎无可挽回地导向格林尼治对外国竞争的“胜利”：在华盛顿达成的全球方案是英国实用主义、帝国主义、海上和商业实力以及经验科学的胜利。[3]

本书对本初子午线问题做了更为复杂的解读。书中把这个问题与各国地理、各私人和公共行为体、比较计量学问题，特别是 19 世纪末科学、空间和时间的国际化关联起来。本书探讨地理、天文和航海实践中的一个全球问题，即 1884 年前曾经存在许多条本初子午线。书中探讨了许多条首子午线并存的影响和后果。书中探讨了用来解决这个问题的途径，即华盛顿会议，以及华盛顿会议提出的解决方案长期以来在各个地理区域所造成的不均衡的结果——我称之为华盛顿会议的“余波”。面对无数可能的替代选择，本初子午线这个统领世界的特征，何以定在了格林尼治？世界的本初子午线为什么到 1884 年才定下来，这个空间设定与时间的规范有什么关系？我们怎么解读这个世界计量标准的解决方案，怎么理解和解释促成该方案的诸多问题，怎么理解会上提出的解决方案实施得既迟缓又不均衡？这些问题和其他事务所构成的一切，我在这里姑且称之为“本初子午线问题”。

本初子午线问题

子午线就是经线：一些用来划分和测量地球的地理学和数学惯例。在某种意义上，本初子午线或任何一条首子午线的定位都是纯粹任意的：它可以反映个人的选择或者公认的国家政治决策。在另一种意义上，正如华盛顿的代表们和数百年前的先辈知晓和理解的那样，“本初子午线”“起始子午线”或“首子午线”（这几个词可以互换）的选择绝非任意。不过，首先，有一个重要的区别值得注意。本初子午线包含两个主要概念：制图或测量的本初子午线，与观测的本初子午线。制图或测量的本初子午线是指地图上标记为0度、经度为0的经线或经度原点。这些首子午线是纯粹任意的，可以由于反复使用而成为惯例，也可以由于制图时为实现不同目的采用了另一条起始经线而被取代。观测的本初子午线是以天文台为基准，与天文台出版的星历表有关。星历表是列出常用天体的预测位置以辅助天文学和航海的天文年历。“观测的本初子午线构成了18世纪航海和测绘中初步位置测定的基础，它们数量很少。”[4]

过去，这个区别在实践中常常模糊不清，因为天文学家和测量人员也许参照相同的“地方”子午线，作为起始原点开展测量。同样，航海家参照子午线时对术语的使用很随便，几个词可以互换。近代地理学家经常参照“本初”子午线确定某个点以东或以西的经度，使用者欣然假定这条本初子午线是观测所得的结果，其实不然。我们会看到，现代学术界常常把以上区别混淆。[5]

下文澄清了观测的本初子午线与测量的本初子午线、相关背景下各行各界的实践与讨论中的本初子午线的区别。为方便起见，也许可以把我们这里要探究的本初子午线问题分成三个部分。第一部分是华盛顿的代表们谋求解决的问题——“多条首子午线”。第二部分是“解决方案”：准确地说是华盛顿会议提出解决方案，把格林尼治定为世界的首子午线和经度原点，并以之为国际日期的基准点，国际日期从“首子午线子夜 0 时”开始。第三部分与这个事实有关：华盛顿会议的建议只是建议而已。因此，我们可以研究一下 1884 年华盛顿会议的“余波”，因为余波表明，规范世界的努力产生了不均衡的后果。

多条本初子午线的问题

众多制图和观测的本初子午线杂糅并存并造成诸多难题，曾为安妮女王担任皇家地理学家的地图制作者约翰·塞内克斯（John Senex）想必对此了然于心。他在《新版普通地图集》（*New General Atlas*，1721 年）中写道：

> 西方国家虽然同意把它（本初子午线）定在欧洲大陆的西部，却没有就具体地点达成共识。托勒密和古人把它定在幸运群岛当中的一座岛上，如今通常认为幸运群岛即加那利群岛。部分阿拉伯人对托勒密亦步亦趋，另外一些人把它定在赫拉克勒斯之柱（Hercules Pillars），即直布罗陀海峡一带。现代人有的把它定在特塞拉，有的定在佛得角群岛或佛得角本身，还有的定在加那利群岛特内里费岛之巅（Pike of Tenerife）。西班牙人把它定在托莱多；葡萄牙人把它定在里斯本。简而言之，只要愿意，各国均可把它定在本国首都。但多数人遵照托勒密，并且可能会继续遵照，特别是法国国王路易十三听从能干的数学家的忠告，于 1634 年 4 月 23 日颁布法令，让臣民把本初子午线定在加那利群岛中最西边的费鲁岛。
>
> 如今，从地理学家设定首子午线的地方向西或向东计算经度已经成为惯例。
>
> 他们（在这里，塞内克斯指的是各国地理学家，主要谈到的是制图的子午线）对确定这条子午线的意见分歧在地图上造成了巨大的混乱，有时很难查明各地的经度……目前唯一的补救

> 办法是描述各条本初子午线所在的地点及它们之间的相对距离。
>
> 西班牙人自从征服西印度群岛后，就把首子午线定在托莱多；与其余欧洲人相反，他们此后由东向西计算经度。
>
> 荷兰地理学家布劳（Willem Blaeu）和他的多数同胞把首子午线定在加那利群岛特内里费岛之巅。
>
> 我们已经听说，法国人一般把它定在费鲁岛，有的定在巴黎。
>
> 我们英国地理学家如坎登（Camden）、斯比德（Speed）等把它定在亚速尔群岛；有的定在科尔武岛，还有的定在圣迈克尔群岛（Isles of St. Michael），这个观点追随者甚众。后来有人把它定在伦敦。[6]

各国自行其是，塞内克斯的论证说明了这个问题的长期性和复杂性。在古代，古典地理学家和部分伊斯兰学者把本初子午线定在加那利群岛。法国 1634 年颁布御令，正式承认这个定位，规定法国的本初子午线经过加那利群岛最西端的费鲁岛，这条御令以数学建议为依据。但塞内克斯告诉我们，法国人还用另一条本初子午线——巴黎开展测量。荷兰人也把本初子午线定在加那利群岛，而且定在“特内里费岛之巅”。英国人的做法又不一样，他们把本初子午线定在亚速尔群岛或伦敦（通常指伦敦的圣保罗大教堂）。塞内克斯心中想的是，使用不同的本初子午线给从地理角度理解和表述世界造成了诸多难题，而围绕使用哪条本初子午线用于何种目的，天文、地理和海事各界各自为政，使这个问题更为复杂化。

在 19 世纪末和此前相当长的时期内，人们随处遭遇并忍受着数不清的本初子午线。每一条都是一国的政治权威和科学惯例的反映。评论家知道，这种情况不可持续。依照商定的全新标准测量地球的地理空间和时间，对科学进步、国际政治和迅速现代化的世界至关重要。我们在这个背景下考虑一下桑福德·弗莱明（Sandford Fleming）的观点。生于苏格兰的加拿大铁路工程师弗莱明是 1884 年华盛顿会议的英国四人代表团成员之一。他知道，科学和通信的进步要求对地球的时间和经度进行标准化。19 世纪 70 年代中期以后，弗莱明发表了一系列文章，支持时间标准化和唯一通用的本初子午线：他因此被誉为“标准时间之父”。[7]

回首 19 世纪，一个帝国林立的时代遭遇电报、铁路、速度的文化影响和技术效果及地球空间的闭合，现代学者称之为“时空聚合”。[8] 弗莱明等人生活在时间未经规范的世界，体验着使用二十多条本初子午线引起的地理学混乱，在他们看来，现代性要求人们共用一条本初子午线。弗莱明说：“设定一条起始经线或本初子午线，让各国用作计时的公认起点，这件事对整个文明地区产生影响，它的位置选择也许会引起相互冲突的意见。因此，必须本着宽容的世界主义精神考虑这个问题，以免触犯民族感情和成见。”[9]

“相互冲突的意见”成了国际子午线会议谋求解决的问题。在各国内部，科学家等各界相关人士的民族意识的形成和根深蒂固的成规惯例，可以解释为什么存在许多条本初子午线。整个近代时期，至少西欧对设在加那利群岛费鲁岛（Cap Ferro）[1] 的本初子午线存在一定程度的共识：塞内克斯的论证大体证实了这一点。不同的本初子午线在 17 世纪后期，尤其是 18 世纪出现，是各国相对的政治和军事实力的反映，是启蒙运动的学者对大地测量学、理性的力量和用数学划分空间发生兴趣的组成部分；它们也是地理和天体测量的基准线，以满足地理学家、航海家和天文学家的要求。在制图史学家马修·埃德尼（Matthew Edney）看来，这些本初子午线的选择充当了“把制图实践的各个时期相互区分的标志，从文艺复兴（大西洋上多座岛屿）、启蒙运动（特内里费岛、费鲁岛、伦敦）

---

[1] 费鲁岛西南部的一个岬角。——编者注

到现代（格林尼治、巴黎、加的斯等）”[10]。

但各个时期并非总是泾渭分明。对于使用哪条本初子午线，各国和科学界内部的做法各不相同。地理学家和制图师在地图上标记不同的 0 度并作为参照（有人竟然在同一张地图上标记若干条本初子午线）。大地测量学家和天文学家只好不断地校正自己的测量结果，把使用过的多个基准经度考虑在内。水手有时在海上必须参照路过的外国船上航海家的数据，调整自己的经度。他们要么用计时器，要么通过天文观测确定自己的位置，参照不同的地理特征进行计算，比如瞄准器中最后一块陆地或圣保罗大教堂的穹顶等——为方便起见，把这些特征当作本初子午线的起始点。地形测量人员发现，他们的运算必须不断地重新评估：国家和地区的版图形状和大小似乎随着别国的本初子午线，甚至在一国内部使用多条本初子午线而发生改变。

这个问题和由此造成的混乱并不限于各国我行我素，也不限于地理图书、航海实践或描述方法。进入 19 世纪以后相当长的时间里，不少国家还在使用多条本初子午线。1882 年，国际上对全球共用一条本初子午线的关切达到顶峰，发出了共聚华盛顿的邀请书。西班牙海军的水文学家唐·胡安·帕斯托林（Don Juan Pastorin，华盛顿会议代表之一）在谈到自己对这些问题的体会时说道：“为数众多的子午线的存在一直让我觉得可悲。在海军大学的课堂上，我不能理解测量经度的不科学方法何以为数众多，连教授和我们所学的课本都公开表示声讨，但这种情况却丝毫没有改变。”图书和航海教学中长期存在的错误已经足够糟糕的了，西班牙国内在不同时期还存在许多条本初子午线，更让这个问题雪上加霜。帕斯托林接着说，西班牙“以直布罗陀海峡、托莱多、古老的瓜尔多海军学院、圣费尔南多（San Fernando，古今两座天文台在两个地点）、费罗尔、卡塔赫纳、马德里马约尔广场（Plaza Major）、马德里天文台、科英布拉、里斯本（基于三座依次排列的天文台，分别设在三个地方）、马尼拉大教堂、费鲁岛（设在多个点，其中几处令人生疑）为原点计算经度——如今，又有人胡乱提出一条供参照的子午线”[11]。

本初子午线各不相同问题的存在凸显了以下这个事实：没有一个通用的标准点可以作为测量空间和时间的依据。随着对这个基准原点的需求日趋强烈，19 世纪以明确的先例清楚地表达了一个事实：问题不仅是科学、航海、地理等各界人士各自为政，以不同的方式使用不同的本初子午线。时间缺乏标准化把这个问题复杂化了。在 1884 年的建议之前，没有标准时间或者公认的民用日（civil day）。此外，两套计量标准即英制和米制（公制）同时使用，特别是线和面的测量。在 1884 年华盛顿会议很久以前、会议期间乃至会后，问题同样存在，有人表达过诉求，指出世界的测量需要使用单一的全球标准。辩论中，国家视角与全球福祉的倡导者相互对抗。本初子午线问题从根本上与这些问题相互牵扯。要设定唯一的本初子午线，就要在一个各行其是的世界选择适当的地点和适当的方法，用作规范时间和空间的依据。

本初子午线的解决方案：1884 年华盛顿会议和全球唯一的本初子午线

挑选格林尼治作为世界的计量基准线绝非事出必然。华盛顿的代表们围绕几条重要的备选本初子午线各自的利弊展开了辩论。柏林、格林尼治、巴黎、华盛顿乃至白令海峡——叫作格林尼治的“对向子午线”——都得到了认真考虑。意图达到的结果是各国达成“一项新协定”。代表们宣称“绝对中立”，受科学准则的动机驱动。但他们对七项决议的投票模式有时显得模棱两可，而在其他会议活动中，他们立场坚定、态度鲜明地宣扬与本国的科学和政治利益相关的不同意见。1884 年会议上，华盛顿、格林尼治、柏林和巴黎也许是世界本初子午线的几个主要备选地，但会场外提到或者先前的科学会议上讨论过的另外几个地点并未彻底排除。

到1884年，人们提出或使用着二十多条本初子午线，试举几例：耶路撒冷、北京、费城、罗马、加那利群岛费鲁岛、奥斯陆、新奥尔良、马德里、麦加、京都、伦敦圣保罗大教堂、格林尼治、巴黎、柏林、普尔科瓦（Pulkowa）、伯利恒和吉萨大金字塔等。有几个国家（包括美国）同时把多条本初子午线用于不同的科学目的。海军少将罗杰斯在欢迎词中呼吁达成一个全球共用的结果："我们只谋求全人类的共同福祉，为发展科学和贸易寻求一条各国均可接受的本初子午线。"罗杰斯和与会代表们在为全球唯一的本初子午线展开辩论时，还面临着一个难度不算小的问题：怎样为会议日程建立基础。会议的召开该遵循什么原则？代表们该依据哪些证据做出决定？国家惯例怎么调和，才能达成国际乃至全球协议？诸多问题将在下文加以探讨。对1884年会议的内容和组织方式的评估揭示了本初子午线问题的复杂性，会上还出现了一些其他问题。华盛顿会议提出了七项关于空间和时间的全球测量的决议，这些决议只是建议而已。作为决议，它们对各参与国的政府不具有约束力，对缺席国的效力就更小了。1884年国际子午线会议没有最终解决本初子午线问题。

本初子午线的余波

1884年会议建议把格林尼治定为地球的0度，但是全世界并没有立即予以实施。1884年后，有几个国家继续在地形图和航海图上使用格林尼治以外的本初子午线，继续使用各自的地方时。但我们不应该认为华盛顿会议是一次没有效果的会议。

各国反应不一，原因不仅在于决议不能在世界各国强制执行，还在于我们必须理解，每项决议对相关各界——天文、地理、航海——以及公众都具有不同的意味。采用格林尼治的提议引发了持久而纷繁的余波，对余波的考虑是本初子午线问题的一个关键要素，因为它揭示了这个结果的地理、体制和社会影响范围。这些计划旨在实现全球共识，消除长期存在的国家差别，它们越过国界，在科学界引发了各种各样的回应。人们尤其反对决议第 2 条，即把格林尼治定为世界的“首子午线和经度原点”；但是支持决议第 6 条，即把天文、航海（和民用）日相统一的提议。当时，世界上存在各种公共计时制度。民用日从子夜开始计量，持续时间为 24 小时。民用日往往分成两个 12 小时（上午和下午），但 24 小时的天文日从正午开始计量，在民用日开始以后。航海日基本上相当于民用日，英国从 19 世纪初、美国从 19 世纪 40 年代才形成这种情况。标准时间与铁路运营相关，是 19 世纪末的新生事物，桑福德·弗莱明等人呼吁全球共用一套计时系统——他用了各种叫法：“标准”时间、“宇宙”时间或“世界”时间等——在这样一个世界，不难看出华盛顿提出的“解决方案”绝不只是一个答案，也并非放之四海而皆准地适合所有人。

本初子午线作为研究对象

迄今为止，对于这里要研究的本初子午线问题——多条本初子午线的问题、华盛顿提出的解决方案和 1884 年会议的余波——人们以各种方式做过千差万别的探讨。

约翰·塞内克斯 1721 年的言论证明，到了 18 世纪，人们对作为地理和航海方面议题的本初子午线普遍发生兴趣。很显然，人们对地理和航海文本中作为实践课题的本初子午线给予关注，也通过制图实践和船舶航行给予关注。但是在启蒙运动的一两个重要时刻出现了例外，当时，本初子午线与地理上的民族自决发生了关联。本初子午线作为一个偏学术研究的课题到 19 世纪末才出现，并拥有自己的历史和“包含”计量学、全球现代性、科学权威等宏观课题的历史学。在众多的民族表达成为科学关切的普遍由头之际，本初子午线成了严肃的研究对象。[12]

近年来的学术研究倾向于在国家框架内探讨本初子午线。英国遵照御用天文学家马斯基林（Nevil Maskelyne）的尝试，从18世纪60年代后期起就把格林尼治设定为英国测绘和天文研究的基准线。马斯基林在《英国海员指南》（*British Mariner's Guide*，1763）和《航海天文历和天文星历表》（*Nautical Almanac and Astronomical Ephemeris*，1767）中，提出了在海上精确地计算经度的新方法，就此把格林尼治皇家天文台定为0度。后来人们提议以格林尼治0度经线为全球中心，并以此设定基准时刻，英国用这条经线“统领世界”——法国除外。还有许多国家除外。法国人以费鲁岛和巴黎为参照基准，用不一样的方式统领着世界。在法国的大地测量学家、天文学家乃至法国国王看来，以巴黎子午线进行测量最为精确，这是不证自明的，尤其在18世纪，他们认为自己的测量最具科学权威性。华盛顿会议上，法国代表急于指出这些事实，不愿做出让步。1884年前，美国国内几十年来对本初子午线观点不一。有些权威人物，尤其是华盛顿的权威人物认为，美国的本初子午线至关重要，在政治、科学、地理上充分象征着革命后与英国保持距离。其他人持相反的观点，即美国应该坚持格林尼治的统领权威，为了科学和人文的普遍利益以格林尼治为全球的本初子午线。[13]

唐·胡安·帕斯托林和桑福德·弗莱明的证据表明，国家差异固然重要，但本初子午线问题涉及的层面超出了国家差异。我们不应该认为，本初子午线问题反映了大英帝国的经验主义、法国的蛮横无理、美国的犹豫不决和西班牙的教学方法不当，而是应该把它理解为一个科学权威问题，与计时系统的出现紧密相关，在19世纪尤其与现代性本身紧密相关。

其他人以各种方式讨论本初子午线，上述问题是主要内容。在《全球时间统一运动》（*One Time Fits All: The Campaign for Global Uniformity*，2007）中，时间史学家伊恩·巴特基（Ian Bartky）对本初子午线问题进行了研究，认为它是世界走向计时制标准化的一个重要因素，在 19 和 20 世纪的美国尤其如此。巴特基阐述的问题，桑福德・弗莱明心知肚明：到 19 世纪中叶，时间不标准的问题——用弗莱明的说法，不是“标准”时间或者“世界”时间——对贸易、国际通信和生活节奏至关重要。巴特基表明，本初子午线问题与英国和欧洲的时间规范、与电报尤其是与北美洲铁路时间表的发展情况息息相关。技术变革让世界变小，对空间和时间测量的共同参照点的需求变得更强烈。华盛顿的代表们渐渐认识到，科学原则必须与日常的社会生活相调和，国家利益必须转化为全球统一问题。

科学史家彼得・伽里森（Peter Galison）和文学学者亚当・巴罗斯（Adam Barrows）在各自对时间性和现代性的叙述中都注意到了 19 世纪末 20 世纪初的本初子午线问题。伽里森在《爱因斯坦的钟表，庞加莱的地图》（*Einstein's Clocks, Poincaré's Maps*，2003）中研究了 1884 年华盛顿会议之前几年的情况。他看到大家在几次考察本初子午线问题的国际会议上对时间标准化的关切日益增强，时间标准化不仅是科学规范的组成部分，也是全球市民生活的组成部分。19 世纪末与其他时期相比与众不同，国际科学协会的数量迅速增加，科学交流取得发展，学科实践者跨越国界初步形成网络：这些情况结合起来，标志着这个时期是“民族主义时代的国际科学”时期之一。[14]

一系列科学会议——主要是地理大会——从这些角度对本初子午线展开了辩论，以 1871 年安特卫普为发端。共同的计量学、时间的规范和标准化等问题既是这些会议的重要组成部分，也是这些会议相互关联的纽带。华盛顿会议之前的几年，从 1871 年的安特卫普到 1875 年的巴黎、1881 年的威尼斯，再到 1883 年在罗马召开的国际大地测量协会（International Association of Geodesy，简称 IAG）会议，都讨论了本初子午线问题，并且认为其格外明确地表现了科学领域不断增强的国际主义。科学领域和时间规范的这种国际主义，也被认为是政治控制的关键要素：钟表规范理论物理学，推动通信技术；而钟表的协调受“国家雄心、战争、工业、科学和征服”驱动。亚当·巴罗斯在《帝国的宇宙时：现代英国与世界文学》（*The Cosmic Time of Empire: Modern Britain and World Literature*，2011）中也注意到了时间的规范及其在现代性构想中的位置。不过，他的关注点与其说是多条本初子午线问题，不如说是现代性在1884年华盛顿决议之后纷繁多样的文学表达。[15]

除了直接的实践重要性，在科学领域内部，甚至在特定学科内部更为宽泛的准确性和知识权威的讨论中，本初子午线也是一个重要题目。我希望表明，本初子午线问题也跟源自准确或者号称准确的认知权威和社会权威的观念息息相关。对于法国人，特别是从18世纪20年代重新计算巴黎子午线，发现它“方位错误”以后，确定本初子午线就成了一个长期（longue durée）项目，旨在消除误差，重新定位法国的基准线，重新评价科学实践者及其政治资助人所声称的准确性。18世纪70年代末以后——尤其是19世纪头30年，这个叙事还延续到稍后时期——英国和法国的联合努力也是为了明确格林尼治和巴黎天文台的经度，更好地判定两国各自的本初子午线的绝对和相对位置。遵照诺顿·怀斯（Norton Wise）等的观点，我们也许可以把“精确度”与比较标准和“准确性”相互关联；大体上，“精确度”是指一次或一系列测量与真实值或约定值相对应的程度。在英国、法国和美国，人们用文字和数字表达这些问题，写报告和论文探讨不同的本初子午线，相关的个人和机构用数学语言给自己树立信誉，确立其声明的有效性。[16]

过去，本初子午线问题鲜明地存在于不同国家，作为领土主权的一种衡量标准反映各国的政治权威。但是本初子午线既是空间和时间权威的表达，又是象征，这种权威并不源自共同的测量标准。在18和19世纪，度量衡、计量学的故事是一个纷繁多样、令人困惑的叙事，惯常使用的量具范围很广。最明显的是，计量学是一个解决双方冲突的叙事，一方坚持英国的英制度量衡制，另一方支持法国的米制。肯·奥尔德（Ken Alder）表明，对米加以规范和标准化的尝试在地理和政治差异面前遭到失败：米的故事是一个误差、政治容忍和认知容忍、科学权威与民族自豪感的故事。英国的情况别无二致：英国的标准测量单位在 18 和 19 世纪不止一次做过校准。[17]

标准测量单位很重要，因为测量地球应该使用的单位——英国的英寸或法国的米，在本初子午线的讨论中是一个核心议题，尤其是 19 世纪 60 和 70 年代吉萨大金字塔被视为全球可能的本初子午线之际。其倡导者（古怪地）宣称，这座古老的纪念碑体现了英国的英制单位并使之神圣化。因此，大金字塔应该成为全球计量学的原点，未来各国都应当受到英国量度的统辖，英国量度本身是天意所归。从现代的视角看，这种观点似乎很奇怪，它反对公制的理由也很奇怪：公制是革命性的，不精确，不可行，最重要的是，公制是法国的。但是在时人看来，英制与公制单位的矛盾是 18 和 19 世纪科学生活和政治辩论中周而复始的内容，不关注这个问题，就无法理解本初子午线——不管人们提议把它定在吉萨还是别的地方。[18]

这些事实有几层含义。如果像宣称的那样，“国际科学”这个词的含义并不确定，那么，必须谨慎对待“国际”和“科学”在时人眼中的含义，无论在 19 世纪后期还是稍早时期。[19]19 世纪后期，科学国际化显而易见，不仅体现于基于学科的跨国协会的壮大，也体现于至少西方各国看待科学问题的方式（即科学问题是在国界内外开展政治、社会和文化改革的手段），此外还体现于科学是共同公益的手段和形式的观念。[20] 在分析关于时间的科学内容的同时，留意科学家和政治家对时间的关切，就提出了社会背景、学科结构、机构代理和个人影响力等问题。人们从多个方面把本初子午线看作领土主权、数学准确性和计量权威的问题，看作共同的“公共利益”的表达，科学各界把它看作专门用途的学科等；要想理解本初子午线，还必须考虑这些看法满足了谁的政治利益。本书借鉴发展了他人得出的上述论述。我忽略掉了“假线索”，所谓的“本初子午线”原来是诗歌或散文作品，还有历史学家用“帝国子午线”这个概念来回顾欧洲诸帝国的某些历史时刻。[21]巴特基、伽里森、巴罗斯等把重点放在本初子午线、现代性和时间性上，我的主要关切却是本初子午线、计量学与空间性，即本初子午线的地理学意义。

从地理角度思考本初子午线

在几种相关的意义上，本初子午线问题是一个深刻的地理问题。其中尤为重要的是以下这个事实：本初子午线是地球测量方式的一个重要的组成部分。它是人类努力“读取”、测量和统领地球维度的一个关键表征。如今世界只有一条设在格林尼治的本初子午线，过去地理学领域却存在无数条本初子午线，每一条都反映了各个国家的利益。多线并存问题的解决方案在一种场合、一座城市提出，对整个世界造成的影响却千差万别。在这个意义上，要理解本初子午线问题，就要密切关注地理尺度，这一点很重要。本初子午线同时具有全球影响力、国际或跨国表达（以从多次国际科学会议为之展开辩论的角度为例）、国家重要性和各不相同的地区意义。它也根深蒂固地与地区环境、特定机构乃至个人利益联系在一起。[22]

本初子午线问题在实践层面，即在实践过程的层面——远洋航行、三角测量、地面测量、电报通信和天文观测——是一个地理学问题；世界由此纳入秩序，0度方位是一个构成要件或预期目标。本初子午线以各种形式在地理学方面变得真实：地理著作中的研究课题、教育文本和地图集，还有地图（尤为重要）。本初子午线往往处在地图或地图集制作的核心，有时名副其实地处在正中央；相关的制图师把测量或观测的本初子午线定为原点，有时它成为相关国家地理范围的象征性表达。

在特定地点（物理层面每条本初子午线所处的位置）以及在不同的社会空间（理论层面）把它作为问题或者像华盛顿会议那样作为解决方案加以探讨，在这些层面，本初子午线问题都是一个地理学问题。关于提出本初子午线问题的场所和背景——本初子午线应该设在哪个天文台，哪几次国际科学会议对表述和给出这个问题的解决方案具有影响力，哪些科学意见对构建本初子午线发挥了最大的作用，诸如此类——我这里用"地理学"这个词，是出于强烈的现实主义。即我的观点是，本初子午线问题的性质取决于处理这个问题的地点和社会空间，取决于提出解决方案的地点。有些评论人员认为，科学在做出解释并加以传播时所使用的地理学语言只是一些名义，他们认为地点和空间本身不具有解释性，但后文却要论证特定场所、社会和科学会议对解释本初子午线问题构成的意义。

在近年来一系列探讨科学在地理层面的产出和接受的著作中，这些问题——测量、比例尺、地理实践、地理产品及其表现形式、场所和社会环境、准确性、社会和政治利益等，各利益相关方对本初子午线意义的分歧——都是连贯一致的。因为所谓的科学在形式和意义上因地而异，不同学科的知识因背景不同而具有鲜明的特征和认知内容。从这些方面看，我认为本初子午线也是处于发展初期的地理科学的一个要素，随着时间推移，它在各个地方逐渐发展为一个课题——无论是在巴黎，1634 年法国国王为费鲁岛下达御令，或 18 世纪 20 年代在科学院（Académie des Sciences）；18 世纪 70 年代在伦敦；19 世纪初在波士顿和费城；还是 1884 年某一刻在华盛顿提出"解决方案"等。同时，多条本初子午线的问题在会场上的社交和认知空间得到正式辩论，作为个人感兴趣的题目，作为民族认同的象征，作为互不相让的计量学的组成部分，也作为高度民族主义和科学国际主义时期技术和文化变革的事务，这格外清晰地说明了科学的地理维度。[23]

本书的叙事结构

本初子午线是一个统领世界的明确的地理特征，《0度》探讨它的设立及其悠久的学术历史和意义。这本书探讨了科学的地理学和地理学的科学；探讨在一个科学日益国际化的时期，科学、政治、全球化、准确性、计量学、认知和社会权威、民族认同、科学家个人与各国科学界的工作情况。这本书探讨空间中的一条线和时间中的一个点何以成为全球权威。

这本书分成三个部分。它们大体上反映本初子午线问题的几个主要因素：多条本初子午线问题、1884年把它定在格林尼治的解决方案、1884年后本初子午线问题的后续余波。我已经讨论过这个问题的“答案”，即主张把本初子午线设在格林尼治，我会在第5章回到这个问题。除此之外，这本书的结构主要是按时间顺序探讨本初子午线，从古典地理学家的著作直至它在20世纪以一种或另一种形式的表达，不过我在结尾处简短地论述了21世纪初的本初子午线。接下来主要考察本初子午线问题在1634年到1884年的250年间的情况，以及1884年华盛顿会议；然后转到第三部分，即1884年华盛顿会议的后果。上面概括的主题——准确性、可信度、民族认同、地理实践、科学国际主义等——在这个结构下展开讨论。也可以把每个主题各用一个章节加以探讨，但那样势必反复多次论述华盛顿、格林尼治和1884年。前面各章包含数百年间的证据，多为国家层面的证据。后面的章节切入必要的细节，甚至记录单篇科学论文的内容，披露曾经讨论本初子午线的科学会议的指导原则，并仔细考察华盛顿会议对这个问题逐日逐场的讨论。

第一部分“地理学的混乱”的开头第1章探讨18世纪以前数百年间的多条本初子午线问题，尤其是1634年的巴黎会议，它的意图（即使不是结果）也许可以被认为是1884年华盛顿会议在近代的前身。本初子午线问题得到研究，因为它与不同的民族表达相关，因为它是地理、天文与航海界的文本传统与实践的组成部分，因为它与18世纪后期的“经度问题”相关，还因为它是用三角测量“确定”格林尼治和巴黎本初子午线的国际协作的准确性和权威性问题。第2章把关注点放在1884年前一百年间的美国本初子午线上，更准确地说，放在美国的几条本初子午线上。如我所言，围绕本初子午线问题在民族认同、政治自觉、科学权威和科学界的分歧等方面引发的多重忧虑，我们在美国找到了也许最为清晰的表述。

第二部分“世界大同？”共3章，第3章是第二部分的第一章，从本初子午线在科学和政治领域与计量学相关的角度加以分析，把本初子午线纳入更为宽广的学术背景。从1871年起，本初子午线问题就是国际地理会议的地理和政治关注点，第4章从这个角度做了探讨。当我转向几次科学会议的运作，以及若干颇有影响的评论人员引导本初子午线问题的形式和内容的言论时，这里格外明显地出现了焦点“汇聚”。第5章展开了本初子午线解决方案这一主题。

第三部分“地理学余波”的头一章则书接上文。这一章逐字逐句地分析华盛顿会议的报告和时人对它的反应，大众刊物和科学杂志报道了代表们的协商情况。第6章分析华盛顿会议的余波、不同背景和物质形式下的格林尼治，对作为必要特征的细节给予了更多关注。第7章回顾了本初子午线问题的主要特征，同时，1884年华盛顿会议及其磋商流程日后成为公众纪念的主题，本章记述了几种纪念方式。

我们知道，1884年召开了国际子午线会议并提出了提案。这本书论证的是前因后果：此次会议是什么问题的“解决方案”？

第一部分

地理学的混乱

GEOGRAPHICAL
CONFUSION

第 1 章

"可笑的虚荣心"

约 1790 年前的全球本初子午线

1762 年，德国哥廷根大学哲学教授、地理教师比兴（Anton-Friedrich Büsching）在介绍他的著作《地理学新体系》（*A New System of Geography*）时，澄清了本初子午线到底是什么："我们所理解的首子午线，是指在数不清的经线中，我们作为起点在赤道上由西向东计算经度的那条线。"比兴接着写道，本初子午线是人类的巧妙设计，各国不一，并非大自然固有的事物："大自然原本并未为此目的指定特殊的经线，所有经线对这个荣誉享有同等权利，所以设定某条线为首子午线完全取决于我们的选择。"他进而评述道："荷兰人和其他许多人把首子午线定在特内里费岛的峰顶（Pico）；法国人自 1634 年后遵照路易十三的命令，规定首子午线经过费鲁岛，现代地理学家通常遵循这个规定，特别是纽伦堡的宇宙志学会（Cosmographical Society）和 1749 年在柏林出版海洋地图集的作者们。瑞典人的首子午线经过乌普萨拉（Uppsala）。"

虽然知道了本初子午线是什么，却并没有就它位于何处达成共识。比兴对这种意见不一的情况感到厌烦："希望地理学家们能在这一点上达成一致。"当时许多人深有同感。爱丁堡地理教师埃比尼泽·麦克费特（Ebenezer MacFait）在《通用地理学新体系，附这门科学的原理说明》（*A New System of General Geography, in which the Principles of that Science are Explained*，1780）中评论道："英国地理学家大多从伦敦子午线起计算经度，更确切地说，从格林尼治天文台的子午线算起"，"地球仪、地图和航海图上繁多的子午线很容易让新手不知所措；无论如何，从测算经度的一种方法转换为另一种方法给人造成痛苦，也耗费时间"。"很遗憾，"麦克费特宣布，"他们未能一致同意从特内里费岛子午线算起。"1789 年，英国历史学家爱德华·吉本（Edward Gibbon）在评论这个问题时表现出一贯的坦率性格：

> 对于希腊人和阿拉伯地理学家，首子午线大致位于幸运群岛，或者说加那利群岛：现代观测已经确定了费鲁岛的真正位置，经度从旧半球的西部边界起按部就班地前进。西班牙人、荷兰人、法国人和英国人可笑的虚荣心以各种方式改变了这条理想线的形态，使之不再是个共用的熟悉术语：如今必须对马德里、阿姆斯特丹、巴黎和格林尼治的子午线加以比较，这个新的混乱复杂的源头加剧了各国的用语和测量的庞杂性。

国王乔治三世的御用地理学家威廉·法登（William Faden）言简意赅地说明了这种情况："各国自行选择首子午线，给地理学造成不小的混乱。"[1]

正如吉本暗示的那样，古人认为，他们所使用和理解的本初子午线标志着已知世界的西部边界，经度以它为起点向东进行标记；古人不认为它是地球的一个核心特征，经度也不是向东西两边计算。可是到了近代，这种共同认识就连在国家内部也不复存在。例如，法国 1634 年颁布御令，把加那利群岛的费鲁岛定为本初子午线。到 18 世纪 20 年代，法国又把本初子午线改到了巴黎，事实证明，这个选择出于民族自豪感，但也是忧心忡忡的由头，是由对于准确性的要求和推定而引起的。

使用不同的本初子午线——吉本笔下“可笑的虚荣心”造成了地理学混乱，这种混乱到 18 世纪后期变得更加复杂。在 18 世纪最后十年，英法两国各自宣称自己的准确性前所未有，两国的权威人物不遗余力，尝试用三角测量和天文学确定格林尼治和巴黎天文台的确切地理位置。他们的声明和活动反映了一种渴望，至少要在这两个地方把观测的和地理的本初子午线结合起来：确定了天文台的地点，就能够确定我们也许可以叫作国家的“照准线”，即原点，以便为各自的国家空间绘制越来越准确的地图。但是在 18 世纪 90 年代，格林尼治和巴黎天文台这两个地点在国际计划中其实只是充当一种更为复杂的长期局面的特殊改良的角色，这项国际计划的目的是分别准确地测定两条 0 度本初子午线。在比兴、麦克费特、吉本和法登生活的世界，荷兰人有一条测量地球的地理基准线，西班牙人也有一条，英国人还有一条，而法国人的基准线又不一样。

本章追溯本初子午线的地理学意义，从它在古典地理学家世界观中的定位，到 18 世纪后期格林尼治和巴黎本初子午线的确立。本章分为三个部分。第一部分探讨主要在欧洲和欧洲人地理想象中使用的多条本初子午线，特别关注所使用的各条本初子午线是如何形成的。西方学术传统中有一“类”本初子午线，即磁（magnetic）本初子午线或无偏（agonic）本初子午线，我要讨论它的出现和它在 17 世纪中叶几近消失的现象。1667 年巴黎天文台建立，1675 年英国格林尼治皇家天文台建立，第二部分探讨此后一百年间的民族认同、地图绘制、科学用途与本初子午线的作用之间的关联。18 世纪末，本初子午线与“经度问题”与其在航海和印刷上的解决方案有关，我从这个角度展开思考。18 世纪后期，欧洲各国对本初子午线问题各行其是，第三部分在这个背景下考虑 18 世纪 70 年代以后的多项计划，它们的目的是把巴黎和格林尼治天文台用三角测量联系起来。综合看来，本章叙述了葡萄牙和西班牙航海家、荷兰制图师、德国哲学家、英国地理学家、法国国王、各地学习天文学和地理学的学生，为什么使用不同的本初子午线，并造成这种“地理学混乱”。

统领空间和时间的几条线：约 1667 年前的本初子午线

巴黎天文台和格林尼治天文台建立前，本初子午线的历史地理学具有几个相关特征。其中之一是古典时期使用本初子午线留下的恒久遗产。在中世纪和近代欧洲，许多天文学家兼数学家突破了古典的参照基准，使用标新立异的 0 度地理基准线进行天文观测。1492 年以后，由于欧洲环球航行的探索和发现，欧洲海员和航海家参照古人划定的权威性线条，在一定程度上认为他们在大西洋上发现了一条本初子午线。欧洲水手向美洲进发，在大西洋上遇到了凭经验判断很像磁稳定的现象，他们因此认为，自然界原本存在一条经度为零的基准线，可以用作测量地球的依据。

古典的起始线和起始点

在欧洲地理实践的历史上，从理论上测量地球尤其是测量经纬度的尝试始于古希腊人。据我们所知，最早以本初子午线为起点测量地球的是地理学家、数学家厄拉多塞（Eratosthenes，约前 276—前 196）。他把自己居住的亚历山大城（Alexandria）设为本初子午线，测定古典时代人类居住的范围即地中海已知世界的长度。喜帕恰斯（Hipparchus of Nicea，约前 190—前 120）生活在罗得岛，他以罗得岛为本初子午线，对厄拉多塞的测量提出批评（厄拉多塞误以为亚历山大城本初子午线经过罗得岛）。这些尝试都存在缺点，因为几乎没有对纬度进行可靠的测算，同时也因为没有可行和可靠的办法算出经度，对地球进行东西向的测量。几百年来，人们受到这两个问题的困扰，无法就本初子午线达成一致意见。

就本初子午线而言，西欧首屈一指的权威人物是托勒密（Claudius Ptolemaeus，即 Ptolemy，约 90—168）。托勒密的重要性在于，他选择了当时已知陆地的最西边，他称之为幸运群岛，现在叫加那利群岛。他估计了（事实上夸大了）地中海的长度，进而估计了整个地球的大小，这是他的决定产生的结果。传统的伊斯兰和南亚社会认可了几条本初子午线。伊斯兰地理学家采用托勒密的观点，也把本初子午线定在已知世界的西部，但并不总是赞成托勒密使用幸运群岛。古印度用一条设在斯里兰卡［Laṅkā，即锡兰（Ceylon）］的中央子午线计算行星运动，或许也把这条线用作经度测量和地面测量的原点。公元 2 世纪中期以后，南亚的主要本初子午线设在乌贾因（Uijain）古天文台，位于今印度中央邦（Madhya Pradesh）。一些阿拉伯早期经度表参考了东方另一条子午线，这条子午线设在贾玛戈德（Jamāgird）或康迪兹（Kangdiz），地点不确定。远东文明把本初子午线设在宇宙哲学意义上的重要地点——例如日本早期的京都，中国把本初子午线定在北京。[2]

在古人和 15 世纪前的欧洲人看来，加那利群岛是已知世界的西部边界。托勒密选择把本初子午线定在地球边缘的费鲁岛，而没有选择一条位置居中的经线。他的地理学著作的生命力持续到了近代，在欧洲文艺复兴时期遭到严格审查。到 15 世纪末，设在加那利群岛的本初子午线具有了双重意义。欧洲地理学家和天文学家把它作为古典地理学的规定加以理解和采纳，欧洲航海家则可以对它加以检验。15 世纪 30 年代在加那利群岛以西发现了亚速尔群岛，15 世纪 50 年代以后又在亚速尔群岛以西发现了佛得角群岛，15 世纪 90 年代发现了美洲。尽管如此，多数地理学家、航海家和制图师最初都坚持以托勒密的选择为本初子午线。然而，他们日益认识到这条线的任意性，地球的地理维度在向东和向西扩展，要求开展全新的绘图和测量。他们不约而同对托勒密的其他观点提出质疑，比如大西洋的宽度、地球的对称性及大小等。[3]

与水手和航海家相反，天文学家从不以加那利群岛为标准。伊斯兰和基督教天文学家都倾向于把天文台设为 0 度原点。他们把各个天文台的观测子午线定为各自的起始点，以便于计算星历表，即天体在一定时段所在位置的列表，用来观测天象和陆地上的位置特征。例如，阿方索星表（Alfonsine Tables）由卡斯蒂利亚国王阿方索十世资助编制，它以托莱多为基准线，首次于 1252 年 1 月 1 日使用，中世纪和近代伊比利亚也常用托莱多作为本初子午线。15 世纪后期，天文学家约翰·缪勒（Johannes Müller，也叫 Mueller），身后人称雷格蒙塔努斯（Regiomontanus），以纽伦堡为基准子午线。开普勒（Johannes Kepler）的星历表即所谓的鲁道夫星表（Rudolphine Tables）以神圣罗马皇帝鲁道夫二世命名，以乌尔姆（Ulm）为本初子午线。16 世纪 70 年代以后，丹麦天文学家第谷·布拉赫（Tycho Brahe）在进行天文观测时，以波罗的海汶岛（Hven）上的天堡（Uraniborg）天文台为本初子午线。到 16 世纪末，多数天文学家都追随哥白尼（Nicolaus Copernicus）把天体纳入日心体系，而不是托勒密的地心体系。但是当时使用的星历表都不太准确，以托莱多为基准线的阿方索星表继续占据主导，直至进入 17 世纪后由开普勒的鲁道夫星表取代。[4]

罗盘误导：磁稳定点，1492 年前后至 1650 年前后

远洋航海家在检验托勒密的地球概念、拓展欧洲的贸易和地理知识时，遇到的地理特征不只包括大西洋上的岛群和美洲大陆。船上的船员报告称，在亚速尔群岛附近的若干经度点，罗盘显示，指向北方的磁针变化很小或没有变化。1492 年 9 月中旬，哥伦布（Christopher Columbus）首次航行到美洲时遇到了这种现象。1498 年，塞巴斯蒂安·卡伯特（Sebastian Cabot）亲身体验过这种现象。16 世纪 80 年代，伊丽莎白女王的航海家约翰·戴维斯（John

Davis）在亚速尔群岛的岸边也一样。戴维斯认为，首子午线应该设在亚速尔群岛的圣迈克尔岛 [Saint Michael’s Island，今圣米格尔岛（São Miguel)]：“经度应该从这座岛算起，因为罗盘在这里没有变化，这座岛的子午线穿过地球两极和磁场两极，是对两个极点都合适的子午线。”大自然似乎果真提供了一条看起来磁稳定的海上 0 度线，可以用来确定地球的经度。著名的 1569 年墨卡托地图也是出于类似的想法，墨卡托创立了以自己冠名的投影，它表明了若干条方位不变的航线和陆地特征的大体形状，但不能说明它们的相对大小。根据罗盘不显示变化的几份报告，墨卡托画了一条经过佛得角群岛的本初子午线。虽然别人此前和此后也用过磁本初子午线，但 1569 年墨卡托地图却是最重要的例子，它之所以取得这个地位，在一定程度上是由于 16 世纪中叶欧洲具有影响的其他宇宙学和制图学著作采用了它。[5]

事实证明，自然界的磁本初子午线变化无常。多位航海家提到了相同的现象——罗盘指向北极，磁针没有变化——地点却不一样。有的航海家在亚速尔群岛附近发现这种现象，还有人在佛得角群岛有同样发现。有的海员报告称，在罗盘不起变化的地方也没有经纬点。地理学和数学文本记录了这些众说纷纭的观点。例如，英国数学家托马斯·布伦德维尔（Thomas Blundeville）在 1594 年版的《布伦德维尔先生的练习》（*Mr. Blundeville His Exercises*，以下简称《练习》）中佐证了这个观点：“晚近的宇宙学家让首子午线经过所谓的亚速尔群岛，这些岛屿……位于前述幸运群岛（加那利群岛）以西 5 度。”他的理由是：“他们驶过（亚速尔群岛的）圣玛丽岛或者圣迈克尔岛时，航海罗盘……从不指向真正的北极。”到 1622 年，布伦德维尔在《练习》第六版中更为谨慎地写道：“许多训练有素的领航员……发现，罗盘在那里的变化跟别处一样，不能正确地指向各个点在地球上理应所处的位置。”布伦德维尔提醒道：“没有这样一条确定的子午线，就无法真正说明纬度。”[6]

近代航海家遇到的是地磁现象或地球磁场，只是他们不明就里。地球有磁场，但磁场强度或磁场取向并不恒定。罗盘的磁针似乎指向北极不动，这意味着大西洋上有一个地方也许是 0 度原点的所在地：在这个点上不发生偏离北方的变化或偏移。用现代术语，这就是零变化的无偏线或无偏子午线。不过，地磁研究表明，当地球磁场波动时，这个无偏 0 度随时间和经度发生改变。磁变的等偏线——相同量级的点连接而成的线——在靠近极点时发生弯曲，所以它们的位置并不恒定。近代宇宙学家和航海家把亚速尔群岛的圣迈克尔岛和科尔沃岛都当作本初子午线，因为大自然似乎在那里蕴藏着恒定的力量。例如，荷兰制图师皮特鲁斯·普兰修斯（Petrus Plancius）在 1594 年的地图和 1612 年的地球仪上，都让本初子午线穿过亚速尔群岛。他和别人都相信，这些岛屿不发生磁变，表明它们是地球的 0 度所在地，所以是计算地球经度的天然基准线。近代几位欧洲制图师把世界表现为两个半球：“旧世界”和“新世界”，二者在大自然的磁力似乎不偏不倚的地方相接。大约从 1508 年到 1688 年，众多的船长和欧洲制图师对这条无偏本初子午线给予了大量关注，但他们没有就它的确切位置形成一致看法，因为没有一个位置能够确认。[7]

有些人竟然认为，无偏子午线是西班牙和葡萄牙瓜分南美洲殖民地的那条分界线的基础。教皇亚历山大六世生于西班牙，在他的支持下，南美洲沿着佛得角群岛的圣安唐岛（Sant Antão）以西卡斯蒂亚利[1]370 里格[2]一分为二，分归两国统治，这条线正是以对磁变的理解为依据。19 世纪杰出的地理学家亚历山大·冯·洪堡对教皇的行为做了解读。在洪堡看来，教皇“对航海天文学和地磁

---

[1] 卡斯蒂利亚（西班牙语：Castilla），或译作卡斯提尔，是西班牙历史上的一个王国，由西班牙西北部的老卡斯蒂利亚和中部的新卡斯蒂利亚组成。——译者注

[2] 里格：陆地及海洋的古老的长度测量单位。

的物理学功不可没”。事实真相较为平淡乏味：这条陆上分界线是帝国政治而非教皇权威的产物。它是 1494 年《托尔德西里亚斯条约》（Treaty of Tordesillas）的结果，西班牙和葡萄牙以此划分各自在新世界的势力范围。因为选作地球零磁场的基准线位于佛得角群岛的多座岛屿上——有时在圣安唐岛，有时在福戈岛（Fogo）或博纳维斯塔（Bonavista）——所以假定的 370 里格无法精确测量。《托尔德西里亚斯条约》规定的这条管辖“线”反映了近代伊比利亚的地缘政治想象力，与其说它是全球政治的一条确定的线，以确凿的经度为依据，不如说是一种划分范围的意图。即使罗盘在亚速尔群岛或佛得角群岛附近似乎纹丝不动，从多个地点得到的观测结果也很难准确地在地图和地球仪上再现，这意味着大自然变化无常，并没有为地球测量提供唯一的可靠的原点。[8]

在托勒密的概念中，本初子午线是地球西部边界的标记；实践中屡次碰到磁偏角似乎不变的现象，其经度却很难确定；本初子午线的定位是为了给使用者提供便利——1622 年，顶尖的荷兰制图师威廉·布劳逐一分析了这些问题并做了总结：

> 本初子午线虽然是任意的，但古人把它设在西边似乎是件好事，因为地球的边界在西边，而向东远航不曾发现边界。因此，托勒密以西方已知的界线为起点，即大西洋上的幸运群岛，把本初子午线设在那里。大家出于对他权威的敬重，把这个值得商榷的起点保留下来（扎实的地理学应该归功于他的热忱和勤奋，但不是所有人都承认这个事实）。如今许多人认为起点应该以大自然本身为依据，他们接受磁针的指引，以磁针为向导把本初子午线设在磁针指向正北的地方。但这是一种错觉，磁针的又一个属性提供了佐证，说明它不是子午线的标准，因为它在靠近一块或另一块陆地时，在同一条子午线上变化不定。鉴于磁针不稳定，有些人一致认为磁针没有用处，却

又对本初子午线各执一词。所以，为了给地理学带来更大便利，也许可以保留和沿用一条确定的子午线作为起点；我们追随托勒密的脚步，也选择了幸运群岛，其中的“Juno”，俗称特内里费岛，高峻陡峭，终年云雾缭绕，当地人称“峰顶”，应该以它标记本初子午线。[9]

事实上，15 世纪 30 年代到 16 世纪 90 年代之间，欧洲人的环球航海和发现证实了经度测量（特别是在海上）的难度和重要性，但在确定经度测量的 0 度的问题上却无所作为。御用天文学家等用各不相同的首子午线开展天文观测，制作相关的星历表。地球的起点变化不定，这种情况没有给个人实践造成困难，但是如果对照使用，就成了造成地理和天文混乱的根源，必须不断地换算不同的 0 度；0 度在近代成了地球的一个独特的地理学特征。

到 16 世纪末 17 世纪初，欧洲数学家、地理学家和制图师在思想、文本和地图上至少使用着四条主要的地理学本初子午线。加那利群岛最西边的费鲁岛或费鲁岛本初子午线是托勒密的构想。托勒密认为它是地球的西部边界。如果我们完全相信布劳的说法，那么，人们继续使用费鲁岛是出于对托勒密的敬意。特内里费岛也属于加那利群岛，人们把它当作本初子午线并付诸使用，一个相当重要的原因是水手们老远就能看见“峰顶”（今泰德峰，El Pico de Teide）的火山顶。其他航海家以地磁似乎恒定不变为依据，使用亚速尔群岛的圣迈克尔岛或科尔沃岛，也使用佛得角群岛最西边的圣安唐岛。同时，天文学家使用其他五花八门的本初子午线印制各种各样的星历表。在 17 世纪中叶以前，欧洲制图师根据对托勒密观点的取舍、对航海家磁变报告的接受或摒弃，在各个时期的各种地图上使用各不相同的本初子午线；原因很简单，自然哲学或政治协议都没有就任何一条地理的或观测的首子午线达成共识，一致认为谁就“优于”其他子午线（表 1.1）。[10]

表 1.1 部分欧洲宇宙学家和制图师使用的本初子午线，1507 年前后至 1688 年前后

年　份	作者与作品	本初子午线的位置
1507 年，1515 年前后至 1528 年前后	奎里尼绿色地球仪（Quirini Green Globe）[a]	佛得角群岛
1508 年	里斯本的若昂（João de Lisboa），地图	亚速尔群岛
1538 年，1554 年	墨卡托，地图	加那利群岛（费鲁岛）
1547 年	费尔南德斯·德·奥维耶多（Fernandez de Oviedo），地图	亚速尔群岛
1564 年	亚伯拉罕·奥特里斯（Abraham Ortelius），地图	特内里费岛
1569 年	墨卡托，地图	佛得角群岛
1570 年	亚伯拉罕·奥特里斯，地图	亚速尔群岛，佛得角群岛
1594 年	托马斯·布伦德维尔，《练习》	亚速尔群岛
1601 年	约多库斯·洪迪厄斯（Jodocus Hondius），地球仪	亚速尔群岛
1612 年	皮特鲁斯·普兰修斯，地球仪	亚速尔群岛
1622 年	威廉·布劳，地图集	特内里费岛
1656 年	尼古拉·桑松（Nicolas Sanson），地图	费鲁岛
1679 年	皮埃尔·杜瓦尔（Pierre du Val），地图	费鲁岛
1688 年	文森佐·科罗奈利（Vincenzo Coronelli），地球仪	费鲁岛

来源：W. G. Perrin, “*The* Prime Meridian,”*Mariner's Mirror* 13 (1927); Horace E. Ware, “A Forgotten Prime Meridian”,Publications of the Colonial Society of *Massachusetts* 12 (1908–1909); Art R. T. Jonkers, “Parallel Meridian: Diffusion and Change in Early–Modern Oceanic Reckoning”, 引自 *Noord-zuid in Oostindisch perspectief*, J. Parmentier (The Hague: Walburg) 编辑, table 1, 13. 关于Quirini Green Globe，参见Monique Pelletier, “Le Globe Vert et l'Oeuvre cosmographique du Gymnase Vosgien,”*Bulletin du Comité Français de Cartographie*, 2000, 163, 17–31.

* 作者未知。舍纳（Schöner）或马丁·瓦尔德塞弥勒（Martin Waldseemüller）?

在这个大背景下看，法国国王路易十三 1634 年 7 月决定批准加那利群岛的费鲁岛为法国选定的本初子午线，也许可以解读为一项出于地理需要的政治决策。可以说，面对时人自相矛盾的经验证据，古人的权威得到了肯定。路易十三的决定是 1634 年 4 月在主教黎塞留（Cardinal Richelieu）领导海军军官和数学家召开了一次会议后做出的。会上，法国的权威人物也关注了加西亚·德·塞斯佩德斯（García de Céspedes）的意见。从 1596 年起，塞斯佩德斯就担任西班牙的印度群岛理事会（Council of the Indies）首席宇宙学家（Cosmographer Major）、西班牙国王菲利普二世和菲利普三世关于在海上测定经度的提案顾问。他说："真正的子午线经过加那利群岛，特别是费鲁岛。"（Que la ligne du vrai méridien devoit passer par les Canaries et particulièrement par l'île de Fer.）

其实，1634 年御令的根源在于与西班牙交战的政治局势，而不是托勒密的权威或西班牙御用天文学家的说法。法国对费鲁岛的宣言是当时外交活动的组成部分，针对的是与三十年战争（1618—1648）相关的海上冲突。法令声明，法国军舰不会攻击任何位于这条本初子午线以东以及北回归线以北的西班牙或葡萄牙运输舰。这条在海上划分敌我的分界线反映了当时围绕海洋的法定管辖权的学术争论。1609 年，荷兰法律哲学家格劳秀斯在《海洋自由论》中阐述了"公海"概念，所有海洋由各国船只自由通行。其他人提出异议，包括英国哲学家约翰·塞尔登（John Selden）。塞尔登在 1635 年的著作《海洋封闭论》（*Mare Clausum*）中提出了像陆地领土一样在海上施加限制的论点。法国国王路易十三 1634 年做出决定——"国王因此禁止领航员、水文学家、地图或地球仪的设计人或雕刻师别出心裁修改经过加那利群岛最西边的古子午线"——这个决定不是地理学共识的结果，而是专制国王的务实举措。[11]

考虑到法国实力政治的这条证据和近代宇宙学家的著作中本初子午线的定位，我们还必须权衡远洋航海家的实践活动。对地磁学术史的研究已然在用舰船的航海日志来揭开船上与经度和使用不同的 0 度原点相关的活动。有些人相信大西洋上有一条无偏子午线，这类航海活动提供了检验方法，随着时间推移，事实证明这种看法是错误的。而且航海活动因国而异。从 1598 到 1800 年间，荷兰远洋船舶留下 536 份日志，包括荷兰东印度公司的船只、海军舰艇、商船、贸易船和捕鲸船等。对这些航海日志的分析表明，后来荷兰海员往往不使用墨卡托和其他低地国家的宇宙学家们青睐的无偏本初子午线（见表 1.1）。荷兰海事界使用的主要本初子午线不是亚速尔群岛，而是加那利群岛。考虑到布劳的观察，这种变化也许早在 1622 年就开始了。到 1675 年前后，荷兰海事界想必几乎一律使用加那利群岛。在地磁史学家乔恩克斯（Jonkers）看来，“这不是对托勒密的著作迟到的荣誉表彰，而是纯粹出于务实的考虑。特内里费岛的泰德火山（布劳 1622 年评述中的‘峰顶’）高达海平面以上 3718 米，十分醒目，是方圆数百英里[1]当仁不让的制高点……”“与另外两个群岛（亚速尔群岛和佛得角群岛）相比，加那利群岛还有一个额外的优点，它受到东北信风和加那利洋流的青睐，从欧洲前往最容易到达，而且位置理想，处在跨越大西洋前往北美洲和西印度群岛以及非洲多个终点的途中，也在前往南美洲和东印度群岛的航线上。”[12]

对于法国人，国王单方面做出的有关费鲁岛的宣言各界反响不一。某位评论员认为，路易十三 1634 年的宣言“产生了鼓励使用费鲁岛的效果”，与他的看法相反，随着时间推移，法国海运界内部存在显著的分歧。人们对 17 世纪初法国（或别国）的船舶使用哪条基准线知之甚少，但是对 1670 年前后到 1789 年间 468 份法国航海日志的分析表明，约 1750 年之前，在法国远洋航行中占据主导的不是费鲁岛，而是特内里费岛（在这个时期的 103 份航海日志中表

[1] 1 英里折合 1609.344 米。——编者注

现得很明显）和佛得角群岛（135 份法国舰船的日志以它为本初子午线）。

最终决定选择哪条本初子午线的是船舶的航行路线，而不是航海图或日志。船舶航海日志证明，各国海事界习惯使用的本初子午线各不相同，就连一国国内海事界的做法也不尽相同。航海日志显示，驶往东印度群岛的法国船偏爱佛得角群岛，发起大西洋上三角航程的法国船——从法国到西非和美洲，再返回法国——则以加那利群岛为基准子午线。相反，如图 1.1 所示，在法国的地图绘制中，费鲁岛本初子午线始终是首子午线的优先选择，即使到 18 世纪 20 年代初，巴黎作为法国的经度基准线已经实施了几十年。但是，在法国船上，虽然墨卡托海图和荷兰海洋地图集都现成可用，却“没有哪条本初子午线登上令人垂涎的地位，费鲁岛应当登上这个地位，却从未实现。在这方面，截至 18 世纪 50 年代，法国的航海实践与荷兰的做法截然不同”。法国的海事文化从使用特内里费岛或佛得角群岛改为使用巴黎作为基准线，这个变化到 18 世纪下半叶才完成。[13]

路易十三的费鲁岛声明过了二百五十年后，他的话语似乎具有了迟到的预言性。在 1884 年华盛顿特区召开的国际子午线会议上，法国代表提到这条 1634 年御令，把它作为中立的国际本初子午线的先例（见第 5 章）。不过，他们在提到国王的这个裁决时，对其明显的政治背景视而不见，对法国海员和其他人的航海实践置若罔闻，对它给后世几代御用天文学家和大地测量学家造成的问题轻描淡写，后者曾努力在陆地上测定费鲁岛相对于巴黎本初子午线的地理和经度位置。[14]

经度、民族认同和本初子午线，1667 年前后至 1767 年前后

1667 年巴黎天文台建立，1767 年英国御用天文学家马斯基林

图 1.1　这幅 1757 年欧洲地图的套印小图由顶尖的法国制图师 D. 罗伯特·德·维冈蒂（D. Robert de Vaugondy）绘制，它遵照法国国王路易十三的 1634 年法令，清楚地标着“本初子午线”（Premier Méridien）。此时法国已经基于巴黎天文台以巴黎为本初子午线。

来源：Robert de Vaugondy, *Atlas universel*（Paris: Quai de l'Horloge du Palais, 1757）

经苏格兰国家图书馆许可复制。

在《航海天文历和天文星历表》中提出经度问题的解决方案，在这一百年间，天文学家、地理学家和实践中的航海家使用并接受不同的本初子午线作为参照线，本初子午线更加直接而鲜明地与民族认同联系起来。本初子午线和经度问题的建议解决方案的相关讨论明显地变得更加“现代”。正式的科研机构、普通的天文台、各种学术团体对本初子午线开展研究。观测天文学、地形图测绘和科学文化界用数学语言和修辞语言发起辩论，以期达到方法精确、表达平实和结果正确无误的目的。本初子午线也成了非正式场合比如咖啡馆里争论的题目，还是诗歌和报纸新闻冷嘲热讽的话题。[15]

从这个角度，1667 年后一百年间本初子午线的历史地理学是后世学者称为“科学革命”的一个说明性要素。本初子午线及其近亲——经度，是一个学术争辩和公众评论的问题，也是一个心照不宣的专家评价和实际用途明显存在差异的问题。渐渐地，本初子午线也与 18 世纪财政–军事国家的航海和瓜分地球的殖民活动紧密联系起来。可验证的实验和可重复的计算对它的不同位置和使用情况加以考察，它的使用情况在号称具有科学权威性的印刷品中得到反映。准确性和精确度的问题对大地测量研究至关重要。埃德尼把启蒙运动时期与地形和经度的准确性相关的制图学和计量学文化叫作“模型”（mode），地图和海图上画着不同的本初子午线，这种描绘与埃德尼所谓的“模型”息息相关。[16] 这些背景要素对解释这里探讨的两个主题十分重要：18 世纪上半叶，巴黎成为法国的观测和地理学本初子午线所在地；经度问题日益重要，不同国家的本初子午线在各国内部为提供这个问题的解决方案发挥了作用。

了解法国，定位巴黎

1666 年，法国科学院在国王路易十四和让 – 巴普蒂斯特·柯尔贝尔（Jean–Baptiste Colbert）的领导下成立［成立之初叫作巴黎皇家科学院（Académie Royale des Sciences de Paris）］。一年以后巴黎天文台建立，这两件事成为法国自然哲学，特别是本初子午线的新起点。最初在柯尔贝尔的领导下，1671 年到 1712 年间在意大利制图师、数学家乔万尼·多梅尼克·卡西尼（Giovanni Domenico Cassini，俗称 Jean–Dominique Cassini 或卡西尼一世）的领导下，天文和地形研究得到推进。让 – 费利克斯·皮卡德（Jean-Félix Picard）1671 年著有《地球测量》（*Mesure de la Terre*），他进行的相关天文和地面测量成了法国自 1679 年起每年印制的《天文历书》（*Connaissance des temps*）的基础，这份基于巴黎的星历表收录了一些表格，说明太阳、月亮和其他天体经计算后所得的位置，还有数学家和天文学家的文本评论和其他观测。17 世纪 80 年代初以后，法国的地形测量就采用天文计算、三角函数和三角测量的协调计划，执行空前严格的标准。在启蒙运动时期，与其他国家相比，菲利普·德拉伊尔（Philippe de la Hire）、皮卡德和卡西尼一世的工作与后来卡西尼“王朝”法国的地图绘制是个极好的例子，说明了用地图绘制来表示领土范围对构建民族认同的威力——我们也许可以把卡西尼一世、其子雅克·卡西尼（Jacques Cassini，卡西尼二世）、其孙塞萨尔 – 弗朗索瓦·卡西尼·德蒂里［César-François Cassini de Thury，卡西尼三世，也叫卡西尼·德蒂里（Cassini de Thury）］和卡西尼伯爵让 – 多梅尼克（Jean-Domenique，卡西尼四世）的工作时期统称为卡西尼“王朝”。[17]

这对科学、对法国都是个新起点——以及对法国是由地形学生成的一块领土、一个国家组织的观念也是如此，这个新起点立刻遇到两个问题。第一个问题是，根据这种启蒙后的民族认同的制图法，初步的计算结果让法国“缩小”了几百平方英里，特别是在法国西部和地中海沿岸。第二个问题是，准确地设定作为基准线的本初子午线是一道迟迟无法解决的难题，必须参照这条线测量法国，并计算巴黎相对于费鲁岛的经度。柯尔贝尔、皮卡德等人制作的法国地图缩小了国土面积，在这个过程中，他们最早把巴黎设为法国的首子午线。这些测量要想准确，就必须确定巴黎相对于法国现有的本初子午线费鲁岛的位置。可是，加那利群岛作为岛群处在法国的什么方位？费鲁岛究竟在哪里？在从地形上再造法国、重新划分国界、敦促摆脱 1634 年法令束缚的著作中，这些问题的答案一目了然。

院士们和其他人渐渐明白，这条法令显然造成了问题。这条法令以一条位置不确定的古典本初子午线为依据，出自国王一时兴起的念头，由政治而不是精确度决定，它不能充当陆地边界准确的天文观测或数学计算的基础。托勒密的费鲁岛本初子午线不曾精准定位，除了象征意义，它不能在经度上充当法国的 0 度。如果不以一个已知地点——巴黎天文台为国家测量的依据，天文观测的本初子午线与测量或地理的本初子午线就无法从根本上正确地加以区别。法国的基准线必须是巴黎，而不是法国以西某处的一座岛屿或一个岛群。可是，费鲁岛相对于巴黎、巴黎相对于法国其他地方怎么“固定”呢？

为了解决 17 世纪末到 18 世纪 40 年代中期的这些问题，法国天文学家、数学家和地理学家建立了最早的现代语料库，其资料明确地聚焦于本初子午线，把它作为通过科学提升民族认同的手段。在观测记录、信函、辩论、地图和文本等总量惊人的谱系中，这一点显而易见。除了皮卡德的著作和 1693 年地图，还有哲学家、数学家让－约瑟·拉蒙特（Jean–Joseph La Montre）1702 年的研究结果——他从相对重要性和准确性的角度区分了地理子午线和天文子午线，以及菲利普·德拉伊尔 1704 年的《星球释疑》（*Description et Explication des Globes*）。德拉伊尔的著作中收录了纪尧姆·德利尔（Guillaume Delisle）1722 年长篇大论的回忆录，德利尔自 1702 年起便身负“科学院地理学家”（Géographe de l'Académie）的头衔，1718 年以后又为年轻的国王路易十五担任御用地理学家（Géographe du Roi），在此期间他提出了费鲁岛与巴黎天文台之间相差 20 度的数字。这些民间权威和皇家资助人的主张为德利尔的地理学观点增添了相当的分量。

路易·弗伊莱埃（Louis Feuillée）1724 年的著作是这个语料库中另一个关键要素。他亲自航行到加那利群岛去测定费鲁岛的经度，这是大地测量领域以确认本初子午线的位置为目的的首次探险；与德利尔不同，弗伊莱埃计算所得的经度差只有 19 度多一点。集大成者是卡西尼·德蒂里 1744 年的《巴黎皇家天文台子午线，以新观测在整个王国范围内予以验证》（*La méridienne de l'Observatoire Royal de Paris, vérifiée dans toute l'étendue du royaume par de nouvelles observations*），通常叫作《经过验证的子午线》（*Méridienne vérifiée*）；这部百科全书式的专著长达 292 页，另附 250 页天文和经度计算的辅助表格和描绘法国以三角学为媒介“现身”的地图（图 1.2）。这一切工作的结果是，从 1693 年前后到 1744 年前后，巴黎发展成为法国日益自信的国家计算中心；巴黎本初子午线不是“一条子午线”（le meridian），即许多条地理和天文本初子午线中的一条，而是“那条子午线”（la méridienne）——统领法国、可能也统领世界的一条线。[18]

主张准确性

在这些准确性和民族自决的表述之外还存在一个问题。准确性的相关声明也表达了不能容忍错误。为了便于计算，巴黎与费鲁岛这两条本初子午线之间的经度差用的是德利尔的数字 20 度——它建立在“明智的深思熟虑”之上，而不是弗伊莱埃更为精确的巴黎以西 19 度 55 分 3 秒这个数字。尽管有 1720 年后多次探险提供的资讯和海洋制图局（Dépôt des cartes et plans de la Marine）的工作，这种局面竟然持续到 19 世纪。例如，杰出的天文学家皮埃尔·拉莫尼亚（Pierre Le Monnier）1742 年测算后修正的数字——“实际数字”是 20 度 2 分 30 秒——遭到忽略，而为了国家计算的方便，

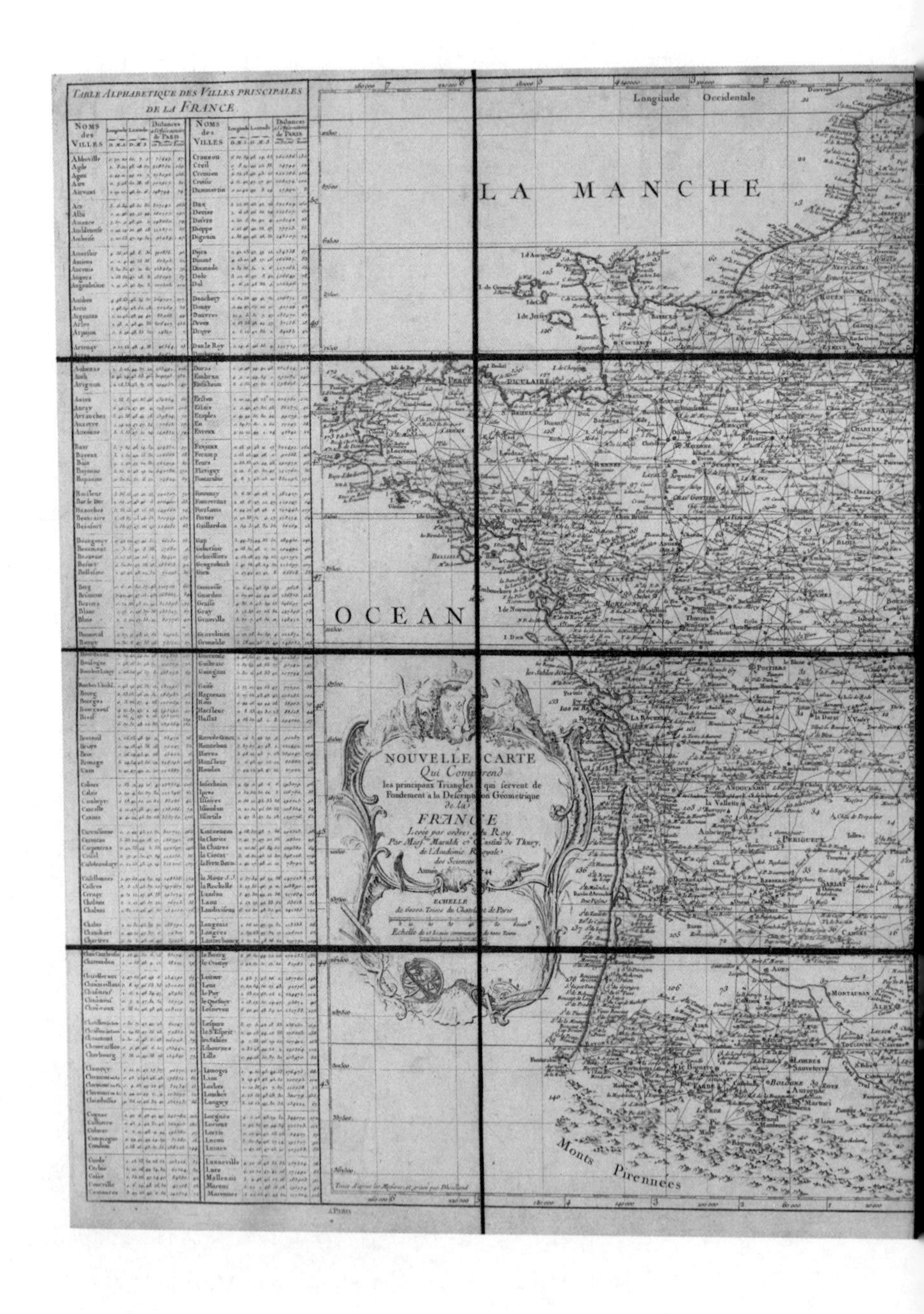

TABLE ALPHABETIQUE DES VILLES PRINCIPALES DE LA FRANCE.
NOMS des VILLES
Longitude Occidentale
LA MANCHE
OCEAN
NOUVELLE CARTE
Qui Comprend
les principaux Triangles qui servent de
Fondement a la Description Géometrique
de la
FRANCE
Levée par ordres du Roy
de l'Académie Royale
des Sciences
ECHELLE
Monts Pirennées

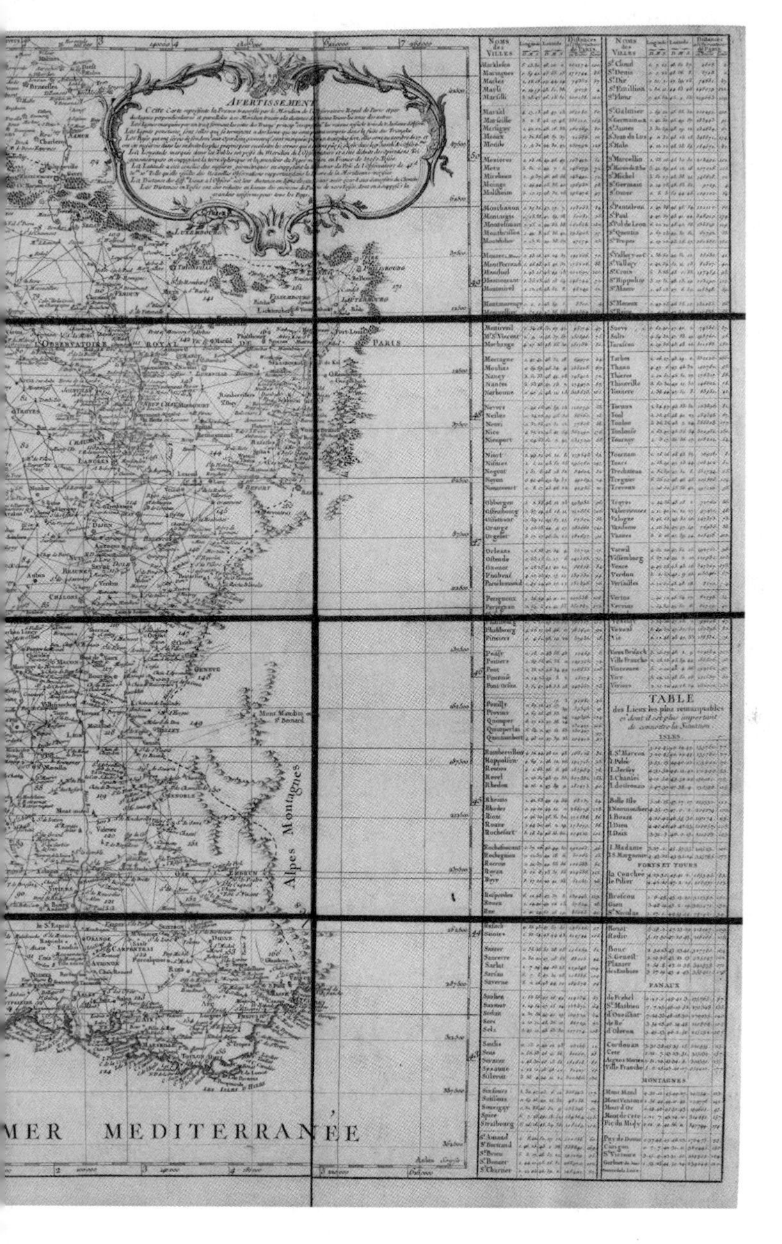

图 1.2　启蒙运动时期规整有序的法国，1744 年。法国表现为一系列测量得到的三角形，国家的基准线和本初子午线清楚地标记为“巴黎皇家天文台子午线”（méridien de l’Observatoire Royal de Paris）。

来源：César-François Cassini de Thury, “Nouvelle Carte . . . de la France,” 1744。经苏格兰国家图书馆许可复制。

只使用一个大概的数字。

从某种重要的意义上来说，巴黎本初子午线（*la méridienne*）的权威在于公开表态的天文学家、地理学家和自然哲学家的科学论断。在启蒙运动时期的法国，他们倡导准确性是出于认知乃至政治需要。地球测量实现准确性是一个日积月累的过程，涉及野外测量、苦思冥想、复杂的计算、对所用仪器和开展这项工作的权威人物的信任等。准确性——具体地说，号称得出了巴黎相对于费鲁岛的“准确”位置——几乎是一种以数字形式表达的道德判断。把法国的本初子午线相对于另一条本初子午线“固定”下来，就能肯定地知道法国的地理边界，从天文学上确定它的首都，巩固科学院作为政府资助机构的地位，并抬高其院士作为科学权威人士的身份。对于从 1720 年前后到 1774 年的法国——某权威人物认为，1774 年是启蒙运动时期大地测量史上“里程碑式的年份”——这个解读得到了当时法国院士在南美洲同步开展地面测量的佐证，地球测量是探险的组成部分，以检验相互争鸣的地球形状相关理论。

在遥远的秘鲁总督辖区，拉孔达明（Charles de la Condamine）、皮埃尔·布格（Pierre Bouguer）等设法在赤道上测量纬度时，选择用数学语言把地球纳入经验秩序。三角学和制图学是特殊的再现手段。[19] 测定法国的本初子午线是法国地理自觉的表现，也是更为宽泛的大地测量思想史的一个主要篇章。本初子午线的政治价值为准确性赋予了相当的意义，我会在整本书的不同语境下返回这个要点。尽管很难真正实现——对巴黎准确位置的关切延续到 1744 年以后很久——还有一个尴尬的事实，水手仍然倾向于受到实用性而不是精确性的引领。

在英国测定经度

在英国，“本初子午线”问题的研究在一定程度上受到经度问题的遮蔽，在 1767 年马斯基林出版《航海天文历和天文星历表》前一百年间的英国航海科学的思想史和制度史方面尤其如此。当然，恰恰因为在海上精确地测定经度既关系重大，又困难重重，所以在国家、海图和地图制作者、远洋航海家、天文学家和地理学者等之间，地点各异的本初子午线才会继续造成地理学混乱。

我们知道，英国以格林尼治为事实上的观测本初子午线，在 18 世纪 60 年代后期解决了经度问题；远洋航行、基于文本和仪器介入的天文计算的显著进步都使用格林尼治子午线。我们知道，解决经度问题是皇家学会 1660 年成立后的重要工作，也是格林尼治皇家天文台 1675 年成立后的重要工作。因此，英国与法国存在明显的平行状态。我们知道英国经度问题的最终答案是格林尼治，1767 年以后它是地理本初子午线与观测的本初子午线的结合点，也是《航海天文历和天文星历表》的权威所在，但其中有一个危险之处——随着问题得到解答，我们贬低了格林尼治以外其他本初子午线所发挥的作用。此外还有一个危险之处，多条本初子午线的存在造成很多实际问题，我们忽略了时人在海上和陆上处理和理解这些问题的方法。不管怎样，在牢记这些危险的同时，一定要理解人们追求精确地测定经度的性质。

要想计算经度，进而知晓一个人在地球表面给定地点以西或者以东的位置，就必须对地方时与给定子午线的时间加以比较。19 世纪发明了电报并用于测定经度，校验各条本初子午线的准确性——这些话题将在后面的章节探讨——在此以前，人们用四种方法测算经度。第一种方法是观测星食：人们久已了解并使用月食，但是由于频率的缘故喜欢使用木星卫星食。第二种方法是观测月球相对于其他星球的位置，主要通过月掩星，即月球运行到观测者与更远的天体中间。第三种方法是观测月球运行到某地给定子午线的情况。这三种天文方法理论上都可行，但实践中都要求持续的观测、复杂的计算和某种形式的制表或书面记录——预测性的星历表、类似的恒星表和月球运行表（为选定的子午线制作）。这三种方法在陆地上已然困难重重，在海上更是非常不切实际。第四种方法是凭借以始终不变的速度或已知的变化速度运行的时钟，获知给定首子午线的时间。这种方法在海上可行，条件是能够发明一只走得很准的钟表，把它放在从一地驶往另一地的船上。钟表匠约翰·哈里森（John Harrison）在1730年到1773年间改进了钟表制造工艺，达娃·索贝尔（Dava Sobel）特别说明了他的精湛技艺。哈里森制造的钟表成了精密航海计时器，只要设好给定的子午线，就能为漫长的海上航程计时。哈里森的“海表”（seawatch），即航海钟，以格林尼治校准，是经度问题技术上的解决方案；在索贝尔看来，这体现了一位“孤独的天才解决了他所处时代最大的科学难题”。[20]

近年来经度问题解决方案的叙述表明，真相要更为复杂：这是一个循环往复、不断积累的过程，涉及德国天文学家和地理学家、法国大地测量学家、驶往加勒比的远航检验和英国的表格印制——所用的“科学仪器”尽管各不相同，却共同证明了比一位孤独的天才和一只航海钟更为复杂的解决方案。这个过程肇始于1675年成立格林尼治天文台，并任命约翰·弗拉姆斯蒂德（John Flamsteed）为天文观测员和首位御用天文学家。弗拉姆斯蒂德通晓皮卡德和德拉伊尔的著作，他做实验考察地球是否以恒定的速度旋转（这是用天体观测计算经度的一个关键假设），把格林尼治时间确立为对天文现象进行地面测量的基准时间。

他在做这些事时，法国人正在努力把巴黎定为本初子午线所在地并获得认可。1675年8月，伦敦皇家学会秘书亨利·奥尔登伯格（Henry Oldenburg）收到了胡安·克鲁扎多（Juan Cruzado）写来的一封信，克鲁扎多是西班牙塞维尔的数学教授和印度事务委员会“首席船长”。克鲁扎多在信中谈论经度和其他共同感兴趣的问题时，建议全球使用另外一条本初子午线，以便“让地理学家达成共识”。他的建议围绕着巴西附近的一座岛屿。按照克鲁扎多的说法，那座岛恰好坐落在赤道上，位于特内里费岛峰顶子午线以西 9 度，天堡以西 42 度：“那里具备有利于（设定）本初子午线的一切，依我的判断……为了精确的缘故，这条本初子午线应该占地很小，使经度可以用更为确切的数值表示（即应该准确测定）。”克鲁扎多的动机指向集体利益，但他可能也想抬高自己的声望：他所说的那座岛屿以前叫阿布罗克索（Abroxos），他把它命名为“Cruzado”，表面看来这个名称由它的十字形状而来，但可能取自于他本人的名字。“如果阁下肯把我的意见和发现提交给皇家学会的会议，”他恳求奥尔登伯格，“我将不胜感激；如果学会认可它的用处，日后地理学家也许会形成一致观点，那么，我可以祝贺自己向杰出的皇家学会提了一条尚可接受的建议。”弗拉姆斯蒂德“由于百忙之中”分身乏术，对克鲁扎多论述本初子午线的内容干脆不予理会，只通过奥尔登伯格点评了西班牙的天文计算：没有提请皇家学会为克鲁扎多提出的替代方案展开辩论。[21]

到了 18 世纪初，在英国，“测定经度”成了公众和科学界关心的问题，1714 年任命了经度委员，凡是能够在海上准确地测定时间的，将获得按比例递增的奖励：“第一位或者几位作者，第一位或者几位发现者……在地球大圆上把经度确定到 1 度或 60 地理英里[1]以内的”，可获得 10 000 英镑；计算精确到“2/3 度以内的”，可获得 15 000 英镑；精确到“半度以内的”，可获得 20 000 英镑。这个机构的工作——在 17 世纪 60 年代成立经度局（Board of Longitude）——近年来成了精细研究的课题。[22]

在英国，时人争论怎样才能更好地解决经度问题，五花八门的建议中用到了格林尼治以外的多条本初子午线。这些近来才引起关注的建议纷纷遭到否定，因为种种原因，它们主张的经度问题解决方案都不具有现实可行性。如果我们把焦点放在本初子午线而不是

[1] 地理英里：英国过去的长度单位。60 地理英里相当于 1853.18 米。——译者注

经度上，这些著述提供的就不是谬误，而是对何人、如何、为何使用某条本初子午线的深刻认识：重点不在于这些“离奇”的方案行不通，而在于提出解决方案时为各条本初子午线提供的思想合法性。

威廉·惠斯顿（William Whiston）在 1703 到 1710 年间担任剑桥大学卢卡斯讲座数学教授，汉弗莱·迪顿（Humphry Ditton）是基督公学（Christ’s Hospital）皇家数学学院的院长。要在上述背景下考虑二人 1714 年在合著的《在海面和陆地测定经度的新方法》（*A New Method for Discovering the Longitude Both at Sea and Land*）中提出的主张。他们的方案涉及把声信号和光信号结合起来。1713 年《乌得勒支和约》结束了西班牙王位继承战争，二人目睹了随后举行的焰火表演，并在一定程度上受到启发。这个方案主要是靠从一个制高点发射烟花弹，要用船舶织成一张网络，在船上发射和观察烟花弹的轨迹——他们称之为“大炮”——在子夜正点把大炮发射到海平面以上恰好 6440 英尺[1]的高空。他们认为：“6440 英尺高空的火光在夜间清晰可见。在 100 测量英里[2]或 85 地理英里左右的范围内——也就是从所在的位置算起，整个大圆经度的 1 度又 25 分——天空的清晰度尚可忍受，即使在海面上也无妨。”罗盘方位会给出每艘船的方向。“没有船帆或索具的船体”要隔开固定的距离停泊，深水处也不例外，使观测点（也是发射点）形成一个网络。观测员与炮船之间的距离可以用两种方法得出，一种是记录看见炮弹的火光和听到爆炸声的时间差，另一种是计算最高点的高度。“船体或船舶”要“固定在经纬度适当的地方……根据日食、月食、木星卫星食、月球对恒星的半影月食；或者干脆用三角学实际测量海面的距离，像皮卡德和卡西尼先生在陆地上测量大圆一度的长度那样”。书中列出了这个方案的若干优点，首先强调指出

[1] 1 英尺折合 30.48 厘米。——编者注

[2] 测量英译：一英里的距离，其界线被精确地测量和标出。——译者注

“这个办法不需要天文学的深度，不需要精密仪器，只需少量关于纬度或船上时间的天体观测，所以对普通水手也切实可行”。

惠斯顿和迪顿建议的“大爆炸”经度测定法的与众不同之处在于，他们选择了特内里费岛峰顶为 0 度基准线：“谨此万分谦卑地向博学之人建议，就此事而言，为了地理学的共同利益，各民族就首子午线或经度起点达成一致意见是否合适？就此事而言，把它定在已然著名的特内里费岛峰顶是否合适？为了测算经度本身，必须每天子夜时分在这个最高点持续用这个办法制造可供共同使用的爆炸。”[23]

特内里费岛是大众，主要是荷兰人普遍熟悉和使用的一条本初子午线，这个事实显然具有相关性。有趣的是，人们呼吁使用一条古典本初子午线，而不是弗拉姆斯蒂德或卡西尼的天文台所在地。这个方案至少给出了一条本初子午线。别的方案就没有此类原点，比如 1714 年无名氏所著的《论在海上测定经度的新方法》(*An Essay Towards a New Method to Shew the Longitude at Sea*)。该方案建议，建造一系列大型灯塔，由下方的火光把灯塔照亮，由塔内的好多面镜子把光柱投射到天空，遇到云团再反射回来：“如果火光能以足够的亮度达到 2 英里高，就能在 200 英里左右的范围内看到球形的地球形状。”光闸以一定的间隔关闭亮光，“如果水手知道自己晚间所处位置的时间”，就能以此测定经度。[24] 这个方案跟惠斯顿和迪顿的方案一样不可行，但是，以光点、泊船、由确定的本初子午线发出的光线网络为环球航行的依据，这个创想将在一百六十多年以后在威廉·帕克·斯诺的文字中卷土重来。我们看到，由于在航线上用作本初子午线的起点不同，帕克本人在海上几次差点与别的船只相撞，这些经历促使他为了环球航行的安全性，提出了一个类似的从未实现过的计划。

在科普作家简·斯夸尔（Jane Squire）看来，经度问题的解决方案在于一系列天体星图，她称之为“瓣”（cloves），航海家要把它们牢记在心。她选择的本初子午线是伯利恒的马槽："我们的经度叙述在伯利恒开始，马槽上方正对天顶，我们的主耶稣基督为了赐福给我们在那里诞生，将迁就基督徒的感恩之情，通过确定我们的原点（Æra of Place）和时间的起点，为由此出发的一切观测计算提供便利。"斯夸尔的主张——用她的话，一个"简易方法"——最早出现在1731年，1742年又做了扩充。这个建议以伯利恒为"地球的首子午线"，斯夸尔为此还制作了伯利恒星表。她的这部著作与基督教对宇宙史和《圣经》年表的特殊解读一脉相承，也符合启蒙运动时期此类历史研究著作的特征。她的主张将在许多年以后传来回音：过了150年，人们又在华盛顿等地讨论以耶路撒冷为地球本初子午线的利弊（见第6章）。在斯夸尔的时代，她的建议犹如石沉大海，部分因为它的性质不切实际，部分因为斯夸尔身为女性，处在人们苦思冥想经度问题解决方案的"合法"圈层以外。斯夸尔的方案遭到忽视，它依赖于背诵数以千计的恒星图表，就像惠斯顿和迪顿基于特内里费岛的声信号和光信号一样行不通，这些都不重要。这些方案的重要性在于，它们提供了证据，说明用来减少地理学混乱的多条本初子午线在一定程度上正是造成混乱的根源。[25]

人们脑海中牢记某条本初子午线，通过言论、数学、海上仪器测试的国际联合，提出经度问题的各种解决方案。1731年，两台反射象限仪，即六分仪的前身，同时发明，海员可以在行驶的船舶甲板上准确地观测天体的相对位置和高出地平线的高度。1752年，德国天文学家、地理学主讲人、制图师托拜厄斯·迈耶（Tobias Mayer）在哥廷根首次制作了一组月球表，1755年他把月球表寄给英国海军部，海军部又在1756年把它转交给经度局。1761年，马斯基林在前往圣赫勒拿岛（Saint Helena）的远航中用象限仪检验了迈耶的月球表。他取得了误差小于1度的经度，换句话说，他计算直线距离的误差不到60海里。1763年，马斯基林出版《英国海员指南》，阐述了月距观测原理。在这本手册中，马斯基林的经度计算全部“从格林尼治皇家天文台子午线算起，在伦敦圣保罗大教堂以东 5 分 37 秒”（图 1.3）。1763 年，马斯基林在前往巴巴多斯（Barbados）的航行途中，检验了德国人迈耶修订后的第二组准确度更高的月球表和约翰·哈里森的 H4 的准确性，H4 是哈里森的航海钟的第四版，这些都是经度局的官方试验。1765 年以后，马斯基林把各种建议汇总，根据皇家天文台的一系列观测编制了航海星历表。《1766 年航海天文历和天文星历表》终于汇编完成，于 1767 年 1 月开售（图 1.4）。这是解决经度问题的一个关键时刻，尤其是在海上把它与航海钟结合使用。《航海天文历和天文星历表》给出了月距表，附有月心到指定恒星或日心的预测角距。虽然要进行的经度计算依旧不算简单，但如今运算时间由（据说至少）四个多小时缩短为三十分钟，而且是以预测性的文本为依据。至关重要的是，马斯基林的星历表以格林尼治 0 度子午线为基准，哈里森的航海钟也以格林尼治 0 度子午线校准。[26]

马斯基林出版《航海天文历和天文星历表》、为航海目的选择格林尼治为基准子午线、1884 年采用格林尼治为世界本初子午线，这些事件尽管对经度问题意义重大，它们之间却不存在直接的因果关系。[27] 这个证据讲述的故事更为复杂。18 世纪中叶以前，英国海员对本初子午线的使用与荷兰和法国的同行不同。1703 年航海手抄本《按真正的海图航行》（*Sailing by the True Sea Chart*）的作者指出：“首子午线可以随便设在任何地点，我们不认为地球上任何事物本质上与天空有关，并迫使我们把首子午线设在一处而不是另一处。”鉴于这种情况，“一般来说，我们的航海家以起航地的子午线为首子午线。”或许像乔恩克斯评论的那样，英国航海实践中使用本初子午线的情况反映了“偏功利主义的原则，以瞄准镜最后看到的陆地为基准”，但东印度公司的船只与皇家海军的做法也存在差异。与东印度公司相比，皇家海军更早并且更为持久地使用设在伦敦的本初子午线。海军部的著作比如《国王陛下海军部队相关

[XXIX]

A TABLE

Containing the Longitudes of Places that have been determined by Aſtronomical Obſervations, reckoned from the Meridian of the Royal Obſervatory at *Greenwich*; and alſo their Latitudes.

Names of Places.	Continent.	Country.	Coaſt or Province.	Latitude.	Longitude.	
					In Degrees.	In Time.
				° ′ ″	° ′ ″	H. M. S.
Abbeville	Eur.	France	Picardy	50 7 1 N	1 49 45 E	0 7 19
Abo	Eur.	Finland	Baltic Sea	60 27 10 N	22 13 30 E	1 28 54
Achem	Af.	N. W. Pt. Iſl. Sumatra	Indian Ocean	5 22 N	95 34 E	6 22 16
Agra	Af.	India	Moguls	26 43 0 N	76 44 0 E	5 6 56
Aix	Eur.	France	Provence	43 31 35 N	5 26 15 E	0 21 45
Alby	Eur.	France	Languedoc	43 55 44 N	2 31 15 E	0 10 5
Alexandretta	Af.	Syria	Mediter. Sea	36 35 10 N	36 20 0 E	2 25 20
Alexandria	Af.	Ægypt	Mediter. Sea	31 11 20 N	30 16 30 E	2 1 6
Amiens	Eur.	France	Picardy	49 53 38 N	2 18 0 E	0 9 12
Ancona	Eur.	Italy	Mediter. Sea	43 37 54 N	13 30 30 E	0 54 2
Angers	Eur.	France	Orleanois	47 28 8 N	0 33 45 W	0 2 15
Angoulême	Eur.	France	Orleanois	45 39 3 N	0 8 45 E	0 0 35
Antibes	Eur.	France	Mediter. Sea	43 34 50 N	7 8 30 E	0 28 34
Antwerp	Eur.	Flanders	River Scheld	51 13 15 N	4 24 15 E	0 17 37
Archangel	Eur.	Ruſſia	White Sea	64 34 0 N	38 5 50 E	2 35 40
Arica	Am.	Peru	South Sea	18 26 38 S	71 11 0 W	4 44 44
Arles	Eur.	France	Provence	43 40 33 N	4 38 0 E	0 18 32
Iſl. of Aſcenſion	Af.	Angola	S. Atl. Ocean	7 57 0 S	13 59 0 W	0 55 56
Athens	Eur.	Turkey	Archipelago	38 5 0 N	23 52 30 E	1 35 30
Auch	Eur.	France	Gaſcony	43 38 46 N	0 30 0 E	0 2 0
Aurillac	Eur.	France	Lionois	44 55 10 N	2 27 0 E	0 9 48
Auxerre	Eur.	France	Burgundy	47 47 54 N	3 34 15 E	0 14 17
Avignon	Eur.	France	Provence	43 57 25 N	4 48 30 E	0 19 14
Avranches	Eur.	France	Normandy	48 41 18 N	1 22 45 W	0 5 31
Antie. Babylon	Af.	Meſopotamia	Riv. Euphrates	33 0 0 N	42 46 30 E	2 51 6
Bagdad	Af.	Meſopotamia		33 21 0 N	43 46 30 E	2 55 6
Balaſore	Af.	India	Bay Bengal	21 20 0 N	86 0 0 E	5 44 0
Bayeux	Eur.	France	Normandy	49 16 30 N	0 42 45 W	0 2 51
Bayonne	Eur.	France	Bay Biſcay	43 29 21 N	1 30 0 W	0 6 0
Great Bear Iſl.	Am.		Hudſon's Bay	54 34 N	79 56 0 W	5 19 44
Beavais	Eur.	France	Iſl. of France	49 26 2 N	2 4 45 E	0 8 19
Berlin	Eur.	Germany	River Elbe	52 32 30 N	13 26 15 E	0 53 45
Beſancon	Eur.	France	France Compte	47 13 45 N	6 2 30 E	0 24 10
Beziers	Eur.	France	Languedoc	43 20 41 N	3 12 30 E	0 12 50
Cape Blanco	Am.	Patagonia	Atl. Ocean	47 20 S	70 5 0 W	4 40 20

图 1.3　这张表清楚地表明了格林尼治皇家天文台作为 18 世纪后期大地测量学计算中心的作用，它提供了世界各地“天文测定”的相对经度定位。

来源：Nevil Maskelyne, *The British Mariner's Guide*（London: printed for the author, 1763）。经爱丁堡大学图书馆研究文献中心（Centre for Research Collections，University of Edinburgh Library）许可复制。

Apparent Times of the external and internal Contacts of VENUS with the Sun's Limb at ſeveral Places, as they may be expected to happen on June the 3d 1769.

	1ſt ext. cont.		1ſt int. cont.		2d int. cont.		2d ext. cont.		Latitude.			Suppoſed Longitude from Greenw			
	h.	m.	h.	m.	h.	m.	h.	m.				h.	m.	ſ.	
Greenwich — —	7	6	7	25	—	—	—	—	51	29	N	0	0		
Edinburg — —	6	53	7	12	—	—	—	—	55	58	N	0	13	13	W
Dublin — —	6	41	7	0	—	—	—	—	53	20	N	0	24	54	W
Tornea — —	8	43	9	2	14	56	15	15	65	51	N	1	36	48	E
Kittis — —	8	43	9	2	14	56	15	15	66	48	N	1	36	48	E
Attengaard — —	8	39	8	58	14	51	15	10	69	59	N	1	32	27	E
Wardhus — —	9	12	9	31	15	24	15	43	70	35	N	2	5	36	E
North Cape — —	8	51	9	10	15	3	15	22	71	23	N	1	44	48	E
Bear Iſland — —	8	12	8	31	14	24	14	43	74	32	N	1	5	36	E
Spitzbergen, Bell-Sound	7	57	8	16	14	8	14	27	77	15	N	0	51	2	E
Peterſberg — —	—	—	—	—	15	21	15	40	59	56	N	2	1	20	E
Tobolſki — —	—	—	—	—	17	53	18	12	58	12	N	4	32	51	E
S. John's, Newfoundland	3	40	3	59	—	—	—	—	47	32	N	3	31	13	W
Quebec — —	2	29	2	48	—	—	—	—	46	55	N	4	39	36	W
Hudſon's Bay — —	0	49	1	8	6	54	7	13	58	56	N	6	19	40	W
Boſton — —	2	26	2	45	—	—	—	—	42	25	N	4	42	29	W
Williamſberg — —	2	3	2	22	—	—	—	—	37	20	N	5	6	20	W
Jamaica, Port Royal	2	4	2	23	—	—	—	—	18	0	N	5	7	2	W
Mexico — —	0	19	0	38	6	14	6	33	20	0	N	6	54	40	W
Cape Corientes — —	23*	48	0	6	5	44	6	3	20	50	N	7	25	40	W
Cape St. Lucar — —	23*	31	23*	50	5	28	5	47	23	15	N	7	41	40	W
Cape Conception —	22*	34	22*	53	4	33	4	52	35	30	N	8	37	40	W
Fernambuca, Brazil	4	50	5	9	—	—	—	—	8	13	S	2	20	8	W
Conception, Chili —	2	24	2	43	—	—	—	—	36	43	S	4	50	44	W
Bombay — —	—	—	—	—	18	9	18	28	19	18	N	4	47	48	W
Madraſs — —	—	—	—	—	18	41	19	0	13	13	N	5	20	9	E
Calcutta — —	—	—	—	—	19	14	19	33	22	30	N	5	53	43	E

N. B. The Contacts marked with Aſteriſks belong to the 2d Day of June 1769, according to Aſtronomical Time.

图 1.4 《航海天文历和天文星历表》是一部将会流传后世的著作。它列出了天体来年的预测位置，也可用于预测一再发生但频率不高的天文事件，比如金星凌日（此处为 1769 年）。注意，表中所列各地“推测的经度”从格林尼治算起。

来源：*The Nautical Almanac and Astronomical Ephemeris, for the Year 1769*（London: Commissioners of Longitude, 1768）。

经爱丁堡大学图书馆研究文献中心许可复制。

DIFFÉRENCE DES MÉRIDIENS

entre Paris & les principaux lieux de la Terre.

LA Table qui donne les différences des Méridiens entre Paris & les principaux lieux de la Terre, est le résultat de toutes les observations que les Astronomes font depuis un siècle pour perfectionner la Géographie.

Les situations des lieux de la Terre se déterminent par latitudes & longitudes; la *latitude* est la distance d'un lieu de la Terre à l'Équateur, comptée depuis l'Équateur en allant vers le nord ou vers le sud; la *longitude* géographique ou terrestre est la distance comptée d'occident vers l'orient depuis le premier Méridien; & dans les Cartes françoises, le premier Méridien passe par les îles Canaries. Supposons à Paris 20 degrés de longitude.

Mais comme c'est à la méridienne de Paris que toutes nos observations se rapportent, & que toutes nos Tables y sont assujetties, nous nous sommes contentés d'indiquer la différence entre le Méridien de Paris & ceux des principaux lieux de la Terre.

Lorsqu'on a l'heure qu'il est sous le Méridien de Paris, & que l'on cherche l'heure sous un autre Méridien; s'il est à l'orient de Paris, il faut ajouter la différence des Méridiens avec l'heure de Paris; si c'est à l'occident de Paris, il faut la retrancher.

Les latitudes & les différences des Méridiens où il y a des étoiles * ont été déterminées par les observations de l'Académie; celles où il y a des croix † ont été déterminées par d'autres Astronomes; celles où il n'y a rien de marqué sont fondées sur l'estime, sur le rapport des Voyageurs, ou sur des observations moins certaines que les autres. Cette Table est suivie d'une autre que m'a procuré M. d'Après de Mannevillette : elle contient la position des principaux lieux de son Neptune oriental, & a été rédigée par l'Auteur même; ainsi il est à présumer que les Navigateurs lui sauront gré de la peine qu'il a bien voulu prendre à cet égard.

TABLE DE LA DIFFÉRENCE

des Méridiens en heures & degrés, entre l'Obſervatoire Royal de Paris & les principaux lieux de la Terre, avec leur latitude ou hauteur de Pole.

NOMS DES LIEUX.	Differ. des Méridiens en Temps.			Differ. des Méridiens en Deg.		LATITUDES *ou* Hauteurs du Pole.		
	H.	*M.*	*S.*	*D.*	*M.*	*D.*	*M.*	*S.*
Abbeville.	0*	2.	1. *oc.*	0.	30.	50*	7.	1. S.
Abo. *Finlande*.	1†	19.	30. *or.*	19.	52.	60†	27.	7.
Agra *du Mogol*.	4†	57.	36. *or.*	74.	24.	26†	43.	0.
Aix *en Provence*.	0*	12.	25. *or.*	3.	7.	43*	31.	35.
Alby.	0*	0.	45. *oc.*	0.	11.	43*	55.	44.
Alep *de Syrie*.	2	20.	0. *or.*	35.	0.	35†	45.	23.
Alexandrete.	2*	16.	0. *or.*	34.	0.	36*	35.	10.
Alexandrie *E'gypte*. ...	1*	51.	46. *or.*	27.	57.	31*	11.	20.
Alger.	0	0.	29. *oc.*	0.	7.	36*	49.	30.
Amiens	0*	0.	8. *oc.*	0.	2.	49*	53.	38.
Amſterdam	0	10.	36. *or.*	2.	39.	52*	22.	45.
Ancone.	0*	44.	42. *or.*	11.	11.	43*	37.	54.
Angers.	0*	11.	35. *oc.*	2.	54.	47*	28.	8.
Angoulême.	0*	8.	45. *oc.*	2.	11.	45*	39.	3.
Antibe.	0*	19.	14. *or.*	4.	49.	43*	34.	50.
Anvers.	0*	8.	17. *or.*	2.	4.	51*	13.	15.
Archangel	2*	26.	20. *or.*	36.	35.	64	34.	0.
Arles.	0*	9.	12. *or.*	2.	18.	43*	40.	33.
Avignon.	0*	9.	54. *or.*	2.	29.	43*	57.	25.
Avranches.	0*	14.	51. *oc.*	3.	43.	48*	41.	18.
Aurillac.	0*	0.	28. *or.*	0.	7.	44*	55.	10.
Auch.	0*	7.	20. *oc.*	1.	45.	43*	38.	46.
Auxerre.	0*	4.	57. *or.*	1.	14.	47*	47.	54.
Barcelone.	0.	0.	28. *oc.*	0.	7.	41†	26.	0.
Baſſe.	0	21.	0. *or.*	5.	15.	47	55.	0.
Bayeux.	0*	12.	11. *oc.*	3.	3.	49*	16.	30.
Bayonne.	0*	15.	20. *oc.*	3.	50.	43*	29.	21.
Beauvais.	0*	1.	1. *oc.*	0.	15.	49*	26.	2.

图 1.5 “经度差异”（Différence des Méridiens）和“经度差异表”（Tables de la Différence des Méridiens）清楚地表明了法国以巴黎天文台为 0 度中心，用准确的经度测量“完善地理学”的总目标。

来源：*Connaissance des temps, pour l'année commune 1777*（Paris: Imprimerie Royale, 1776）。

经爱丁堡大学图书馆研究文献中心许可复制。

规章与指令》（*Regulations and Instructions Relative to His Majesty's Service at Sea*，1731）中没有提到格林尼治，也没有提到哪条基准子午线是航海日志所要求的起点，只是指出实践中存在差异，经度测算应当成为海员日志记录的组成部分。一直到约 1780 年以后，哈里森的航海钟可以更加广泛地获取，英国海军才普遍地使用格林尼治。即使到了这个时候，仪器可以获取也并不意味着它得到了广泛使用。1795 年，天文学家约翰·布里斯班（John Brisbane）乘坐东印度公司的一艘船前往澳大利亚的帕拉马塔（Parramatta）。他注意到，“在这支庞大的舰队中，能进行月球观测的也许不足十人”。各行其是的做法有助于解释早先为什么没有一条本初子午线在英国脱颖而出，还说明了英国及荷兰、法国在马斯基林 1767 年的著作出现前后，业内人士之间也存在差异。[28]

如果我们从图书史的角度考虑《航海天文历和天文星历表》，还有两点值得注意。其一是英国 18 世纪 70 年代出版的航海实务图书（许多在 18 世纪 80 年代出版）没有提到《航海天文历和天文星历表》或月距法。有些图书只说“子午线是起航的地方”。在《实用数学概要》（*Synopsis of Practical Mathematics*，1771 和 1779 年）中，亚历山大·尤因（Alexander Ewing）建议以通过康沃尔（Cornwall）蜥蜴角（Lizard）的经线为首子午线，以便尽可能有效地使用《航海天文历和天文星历表》。其二是马斯基林的航海天文历在结构上部分借鉴了迈耶的图表，它并不是首部此类国家天文历。1767 年以后，格林尼治就是英国的本初子午线所在地，也许可以认为格林尼治的权威是一项源自国际合作的国家成就，即使在法国也促进了国际合作。在法国，拉卡耶（Abbé Nicholas Louis de Lacaille）证明了月距观测的价值，并把它们纳入 1761 年《天文历书》，他制表时以巴黎为本初子午线。从 1774 年到 1788 年，《天文历书》收录了马斯基林基于格林尼治的月距表和基于巴黎的其他表格（图 1.5）。1789 年版《天文历书》甚至使用了英国表格，只不过转换为巴黎子午线。1792 年以后西班牙的《航海年鉴》（*Almanaque náutico*）中也收录了格林尼治表格，其他类似的国家天文历也一样。英国以格林尼治为本初子午线，如果说第一点提醒我们注意《航海天文历和天文星历表》对航海实践的直接影响，那么第二点就涉及这个文本相当“混杂”的性质。我们会在第 2 章论美国早期的本初子午线部分看到，围绕给这个新兴国家新设一条本初子午线的辩论如何再次用到了马斯基林著作的修订版。[29]

国家规定的差异，1767 年前后至 1790 年前后

欧洲范围内无数条本初子午线在地图、地理图书、海上航行中同时并存；巴黎天文台和《天文历书》与格林尼治皇家天文台和《航海天文历和天文星历表》各自的建立和出版有助于保护巴黎和格林尼治本初子午线。例如，在 18 世纪俄国的地图和地图集中，费鲁岛、巴黎和格林尼治等都是地形测量的基准子午线。从 1727 年到 18 世纪 40 年代中期，俄国把本初子午线设它最西边的达戈岛（Dagö）和厄塞尔岛（Ösel），两座岛屿今属爱沙尼亚：托勒密与部分伊斯兰地理学家曾经用本初子午线标记已知世界的西部边界，俄国的做法是迟来的效仿。西班牙的地形测量图上曾经出现过多达 14 条本初子午线，1768 年以后的海岸地图标着巴黎、加的斯（1753 年建立天文台的地方）、特内里费岛和卡塔赫纳以东或者以西的经度；卡塔赫纳子午线是此地曾为重要海港的最后反映。1762 年，西班牙制图师托马斯·洛佩兹（Tomas Lopez）指出，“我们西班牙人经常从马德里以西 12 度 37 分的泰德峰算起”，即从特内里费岛峰顶算起。洛佩兹在《地理学原理》（*Principios de geografía*，1775）中列出了特内里费岛与当时普遍使用的其他本初子午线的经度差对照表。18 世纪 70 年代以后，西班牙的海岸地图参考巴黎、特内里费岛、加的斯和卡塔赫纳本初子午线，把国家轮廓“定下

来”。安东尼奥·卡瓦尼列（Antonio Cavaniles）的《瓦伦西亚王国的地理学》（*Geografía del reyno de Valencia*，1797）把特内里费岛和加的斯都标为 0 度经线。荷兰人长期使用特内里费岛本初子午线，18 世纪 50 年代后情况发生变化，海员们越来越多地使用格林尼治。成立于 1787 年的荷兰经度局认识到了混合使用多条本初子午线的情况，也知道除了西班牙，其他航海国家都不用特内里费岛，而且西班牙也不单使用特内里费岛。1826 年，荷兰正式将格林尼治本初子午线用于航海目的：以便“把规则用于实践，而不是反过来”。[30]

法国的海岸测绘反映了旨在更加准确地绘制国界线的地形测量活动。多条本初子午线出现在地形图和水文图上，反映了制图师和水手使用的原点各不相同。这些地图可能绘有多达 6 条本初子午线：从北向南依次为亚速尔群岛、费鲁岛西边、特内里费岛“峰顶”、蜥蜴角、伦敦（指圣保罗大教堂，不是格林尼治）和巴黎。这条信息对在沿海水域航行十分重要，尽管船上携带这些地图，但是船长实际使用这些地图的可能性不大。这些子午线大多是制图的或地理的本初子午线，不是观测（天文）的和地理的本初子午线：只有巴黎和加的斯是基于天文观测和地理测算的本初子午线。

英国第一幅已知标有 0 度经线穿过格林尼治的地图绘制于 1738 年。18 世纪后期的部分证据似乎否认格林尼治当仁不让是英国毋庸置疑的基准线。国王乔治三世的地理学家、制图大师托马斯·杰弗里斯（Thomas Jefferys）去世后出版了《西印度群岛地图集》（*West-India Atlas*，1775），杰弗里斯的编辑罗伯特·塞耶（Robert Sayer）说明了这部地图集的参照点：

> 我们以加那利群岛最西边的费鲁岛为起始子午线，此外每张图顶端还标有与伦敦子午线的经度差。很遗憾，英国尚未就首子午线达成共识，有人从伦敦圣保罗大教堂算起，有人从

> 格林尼治皇家天文台算起，还有人从康沃尔的蜥蜴角算起；差别各异的子午线在我们不得不比较和换算图表时造成了困扰。我们完全可以为不同的作者出于任性和民族自豪感使用的子午线做一份大目录。

在塞耶和已故的杰弗里斯看来，费鲁岛子午线似乎可能占据主导："目前欧洲普遍采用它。"塞缪尔·邓恩（Samuel Dunn）是数学家、天文学家，18 世纪 70 年代中期以后担任东印度公司的检查员。他在航行指南文本中清楚地表明，伦敦和格林尼治的首子午线不止在习惯用法上存在差异，就像我们已经看到法国使用佛得角群岛和加那利群岛、荷兰使用特内里费岛和格林尼治那样。他还在《航海主张》（*Nautical Propositions*，1781）中指出这个事实，并说明了二者的经度差。邓恩在《海上测定经度的理论与实践》（*Theory and Practice of Longitude at Sea*，1786）中专门用一个小节——我们可以推想是一个教学小节——讲述"起始子午线"。他的指南概括了"经度测算的起点首子午线的相关地理学和水文学原理及其形成"。他告诫读者和学生，"很久以前英国把首子午线设在伦敦，也许因为伦敦是英国的大都市"。后来本初子午线往往设在国家发展科学的特殊场地："欧洲各国出于推进地理学和航海的明确目的纷纷建立天文台，人们认为首子午线应该始于各自的天文台，各地的经度也应该相应地由天文台算起。"到邓恩于 1788 年出版《世俗体系新地图集》（*New Atlas of the Mundane System*）时，他已经对格林尼治的权威角色深信不疑："英国的天文表格为了格林尼治子午线做了调整，现在各地的经度通常从上文最后提到的这个地方算起。"[31]

简而言之，18 世纪末多条本初子午线在欧洲很常见——这既是"任性和民族自豪感"的体现，也是地理学混乱的起因——重要的是怎么解释这些事实和它们引起的结果。地理学和天文学图书告诉人们，有多条本初子午线存在（图 1.6）。对这些书籍的研究也表明，到 18 世纪 80 年代，“国家”的本初子午线才慢慢被接受：英国设在格林尼治，法国设在巴黎，西班牙设在三个地方：加的斯、托莱多和马德里。这些文本告诉人们，本初子午线是什么——子午线是一个待解决的实践性命题，必须根据大地测量、天文学和经度的原理，遵照指令予以往往相当公式化的处理。在海上，便利性主宰一切，到 18 世纪 50 年代，单一本初子午线才渐渐在法国占据主导，英国也许在 18 世纪 80 年代，低地国家在 19 世纪 20 年代。天文学家继续在地图和海图上使用无数条地形和航海的本初子午线。对于不同的业界人士，以指定的 0 度为一张地图、一次观测或一次海上计算的依据，在操作上具有意义。但是要想进行比较，使用不同的基准线就意味着必须不断地重新计算。对于地图的读者和用户、学生、想测量各地的相对位置或者想要更为宏观地以一定的准确度划分地球的人，地理学、天文学和航海依然由于多条本初子午线的存在而繁杂难解。

测定格林尼治和巴黎子午线，1776 年前后至 1790 年前后

到 18 世纪 70 年代末，巴黎和格林尼治的天文学家和地理学家们深刻地意识到，了解地球取决于从哪里算起，不管选择哪个起点为确凿的经度，这个起点都应该准确测定。卡西尼・德蒂里 1744 年的《经过验证的子午线》和早先的工作为法国树立了新的标杆，也暴露出皮卡德对巴黎本初子午线的天文测量不够准确。误差虽小，约 5 突阿斯[1]或 10 米，但是如果把它放大到整个国家层面，对法国、天文学、巴黎本初子午线的定位则意义重大。卡西尼・德蒂里 1774 年的“法国新地图”（Nouvelle carte de la France，图 1.2）

[1] 突阿斯（toise）：古代的一种大地测量单位。——译者注

261 1777.

SITUATION des principaux endroits de Paris, de Londres & des environs, où l'on a fait des Obſervations aſtronomiques.

PARIS.	DIFFÉR. des Mérid.	LATITUDE.
	M. S.	*D. M. S.*
Façade ſept. de l'Obſervatoire royal...	0. 0,0	48. 50. 14
Obſervatoire du collége Mazarin.....	0. 0,1 *or.*	48. 51. 29
Coupole du palais du Luxembourg....	0. 0,1 *or.*	48. 51. 0
Place du Palais royal.............	0. 0,2 *oc.*	48. 51. 46
Obſerv. de la Marine. Hôtel de Clugny...	0. 1,8 *or.*	48. 51. 14
Collége Royal.................	0. 2,2 *or.*	48. 51. 7
Obſerv. de la cour des Capucins......	0. 2,3 *oc.*	48. 52. 3
École royale militaire............	0. 7,6 *oc.*	48. 51. 9
Tour de Châtillon..............	0. 14,0 *oc.*	48. 47. 49
Hôtel de Paſſy, près la Muette......	0. 14,5 *oc.*	48. 51. 37
Obſervatoire de Colombe..........	0. 20,3 *oc.*	48. 55. 28
LONDRES.	*H. M. S.*	
Spital-ſquare, où eſt l'obſ. de M. Canton..	0. 9. 33 *oc.*	51. 31. 16
Newington, village où M. Bevis a obſervé..	0. 9. 35	51. 33. 43
Coupole de Saint-Paul de Londres.....	0. 9. 38	51. 31. 0
S. John's ſquare..............	0. 9. 39	51. 31. 33
Red lyon ſtreet..............	0. 9. 39½	51. 31. 30
Obſerv. de M. Graham dans *Fleetſtreet*..	0. 9. 40	51. 31. 2
Surrey ſtreet, Obſervatoire de M. Short..	0. 9. 42	51. 30. 54
Convent garden, Obſervat. de M. Bird..	0. 9. 44	51. 31. 0
Malborough houſe, *S. James parck*.....	0. 9. 47	51. 30. 37

图 1.6 《天文历书》中这张表格可以清楚地看到巴黎和伦敦的经度差，以及巴黎天文台附近各个地方的相对位置。不过请注意，表格计算了伦敦圣保罗大教堂的炮塔和伦敦几座私人天文台的经度位置，却没有提供格林尼治皇家天文台的经度。

来源：*Connaissance des Temps, pour l'année commune 1777*（Paris: Imprimerie Royale, 1776）。

经爱丁堡大学图书馆研究文献中心许可复制。

用 800 个主三角形和 18 条三角测量基线呈现了法国全貌，它本质上很抽象，很像几何图形。此外，它没有细致地反映地形特征或人类居住的情况。由于这几个原因，路易十五对这幅地图不太满意。国王指示卡西尼三世重新绘制法国地图，1756 年以后，法国再次开始在地图上以无可比拟的精细、准确和标准化呈现。1784 年卡西尼·德蒂里去世，这项工作由他的儿子让–多梅尼克即卡西尼伯爵（卡西尼四世）延续。此时，王室威仪在衰落。法国大革命期间，卡西尼的地图测绘事实上“国家化”了，严格地说，这项工作从未完成。还有一个复杂的因素是，描绘法国所使用的测量标准，比如突阿斯，根本谈不上标准，它们很快由革命的计量学新单位“米”取代（这个话题在第 3 章探讨）。[32]

1744 年以后，卡西尼·德蒂里在修改地图的过程中把视线扩大到了法国以外：1748 年进入荷兰和低地国家，1762 年后把视线投向了维也纳。他打算用三角学把巴黎、维也纳和伦敦联合起来，作为这个意图的组成部分，他也试图把自己启蒙运动的地球测量线延伸到多佛和不列颠。他为此重新计算了伦敦的纬度，并注意到英国的天文计算不准确——“15 秒的不确定度”。这对格林尼治天文台经度的准确性具有启发意义。1776 年卡西尼·德蒂里写了一篇文章探讨了这些问题，1785 年约瑟夫·班克斯（Joseph Banks）提醒马斯基林注意这篇文章。1787 年 2 月，马斯基林在皇家学会宣读论文，答复了“已故的法国御用天文学家就本皇家天文台的经纬度所抱持的疑问”。

我们无须关注马斯基林论文的具体内容，他在前任御用天文学家布拉德雷（James Bradley）的天文计算的基础上，讨论了仪器类型、观测程序、大气折射导致的问题、卡西尼·德蒂里对拉卡耶 1752 年研究工作的依赖等。但马斯基林“为答复已故的卡西尼先生就格林尼治与巴黎经度差问题的疑问”所做的评论却值得认真分析。马斯基林报告称，格林尼治与巴黎的经度差是 9 分 20 秒，这个由布拉德雷得出的数字自 1749 年起一直成立。1763 年以后，天文学家詹姆斯·肖特（James Short）根据水星凌日的系列观测，提出二者的经度差为 9 分 16 秒。马斯基林又借鉴了十几位观测者包括天文学家梅西叶（Charles Messier）在巴黎的观测报告，以及 1773 年 11 月到 1785 年 11 月间对两条子午线经度差的计算，报告了从 1776 年 3 月的 10 分 46 秒（巴黎“空气迷蒙”）到 1783 年 8 月的 8 分 54 秒（格林尼治“空气澄澈”）的经度变化范围。汇总起来，他计算得出的平均值为 9 分 31 秒。1775 年 2 月到 1786 年 12 月又进行了一组 40 次计算，结果表明了格林尼治天文台与巴黎克吕尼酒店（Hotel de Clugny，位于巴黎天文台以东 2 秒）的经度差：测量它们的平均值，得出两个天文台的经度差为 9 分 20 秒（恰好是 1749 年布拉德雷得出的数字）。马斯基林对这些证据做了总结：“因此，根据皇家天文台自身的观测，两个皇家天文台的经度差是 9 分 30 秒；根据梅西叶先生在克吕尼酒店的观测，与皇家天文台换算后得出的经度差是 9 分 20 秒。这两个得数的平均值是 9 分 25 秒。由于梅西叶先生的系列观测极为完整，如果对两个测算结果以 1：2 的比例分别给予权重，那么两地的经度差为 9 分 23 秒。”

马斯基林又引用证据——包括天文学家、测量员、《天文历书》的编辑皮埃尔·梅尚（Pierre Méchain）给出的证据，日后梅尚将在革命的法国成为创建公制计划的中流砥柱——为两条观测的本初子午线提出了折中的结果：“我想，目前我们可以以 9 分 20 秒为经度差，这个数字与真理只有几秒的误差，直到对月掩恒星的更多观测——包括已有的观测和今后有利条件下的观测，并认真计算——让我们能够最终得出确凿的结果。眼下我没有闲暇收集和计算这些观测数据，但计算领域一视同仁地向巴黎的知名天文学家敞开，此地（格林尼治）开展的观测结果也在准确地发布。”[33]

似乎观测者越是仔细观测，并提高观测频率，他们对巴黎和格林尼治相对位置的测算就越是差别巨大。我们应该记得，法国人在生活中已经做出了妥协：面对其他更为精确的估算，他们依据德利尔的判断得出了巴黎的位置，即巴黎与费鲁岛的经度差为 20 度。18 世纪 70 和 80 年代，这两条本初子午线的准确度都不过是容忍误差罢了，“最终的确凿结果”只是一个工作数字。在这里，差别的程度不是重要特征，差别的缘起则很能说明问题：在“计算领域”，不同的方法得出不同的结果，当地天气和仪器操作也对结果造成影响。重要的是得数各不相同，且马斯基林接受了这个事实，他还期待全新的工作也许能够显著地缩短巴黎与格林尼治之间的距离，弥合“真理”与谬误之间的差距。

1776 年，让－多梅尼克·卡西尼·德蒂里对巴黎和格林尼治天文台的确切位置，也对启蒙运动时期两处计算中心的地理学地位表达了疑问，马斯基林以数学计算的形式给出了答复。英国方面实地解决这个问题的是苏格兰军事测绘员、大地测量学家威廉·罗伊（William Roy）：1791 年，罗伊将成为创建英国国家测绘机构“国家测绘局”（Ordnance Survey）的元勋。1784 年，罗伊在豪恩斯洛荒地（Hounslow Heath）工作，为英国建立三角测量的基准线。马斯基林认识到，这项工作如果跨过英吉利海峡，也许会“以高度的准确性确定格林尼治和巴黎的经度差”。罗伊用三角运算测定格林尼治与巴黎本初子午线的距离，他于 1790 年的报告是启蒙运动后期大地测量学的杰作，这部著作与卡西尼·德蒂里的《经过验证的子午线》（1744）和卡西尼四世的《法国的几何描述》（*Déscription géometrique de la France*，1783，罗伊经常引用这部著作）一脉相承。这是国家测绘局成立后的一项重点工作。[34]18 世纪末，时人希望知道两条本初子午线的位置，罗伊和他的法国同行的叙事性作品都出版于 1790 年，提供了对它们的地理学认知。[35]

1787 年 9 月 23 日，法国科学院的卡西尼四世、皮埃尔·梅尚、数学家和天文学家勒让德（Adrien-Marie Legendre）与罗伊及其测绘员同事在多佛会面，开始了一系列跨英吉利海峡的观测。这项工作的目的是用三角方法测定两国天文台的位置，让两国在大地测量的意义上更加紧密地联合起来。他们用仪器制造师杰西·拉姆斯登（Jesse Ramsden）新设计的经纬仪、经度局赠送的约翰·哈里森航海钟、法方提供的勒努瓦（Lenoir）和博尔达（Borda）经纬仪度盘，沿着英格兰南部海岸布设了一系列视准线和三角形，并在“狂暴天气”允许时延伸到法国（图 1.7）。他们在各自的海岸测站用爆炸的光信号和声信号实现对齐。在可能的地方，他们把三角测量新产生的角和线与卡西尼四世的《法国的几何描述》及其父的《经过验证的子午线》加以比较。在英法两国布设了 48 个三角形并加以比较之后，罗伊写道，报告得出相差 15 英尺，证明“如果利用精密仪器，并且在使用时一丝不苟，此类操作可以达到何等神奇的准确度”。考虑到工作做得十分精确，所产生的误差似乎“相互弥补或抵消”，罗伊写道，他们将“能够测定两个皇家天文台的经度差，与真理只差一丁点”。[36]

罗伊的自信放错了地方。测定的巴黎和格林尼治经度差是“接近 9 分 19 秒”（给出的数字是 9 分 18.8 秒）。这些研究工作似乎暗示，假如在英国的三角测量是正确的，多佛到敦刻尔克的三角测量准确无误，那么再往东或者再往西的三角测量则不然：“由此可见，作为半个多世纪的劳动结晶，法国大地图的所有经度将随着巴黎皇家天文台子午线与各地向东或向西的距离远近而显著地受到影响。”对精确的追求在国家层面造成了不均衡的后果。与一百年前的情况类似，言外之意是 1789 年前后，法国对其靠近沿海地区的形状和大小不像巴黎本初子午线沿线那么肯定。这是英国人的说法。在罗伊看来，解决方案在于把不同的方法结合起来，包括三角函数、利用精确的计时器（哈里森的航海钟）和他所谓“角度测量的次优方法”——换句话说，“就像在法国南部做过的那样，用精心调试的时钟记下反复发生的瞬时光爆炸，观测站位于爆炸地以东和以西很远的距离；在实践条件允许的情况下，这些距离由三角测量操作为

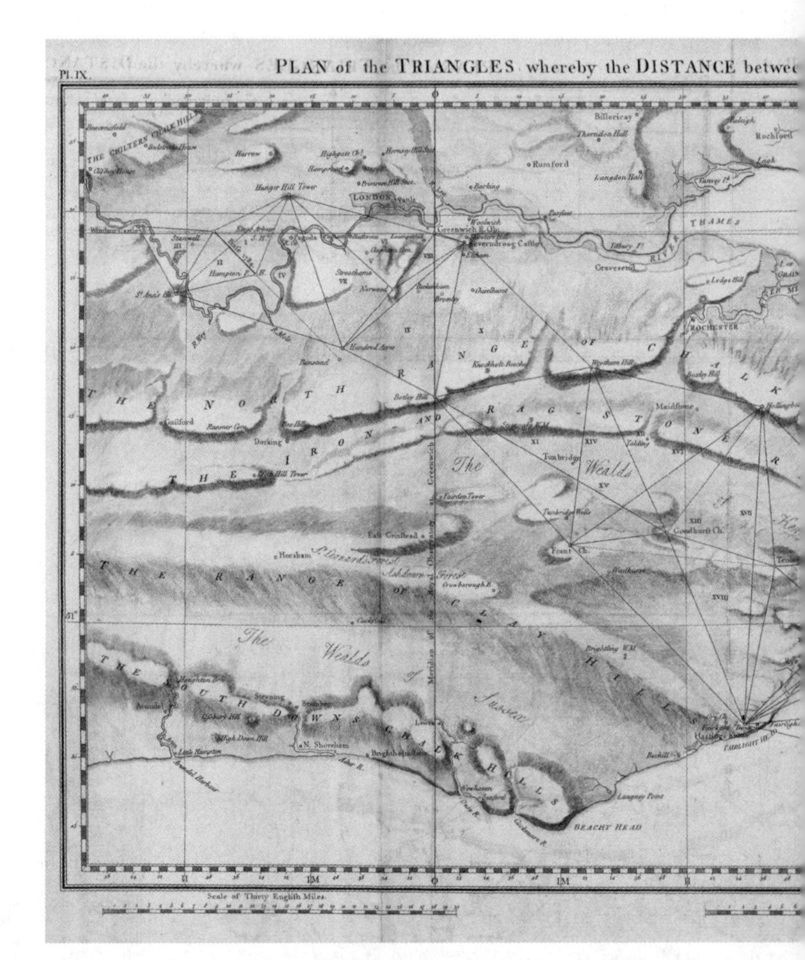

Pl. IX.
PLAN of the TRIANGLES whereby the DISTANCE betwe
THE CHILTERN CHALK HILLS
Billericay
Thorndon Hall
Rochford
Rumford
Langdon Hall
Harrow
Hanger Hill Tower
LONDON
Barking
Purfleet
Greenwich R. Ob.
Severndroog Castle
Tilbury Ft.
Gravesend
RIVER
THAMES
Windsor Castle
Hampton
Streatham
Norwood
Chislehurst
Bromley
Hundred Acre
Banstead
ROCHESTER
Ledge Hill
Wrotham Hill
Botley Hill
Maidstone
Guilford
Dorking
Tunbridge
Tunbridge Wells
Goodhurst Ch.
Frant Ch.
East Grinstead
Horsham
Ashdown Forest
The Weals
The Weals of Sussex
N. Shoreham
Lewes
Hastings
Langney Point
BEACHY HEAD
Meridian of the Observatory at Greenwich
Scale of Thirty English Miles.

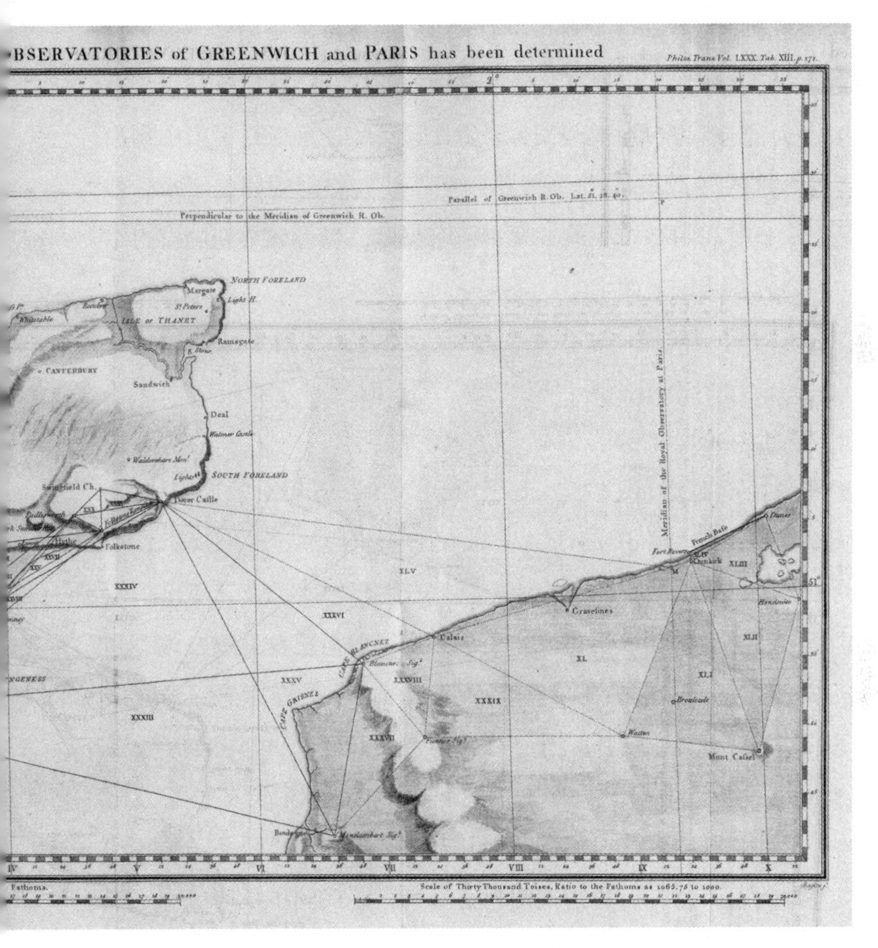

图 1.7　在威廉・罗伊的“三角形计划”中，以协同三角测量实现国际合作规范的意图显而易见——但也要注意，该计划认可了线性测量的不同单位：英国用英里（左下角），法国用突阿斯（右下角）。

来源：William Roy and Isaac Dalby, “An Account of the Trigonometrical Operation, Whereby the Distance between the Meridians of the Royal Observatories of Greenwich and Paris has been Determined,” *Philosophical Transactions of the Royal Society of London* 80（1790）, 111–614, facing p. 272。

经苏格兰国家图书馆许可复制。

此目的准确地布置”。最后，测定两条本初子午线的位置在于重复多次的天文观测：“不难设想，这里所考虑的目标只有一个，即住在这些地方附近（换句话说，其子午线方向已经准确测定）并且拥有时间的天文学家，也许可以通过日后的相应观测（应该只观测月掩恒星），把新旧经度加以比较，以满足世人对两个数字当中哪个最接近真理的好奇心。”把两条本初子午线在空间中固定下来，似乎只是一个时间问题：凭借数学、精密仪器、韧性和火药的有力结合，解决方案将应运而生。

法方对所用仪器信心十足，尤其是勒努瓦和博尔达经纬仪度盘（它的设计中使用了两台望远镜，可以对同一个点进行多次测量），正如 1790 年的报告副题清楚表述的那样——“一种适合把角度测量精确到秒的仪器的使用说明”（*Description et usage d'un instrument propre à donner la mesure des angles, à la précision d'une seconde*）。把地球曲率考虑在内，这个英法合作项目计算得出了两个结果，以明确格林尼治与巴黎子午线相隔的情况：9 分 20.6 秒和 9 分 18.6 秒。后一个数字与罗伊的 9 分 18.8 秒接近，前一个数字与马斯基林、卡西尼三世等得出的折中数字 9 分 20 秒接近，9 分 20 秒这个数字是根据 1773 年到 1786 年间在格林尼治、巴黎及野外的天文计算得出的。但是这几个数字依旧没有解决两条子午线确切位置的问题。此外，法国人使用突阿斯，还遇到了长度单位不统一的问题，他们再次对自己国家的版图和大小没有了信心。

尽管参与其中的科学家没有就格林尼治和巴黎本初子午线各自的确切位置达成一致意见，但是 1787—1790 年法英三角测量项目是一个真正的国际合作时期的标志。18 世纪末，人们继续使用多条本初子午线，每条线都是国家虚荣心的证明。[37]

* * *

书写地理学混乱的同时，可能会造成地理学混乱。那么，请容我澄清本章讨论的几个主要问题及其对后文的意义。到 1650 年前后，就欧洲的航海实践而言，世界上主要使用四条本初子午线：费鲁岛、特内里费岛、亚速尔群岛和佛得角群岛。到 18 世纪末，除了费鲁岛以外，巴黎和格林尼治的使用更加普遍。还有许多条本初子午线存在，每一条都是地形需求的表达，要么像西班牙的情况，是天文台或陆地机构权威的反映。

多条本初子午线的存在简单而普遍地意味着地球的地理测量没有约定的基准线。各国——各国内部和各界用户之间——以不同的 0 度、往往以若干条起始经线开展测量。在几个国家——法国自 1667 年后，英国自 1675 年后，1767 年后更为明显，西班牙加的斯自 1753 年后——天文台为从天文学上测定观测的基准线提供了便利。这样虽然可以开展商定的国家测量，但是在地理学作者、地形测量员、制图师、航海文本的作者以及水手的著作中，任何一国观测起始经线的权威都必须被理解为它与使用中的其他 0 度有关。

从托勒密采用加那利群岛的费鲁岛，到 18 世纪末期人们试图验证巴黎和格林尼治天文台的位置，在此期间本初子午线的地理学具有几个重要特征。1492 年前后到 1508 年间“发现”了似乎磁恒定的罗盘方位，在欧洲的航海和制图界引起了对无偏本初子午线的关注。这“一类”本初子午线从未确凿地形成共识，到 1650 年前后不再是个重要问题。法国国王路易十三 1634 年关于费鲁岛的法令是专制君主的一项地缘政治举措，不是准确的大地测量结果。18 世纪 20 年代，弗伊莱埃的航行实地检验了费鲁岛的经度位置。但他对该岛位置的估算只提供了一个不能令人满意的真相——他的计算结果很快被便于计算的数字 20 度取代，20 度这个数字由地理学权威人物德利尔“计算”和检验得出。准确性始终是预期目的，也是容忍误差、协商妥协的结果。卡西尼 1744 年的《经过验证的子午线》和罗伊 1790 年的“三角行动说明”通过大地测量和三角测量，为天文学和航海界提供了 1679 年《天文历书》和 1776 年《航海天文历和天文星历表》所提供的东西：观测和测量权威，具体实验的文本验证。

各国各界使用的本初子午线各不相同，造成了广泛的混乱。不过，考虑到航海家、地理学家、制图师和天文学家的实际使用情况，我们应该只思考各国的差异，还是也应该思考各国的“国家”本初子午线，是一个很不明朗的问题。只在国家层面考察多条本初子午线问题，就会忽略多条本初子午线在使用中的社会和认知区别及其意义。按时间顺序可以解读为某类本初子午线的出现（和消失）的事物，也可以从地理学角度解读为几个重要地点的故事——费鲁岛、特内里费岛、格林尼治、巴黎。这也是一个社会差别和主题差别的叙事，与行业各界及其在工作中使用的若干条本初子午线有关。

第 2 章

独立宣言

本初子午线在美国，1784 年前后至 1884 年

18 世纪末 19 世纪初，美利坚合众国至少使用三条本初子午线：费城、纽约和华盛顿特区。1803 年购得路易斯安那州以后，用过几年新奥尔良本初子午线（第四条），因为新奥尔良的土地原属法国，按照惯例其经度参照巴黎设定。美国的哲学家、科学家、海军官员和政治家对这种缺乏共识的现状很不满意，他们以各种方式在不同的地方思考这四个以及其他选项，并为折中方案争论不休长达几十年。[1]

这个选项范围虽然描述起来篇幅很短，对它的认识却很重要，因为学者如果论及美国本初子午线的辩论，往往把它描述为针锋相对的两种主张：设定一条全新的国家本初子午线；使用现有可通用的本初子午线。

西尔维奥·贝迪尼（Silvio Bedini）追溯了自托马斯·杰斐逊（Thomas Jefferson）以降论述过美国国家本初子午线重要性的总统令，它们通常主张把本初子午线设在美国首都。马修·埃德尼在补充著作中扼要叙述了身在华盛顿特区的公务员、天文学家威廉·兰伯特（William Lambert）与身在费城的哲学家本杰明·沃恩

（Benjamin Vaughan）之间的关系，二人作为争议双方，分别支持国家方案和通用方案。可以这样理解，1884 年华盛顿会议前一百年间，美国的本初子午线问题是一个二者选一的问题，一者是摆脱别国特别是英国的科学和政治宣言的束缚，一者是更为务实地信赖已经建立的可能覆盖全球的 0 度基准线。[2]

但美国本初子午线的故事比这个二选一的简单建议更为复杂，意义也更为重大。1884 年前，在美国，个人、科研机构和行政圈内为使用哪条本初子午线展开辩论，对辩论情况的研究揭示了这个问题的多个层面。时人表达的观点源自他们对准确性、公民用途、学科和机构权威的关切。观点不易调和，从以下这个事实一望而知：1850 年，美国正式采用两条本初子午线——英国的格林尼治子午线用于航海目的，华盛顿特区子午线用于天文目的和美国地形测量的基准线。这个折中方案是由于国家利益与普遍的共同福祉之间的矛盾未能解决，也似乎无法解决。在一种意义上，1884 年之前美国的情况也许恰好体现了“观测的”和“制图的”本初子午线在地理学上的类别区分：华盛顿和（或）格林尼治属于前一类，美国其他城市属于第二类。在另一种意义上，美国的情况让这种区分变得模糊，因为自 18 世纪后期起，我们看到全球层面多条本初子午线的冲突，也看到一国国内不同类型的本初子午线的冲突。[3]

本章分三个部分讨论这些问题。第一部分研究本初子午线的辩论和美国从 1784 年前后到 19 世纪初的民族认同。第二部分思考 1812 年前后到 19 世纪中叶对美国本初子午线的政治和科学审议，特别研究了美国国会和美国科学促进会（American Association for the Advancement of Science，简称 AAAS）的内部辩论：选择一条国家的首子午线，还是接受一条共同的首子午线。讨论内容的一条关键证据是一份 1849 年的报告，该报告意在调和各执一词的观点，敦促美国使用一条有别于已然在起作用的本初子午线。这份 1849 年的报告巩固了 1850 年美国国会采用两条本初子午线的决定。第三部分探讨本初子午线的地点，以及 1850 年到 1884 年前后美国的政治和科学话语中相互冲突的计量学，这个叙事主题还会在第 3 章和第 4 章再次论述。

美国的地理认同与本初子午线，1784 年前后至 1812 年前后

北美大陆在政治上摆脱英国取得独立以前，地理学就向既有的知识体系提出了新的挑战，也给政治管理层出了难题，独立后这种倾向更加强烈。1776 年以后，随着测量员和制图师逐渐由东向西挺进，美利坚合众国这个新生的共和国慢慢露出容颜。由于梅利韦瑟·刘易斯（Meriwether Lewis）和塞缪尔·克拉克（Samuel Clark）的远征及路易斯安那购地案，美国向西、向南显著扩张。要想充分理解并妥善治理这个新生国家，制图师、地理作者和政治家必须在科学和政治上拥有新的本土资讯。但美国的地理学知识从内容到方法全部依赖外界图书。美国的相关著述几乎都不是建立在一手证据之上。于是，美国作家开始提供所谓新的“地理学的印刷语篇”，甚至发起“美国早期的地理学印刷革命”，让美国的地理图书成为人们认识自己、认识美国的途径。诺亚·韦伯斯特（Noah Webster）促进了地名的美国化，他还在《英语语法原理》（*Grammatical Institute of the English Language*，1783 年初版）中设法为各种口音构建国家参考框架。托马斯·杰斐逊的《弗吉尼亚笔记》（*Notes on the State of Virginia*，1787）对欧洲的观点提出批评，尤其是布丰（Buffon）论述美洲气候的制约效应和所谓美洲动植物发生退化的观点。在康涅狄格州公理会牧师杰迪代亚·莫尔斯（Jedidiah Morse）看来，全新的美国身份认同要求全新的美国地理图书。[4]

莫尔斯是美利坚合众国得以呱呱坠地的地理学接生婆，他的作用有据可查。莫尔斯为这个不久前脱离英国的社会和政体创作了《轻

松学地理》（*Geography Made Easy*，1784）、《美国地理或对美利坚合众国现状的考察》（*American Geography, or A Present Situation of the United States of America*，1789）和《地理要素》（*Elements of Geography*，1795）等著作。莫尔斯热衷于推翻英国和欧洲地理图书的文本霸权，他自己的地理著作把通常的文本顺序颠倒过来，美国排在首位，篇幅也更长：《轻松学地理》是西方印刷史上首部这样编排的著作。莫尔斯的文本“革命”项目（名副其实）应该从多个角度加以解读。它在依赖欧洲出版前提的同时又故意瓦解它。它尝试凭借美国地理建立民族认同，也为了美国地理建立民族认同。它是一种世界性的写作形式，把地理学视为国家自我实现的手段，视为对过往的舍弃，视为一个新生共和国当前和未来精神上的蓝图。[5]

新国家的新起点

莫尔斯坚持认为，美国应该有自己的本初子午线，即一条起始经线和一个原点，美国可以据此与英国保持距离，确立单独的身份，标记国家的西进过程。一幅美国早期地图标有格林尼治和费城两条子午线，费城子午线打算充当这个新生共和国的象征性起点，他把它收录在《轻松学地理》的序言部分（图 2.1）。在莫尔斯看来，费城——自由钟（Liberty Bell）所在地——似乎是这个新国家理想的根基所在：“由于费城的规模、美景、进步和中心地位，本书把经过费城的子午线定为起始经线。”美国的基准线不是别国的基准线：“费城子午线是美国人的首子午线，好比伦敦之于英国人，巴黎之于法国人。”[6]

莫尔斯不是把费城视为美国起始点的第一人。费城本初子午线最早出现在 1749 年地图上（直到 1816 年还可在地图上见到），制图师刘易斯 · 埃文斯（Lewis Evans）1755 年的“中部英国殖民地地图”也使用了它。跟莫尔斯一样，埃文斯也认为，费城在“文学、机械艺术和居民的公共精神”方面的进步，是“把美国首子午

图 2.1 杰迪代亚·莫尔斯使用了费城本初子午线的 1784 年地图是美国地理制图的独立宣言，图上标着费城 0 度（地图底部）和“伦敦以西”的经度（地图顶部）。请注意，经度是相对于伦敦而不是格林尼治。

来源：Jedidiah Morse, “Map of the United States of America”(Philadelphia, 1784)

照片由芝加哥纽伯利图书馆（Newberry Library）艾尔藏书（Ayer Collection）提供，109.5.M7 1784。

线的殊荣赋予它的充分理由”。埃文斯认为，这个选择将促进正确的自我认知及其他：“我认为把首子午线设在这里十分必要，我们可以用远胜过最佳天文观测的测定法确定各地的经度差；总是从远方的经线算起可能会把我们引入歧途”（“远方的经线”指格林尼治或巴黎）。1776 年地图出现了设在纽约的美国本初子午线，1733 年和 1775 年地图出现了设在波士顿的本初子午线。在埃文斯和莫尔斯看来，这些地图都使用了不够准确的制图的地理的本初子午线，而不是天文台的观测首子午线。事实证明，虽然莫尔斯本人有他的目的，但准确性和确切的定位却很成问题，即使他进行测算时可以有所选择——也许正因为他有所选择。莫尔斯计划的批评者用预示他人日后担忧的话语指出：“首子午线设在何处无关紧要，假如它是确定和通用的。首子午线应该是个精确的点。费城却是一座广阔的城市，M 先生没有告诉我们他从哪个区域算起……姑且不论 M 先生计划的优劣，他还频繁地偏离计划。除了费城，他另有三条首子午线：华盛顿、伦敦和格林尼治天文台。”[7]

18 世纪 90 年代初以后，对美国本初子午线的讨论就不再把焦点放在费城，而是放在了华盛顿特区。托马斯·杰斐逊总统计划把国家子午线设在华盛顿，这个计划借鉴了测量员安德鲁·埃利科特（Andrew Ellicott）的工作，埃利科特遵照总统的指示，从 1791 年起一直在测量美国的首都。埃利科特设定了一条“经由天体观测的真子午线”。这成了“整个计划”，即华盛顿市建设规划的基础。杰斐逊的美国本初子午线计划始于首都，这反映了他的诸多关切，也是莫尔斯二十年前表达过的关切，即确保美国的科学和地理学发展，绘制美国地图、显示并描绘它未来的形状，促进美国就本初子午线而言相对于别国的独立性。在杰斐逊的支持下，由密西西比领地的总测量员艾萨克·布里格斯（Isaac Briggs）和华盛顿城市测量员尼古拉斯·金（Nicholas King）领导，让华盛顿的基准线穿过总统官邸的实地测量进一步展开。1804 年 10 月 15 日，这项工作汇总在题为《美国首子午线或本初子午线划定记录》（*Record of the Demarcation of the First or Prime Meridian of the United States*）的报告中。这份报告给出了设定美国国家本初子午线的理由：一条新的界定线，一个开天辟地的时刻，美国历史和地理的一个原点。[8]

从 1804 年起，在美国首都划定美国本初子午线的管理决策就由战争办公室（War Office）职员、业余天文学家威廉·兰伯特负责。兰伯特在国务院任过职，当时杰斐逊是国务卿，1809 年杰斐逊在总统任期末年曾与兰伯特就本初子午线问题有书信往来——并延续到以后，兰伯特在杰斐逊的继任者詹姆斯·麦迪逊（James Madison）和詹姆斯·门罗（James Monroe）任内继续负责这项事务。兰伯特交给国会的报告和他本人出版的著作提供了时人的宝贵洞察：美国的本初子午线对这个年轻国家的科学和政治认同十分重要。[9]

1804 年兰伯特进行了天文观测和计算——有几次从总统花园算起——1805 年又进行了一次，可能与预测的 1806 年日食有关，但主要目的是测定首都的位置。1805 年，他把这些观测和计算以簿册形式归拢汇总。[10]1809 年 12 月他就美国本初子午线问题向国会提出建议，这个小册子成了他的建议的基础。在备忘录中，兰伯特旗帜鲜明地表达了美国新设一条本初子午线的意义，他认为美国应该把本初子午线设在华盛顿，而且定位准确非常重要：

> 按照哥伦比亚之领土（Territory of Columbia）华盛顿市的计划，该市打算把国会大厦定为美利坚合众国的首子午线；但是为了设定这条首子午线，应该依据正确的原理查明它与欧洲或别处某条已知子午线之间的距离，并达到应有的精确度；可以在平行的赤道上对两条子午线各自指向地心的角度进行测量或估算。因为我们的许多海员和地理学家至今仍习惯于以英国的格林尼治天文台为出发点或经度起算点，所以，我们要为设定自己的首子午线打下基础，努力摆脱有失体面、毫无必要的对

外国的依赖，希望人们不会认为这是个不可饶恕的冒昧假设。[11]

兰伯特的备忘录，连同他 1805 年出版物中收录的计算结果，都提交给了一个国会委员会。

1810 年 3 月 28 日，该委员会主席、代表蒂莫西・皮特金（Timothy Pitkin）向国会做了报告。委员会认识到了“设定首子午线的必要性……地理学家或航海家可以据以计算或测量经度，此事一目了然，无须多言”。皮特金重申了这个问题并提出一个解决方案：

> 倘若各国商定一条首子午线，供地理学家和航海家据以计算经度，这对地理学和航海学将是一件幸事；但此事尚未发生，极有可能永不发生。本委员会认为，既然我们坐落在西半球，距离任何一条确定或已知的子午线都相隔三千多英里，那么，从国家角度看，我们自设一条首子午线并不为过，应当为了最终在美国设定这样一条子午线开展测量工作。

在此期间，该委员会仔细研究了多幅美国地图，发现“出版商以美国多个地方为首子午线”。他们响应 18 世纪欧洲评论员的呼声，注意到这种情况“造成了混乱，导致不经大量计算就很难确定国内各地的相对位置。在我们新获取的领土路易斯安那，此前其经度从法国帝国的首都巴黎算起，这种情况也增加了困难”。[12]

不难看出在 19 世纪早期的美国，围绕美国本初子午线的地理学和天文学辩论何以成为政治必要。这个国家似乎不知道自己版图的形状，不知道重要地方相对于彼此的位置，也全然不知道其西部领土的辽阔程度。美国在把新的土地纳入政治管辖的过程中，面临着同时适应法国和英国计量学的挑战。然而，正因为美国的自然哲学家和政治家们意识到了英国以格林尼治子午线为表现形式的统治权威——“我们熟知的一条经线”——他们不认为调整地图和航海用表会造成问题。该国会委员会辩称，“调整我们的地图、海图和天文表格使之适应此地的经线”（即全新的美国本初子午线）不会很难，“也许再没有什么地方比政府所在地（华盛顿）更合适的了”。

国会议员皮特金建议众议院继续推动这件事。他虽然如此建议，却在为兰伯特的工作作证时敲响了警钟，指出了迄今为止所使用的方法步骤、流程的精度要求、报告结果的准确性等问题：

> 提请委员会考虑的文章似乎表明，兰伯特先生计算了华盛顿市国会大厦从格林尼治皇家天文台算起的经度，为此他使用了目前广受认可的一种方法，即月亮遮掩已知恒星……
>
> 委员会注意到，兰伯特先生似乎对天文计算很熟悉；就委员会有空抽查的部分而言，计算似乎是正确的。但是对于这么严谨的一个问题，正确的决策取决于所做观测的准确性和所用仪器的精密度，数据的微小误差也必然会得出错误的结果，所以不应绝对依赖单次观测所得出的计算结果。
>
> 事实是，为了笃定结果正确，也许应该使用不止一种测定经度的方法……
>
> 因此，委员会的意见是，为了给西半球设定首子午线奠定基础，美利坚合众国总统应当委托测定华盛顿市从英国格林尼治天文台算起的经度，使之达到尽可能高的准确度；为了这个目的，总统还应当委托采购必要的天文仪器。[13]

必要的天文仪器不光包括适当的器械设备——望远镜、标准钟或地面时钟、经纬仪和等高观测仪器等——还有至关重要的天文台。

天文台很重要。兰伯特 1805 到 1809 年间的著作和国会 1809 到 1810 年间的讨论指出，美国的关键需求是天文台得出的观测本初子午线，而不是埃利科特、布里格斯和金等规定的地理本初子午线。天文台不会很快就能建立：海军天文台作为政府机构刚刚于1844年在华盛顿建立。但是围绕天文台用途的辩论凸显了美国本初子午线的重要性。贝迪尼认为，“兰伯特像杰斐逊一样关心为美国设定本初子午线，它是政府天文机构的组成部分”。于是产生了一种因果关系的政治逻辑：把兰伯特呼吁设定本初子午线与摆脱英国、取得政治和科学独立相联系，支持建立天文台，认为准确地划定观测的美国本初子午线是实现独立的适当手段。在兰伯特看来，美国作为一个科研国家的自我感觉仰赖于明确地划定自己的起始经线。但是，要实现这个目的，并不是与英国的统治保持距离那么简单，不管在事实还是比喻意义上。皮特金代表谈到了准确性和只依据若干次观测的危险性，他特别承认，他和委员会同仁既无充足的时间思考兰伯特建议的具体内容，也不具备判断兰伯特的天文和数学可信度的专业知识，这是大家共同的顾虑。[14]

异议与普遍性诉求

在身在费城的外交官、政治经济学家本杰明·沃恩看来，兰伯特呼吁设立国家本初子午线的逻辑大错特错。沃恩1810年的题为“国会设定起始子午线项目部分后续进展的说明及评论”的手稿从未发表，他在这份手稿中概述了自己的反对意见。这份重要的雏形文件提供了毫不含糊的反叙事，反对设定美国本初子午线的建议，因而对理解美国及更为宽泛的本初子午线地理学十分宝贵。[15]

沃恩用这份手稿在历史背景下记录了本初子午线的地理学。他讨论了托勒密的观点和费鲁岛的长远意义，尽管费鲁岛没有相关的星历表或天文台，其经度也不曾准确测定。他认为，17世纪末期，法国人在皮卡德和德拉伊尔的领导下，“最早严重违反”了他们自己的1634年法令。他援引了18世纪初法国地理学和天文学界内部，围绕巴黎与费鲁岛之间距离测算的推定的准确性所展开的辩论；荷兰人用特内里费岛；英国作者则慢慢舍弃了各种各样的起始经线，转向更加广泛地接受圣保罗大教堂和格林尼治。简而言之，沃恩理解本初子午线作为国家测量、作为地球测量的可能手段的重要性。手稿表明，他熟知近年来的地理大发现事件，提及了库克的航行、马戛尔尼1792年出使中国、皮埃尔–西蒙·拉普拉斯（Pierre-Simon Laplace）等在天体物理学领域的工作。最重要的是，沃恩汲取这些著作来支持他的论点，有理有据地对兰伯特的观点，即应该设定美国本初子午线供美国使用，提出反驳。

沃恩的相反观点是出于他对美国受惠于英国的认识，尽管近年来存在政治分歧，但英国对美国造成了科学影响，还因为他理解格林尼治的地位和重要性，虽然航海和地理学界对它的采纳相对较晚。沃恩的观点是出于彻底的全球而非国家视角："很显然，无须关注格林尼治子午线，美国各地的相对位置也可以准确地测定；格林尼治子午线的知识之所以值得拥有，必须主要是为了让我们自己的地理学与广大的世界发生关联（下画线均系原文所有）；虽然这里的建议并没有表达这个目的。"沃恩先知先觉地认识到，"选择一条本初或确定的子午线，包含选择一个本初或确定的正午用于经度计算"。他指出，"选择外国的、偏远地方的本初子午线没什么稀奇"。他援引了费鲁岛和特内里费岛"峰顶"的例子支持这个论点。他断言，此刻"在华盛顿新设一条子午线，要么确信它将永久存在，要么深知别国采用它的希望十分渺茫"。

在沃恩看来，美国设立华盛顿本初子午线的雄心有可能把一个不受欢迎的计量权威强加给别国，就像兰伯特声称英国和格林尼治是强加给美国的那样。"再说，"沃恩认为，"如果我们打算为整个西半球（我们很高兴这么称呼它）设定一条永久的本初子午线，就应该记得，华盛顿子午线不太可能符合两块美洲大陆其他居民的心愿，他们的数量可能是我们的三倍，更不符合另一个半球各国人民的心愿。"沃恩从始至终呼吁通用性而不是民族认同的观念："因此，如果我们有一种自豪感，要让它是有益的自豪感，终结于从别人那里获得荣誉，而不是在自己人中间玩味浮华和虚荣。”沃恩怀着更高的终极展望把炮口对准了兰伯特：“但是即使我们目前对自己的子午线不做改动，我们自己、英国、法国、西班牙等各国也始终在留意一个宏伟的变化；把整个地球视为一个单元，让全世界共用一条本初子午线。”[16]

沃恩批评了兰伯特的论证，相当于含蓄地批评了美国本初子午线的“官方”观点。它体现了对美国科学和地球测量完善性的展望，一种截然不同的、世界性、开明的展望——用埃德尼的话来说，“本初子午线有力量出于政治原因把空间汇聚”。它也是出于对准确性和共享的认识论的关切，用地图的形式体现国家空间和普适本初子午线的权威。沃恩谈到未来，他这样说道，“所有地图都讲同一种语言”，他提出要有一种“测量经度的统一方法”，“本初子午线”要“由少数几个文明国家遵照审慎而公平的原则一致同意后设定，期待更多文明国家逐渐采纳”。[17]

我们很容易把本杰明·沃恩看作华盛顿 1884 年国际子午线会议怀才不遇的预言家，但这种看法也是错误的。就美国科学的地位和国家的地理身份而言，沃恩的著作问世于一个特殊时刻。他反对兰伯特的备忘录，根本原因在于，他明白本初子午线的历史地理问题和多条起始经线造成的混乱，也承认美国当时以科技排名的可怜国家地位：“举例说明，美利坚合众国公民没有确定的公共天文台或天文历书（我们当中的大不列颠本土居民只是为我们重印格林尼治的航海天文历，稍作改动），这时候，我们企图改变本初子午线，凭借这样一种纯粹机械的、无用的测量跻身于科学世界，此种努力必然使人想到，我们为了这件事情忽略了许多科学的、有益的重要事务。”沃恩的《国会设定起始子午线项目部分后续进展的说明及评论》呼吁未来科学的普适性，呼吁其构成要素的共享实践，包括地球测量：“这类原点（本初子午线）一旦设定，还可能通往度量衡和货币的切实统一，或者为每个分科确立理想的比例……还有更加深远的益处，也许会让我们在基督教国家使用一模一样的现代日历。”[18]我会在第 3 章讨论，除了本初子午线，这种对计量统一和标准的看法与沃恩的时代相当契合；他对现代基督纪元普世性的评论则与半个世纪之前的简・斯夸尔遥相呼应。

其他人也对兰伯特建议的华盛顿本初子午线提出异议，但是出于不同的理由。在杰出的波士顿天文学家、数学家纳撒尼尔・鲍迪奇（Nathaniel Bowditch）看来，兰伯特的国会论证存在几方面的瑕疵。沃恩的批评意见始终以手稿形式存在，也许威廉・兰伯特不知道它的内容；与沃恩不同，鲍迪奇的批评和兰伯特的答复发生在公开出版的刊物上。本初子午线该是一条国家线还是一条全球科学线，两位代表在美国首次公开进行了意见交流。

纳撒尼尔・鲍迪奇最早写文章对兰伯特的 1809 年备忘录提出异议是在 1810 年。鲍迪奇评论道，的确，“我们有些地图和海图上标着多条起始经线”，但是因为多数图上都标着格林尼治，所以无须“在海图上再多添一条起始经线”。鲍迪奇指出，莫尔斯早先曾在一部地理学著作中使用了费城子午线，这是个“反例”，希望今后的版本予以修正，“因为目前没有人认为费城子午线将成为美利坚合众国的起始经线”。鲍迪奇没有指明是哪一部著作，他指的可能是莫尔斯印行最为广泛的流行作品《美国地理》。在鲍迪奇看来，尤其站不住脚的是兰伯特的语言，兰伯特宣称，以英国天文台为起点计算经度是“有失体面、毫无必要的对外国的依赖”，这个“负累与美国人民的自由和主权不相匹配”。

在鲍迪奇看来，这种修辞在科学讨论中没有容身之地：“这是诉诸我国同胞的情感而不是理性，是把民族偏见带入科学事务的例子，这种做法怎么谴责都不为过。”测定经度的必要仪器不太昂贵，但天文台——“也许是兰伯特先生心里怀揣的一个目的”——则开销巨大。鲍迪奇认为，“全面而准确地测量美国海岸”的用处要大得多，“由于缺乏相关测量，我们的航海家在靠近岸边时日日苦不堪言”。在这方面他迎和了沃恩对测绘用途的看法，确定国家版图的正确形状和尺寸是为了美国海员，也是为了整个国家的福祉。鲍迪奇也赞许皮特金等国会同仁对美国地图的仔细研读，不过没有证据表明二人曾就这个问题直接沟通过。

鲍迪奇把批评的重点放在兰伯特著作的数学部分。鲍迪奇认为，这部“大体上的汇编作品充斥着不必要的重复和明显的错误，暴露出计算原理知识的严重欠缺”。在结尾处，他直接向国会和美国管理者提出建议：“我们认为，兰伯特先生的著作就其目的和完成而言，完全不配得到国家立法机构的支持；我们诚挚地希望尊敬的立法机构阻止此事以及日后类似的创新尝试，它们只倾向于‘制造混乱’，增加地理学和航海计算的工作量。”[19]

反击很快到来。美国的首子午线计划遭到鲍迪奇的批评，兰伯特勃然大怒——既因为批评的口吻，也因为批评发生在公共领域。兰伯特把这番批评视为对他个人信誉的攻击，谴责鲍迪奇“心机狡诈、巧舌如簧”，“对英国满腔热忱……对自己人抱有成见”。[20]1811年，鲍迪奇写文章为自己当初对兰伯特备忘录的评论进行辩护。鲍迪奇认为，兰伯特的个人观点“不值得我们关注”。因为所探讨的“对象”——美国本初子午线“具有相当的国家重要性”，鲍迪奇主张，必须用科学论证推翻私人和国家政治情感的表达：“我们认为，以科学人士的精神摆出此类证据和权威以充分支持我们的观点，是我们的职责所系。”鲍迪奇长篇大论地批评了兰伯特的天文证据，“证明他的例子全部错误，连华盛顿的掩星计算也不例外；他特意请我们找出哪怕一处错误——我们指出了好几处错误。”

国会议员皮特金的警告看来言之有理，依据次数有限的观测测定美国本初子午线颇为危险。鲍迪奇声言自己的动机是出于对准确性和科学权威的关切：

> 我们之所以这样做，与其说是受到影响，渴望摆脱他无

力的诽谤自证清白，不如说是为追求真理尽一份力（在我们的能力范围内）：我们要说明，兰伯特先生文章的主旨大意带有鲜明的印记，他想把自己备忘录中的事宜变成一个党派政治问题，对于一名真正的科学工作者，没有什么比这更不适宜、更不相称的。我们相信美国立法机构的明智决策将阻止这一计划的实施，它将给我国的科学事业造成危害。[21]

跟本杰明·沃恩一样，鲍迪奇的批评意味着为科学高于民族感情辩护。它们源自对兰伯特的科学公信力、政治修辞和他所依赖的观测策略的怀疑，有限的观测结果不足以用于其所谋求服务的目的。它们也源自鲍迪奇本人担任实际航海的科学权威仲裁者的地位——所以他才谈到（与沃恩遥相呼应）准确的海岸测量的作用，而不是测定美国本初子午线的天文台费用。

1802 年，鲍迪奇写了《新版美国实践航海学》（*The New American Practical Navigator*），这部版本众多的著作将使他以美国现代海上航行创始人的身份获得持久的认可，尤其是 1868 年它被美国海军水文局（United States Navy Hydrographic Office）采用之后。1802 年以前，马斯基林所著的《航海天文历和天文星历表》（1767）在美国有若干个版本，包括由英国移民约翰·加内特（John Garnett）编辑的版本，还有由爱丁堡出生的航海教师约翰·汉密尔顿·穆尔（John Hamilton Moore）于 1772 年出版的初版本《新版航海实践与日常辅助》（*The New Practical Navigator and Daily Assistant*）。穆尔版《新版航海实践与日常辅助》第三版于 1799 年首次在美国出版，鲍迪奇打算在自己 1802 年的著作中对该版本加以扩充。《航海天文历》每年出版，主要内容为年年变化的数据表格（附部分使用说明），汉密尔顿、穆尔等人印行的航海手册不是每年出版，但确实包含马斯基林天文历的部分数据。穆尔版以《航海天文历与天文星历表》为基础，美国航海业界普遍用它计算经度和纬度。如前所述，当本杰明·沃恩指出，一位英国出生的作者修订了以格林尼治为基准的天文历供美国使用时，十有八九他心里想的正是这本书。可是，当鲍迪奇出于自己的目的动手修订这本书时，却发现它的“表格错误不少，体例问题多多”，他决心从头解决这个问题。为此他转而参考了早期流行的航海实务作品——约翰·罗伯逊（John Robertson）所著的《航海要素》（*The Elements of Navigation*，1750），还参考了马斯基林《英国海员指南》（*British Mariner's Guide*，1763）中的经纬度计算、1766 年初版本《必要表格》（*Tables Requisite*），以及《航海天文历和天文星历表》等。鲍迪奇把这几本书放在一起——“没有一本书是全面的”——发现了数不清的错误。他改正了穆尔著作中的八千多处计算错误，马斯基林的两千多处计算错误。鲍迪奇注意到，他对马斯基林的改正都是最后一位小数：“这些改正对航海计算的结果几乎没有影响。”不过，在天文测量中——政治家也许会依据它无可置疑的权威确立国家基础——准确，至少声称准确是重中之重。[22]

鲍迪奇的言论和行动是美国各界众说纷纭参与本初子午线问题的一个表现。对于水手，算对最后一位小数的计算结果在日常航海实践中毫无意义。对于天文学家，算对最后一位小数就相当于算对了经度位置，特别是在给天文台定位或者由天文台瞄准观测时。鲍迪奇改正了数千处数学计算错误，证明了其观点的合理性，我们从中不仅找到了他对兰伯特的方法提出批评的依据，还找到了对务实的呼吁。跟沃恩一样，他的呼吁建立在科学是人类共同福祉的观念、准确的海岸测量符合国家利益的信念基础之上。兰伯特呼吁美国设定本初子午线，他同样受到务实理由的影响，只是证据过于薄弱；他相信在政治、地理和科学上，美国应该与英国保持距离。沃恩和鲍迪奇等主张保留格林尼治本初子午线，在他们看来，美国无须新设一条国家基准线：宣称真理的应该是科学而不是政治。

鲍迪奇也是法国天文学家、数学家皮埃尔–西蒙·拉普拉斯四卷本《天体力学》的译者。鲍迪奇准备翻译最后一卷时，在《波士顿选集与评论月刊》(*Monthly Anthology and Boston Review*)上撰文回顾了他与兰伯特的公开争论："两篇文章（鲍迪奇写于 1810 年和 1811 年的文章）摧毁了该项主张；对科学利益十分幸运的是，格林尼治仍是讲英语的人们的起始经线。"[23] 事实真相则较为复杂。

华盛顿的号令权威，1812 年前后至 1850 年

1812 年 7 月，美国国务卿詹姆斯·门罗在提交给众议院的一份报告中重新提到兰伯特的备忘录和美国本初子午线问题。他澄清了把美国本初子午线设在国家首都的政治意志与子午线问题所依托的科学准确性的区别：

> 把这些文章（兰伯特 1809 年备忘录）提交给国务院的主要目的，似乎是由此获取一份政策报告，从国家角度在美国政府所在地设定起始经线，而不是报告这条起始经线现有测算的准确性。要审核测算的准确性或该议题的科学部分，必须具备深奥的天文和数学知识，本国务卿并不假装通晓这门高深的专业。

门罗意识到兰伯特的天文测算存在局限，意识到鲍迪奇强调获取更多且更准确的读数，也意识到科学精确性具有政治价值。但是在门罗看来，起始经线对美国的重要性毋庸置疑：

> 首子午线的好处人所共知，连对其科学依据知之甚少的人们也不例外……科学家一致认为，如果各国采用同一条首子午线，将对科学大有帮助……承认了美国设定首子午线的正当性，就应当以最高的数学精确度予以落实。众所周知，在一地设定子午线的最佳办法（尚待发现）是天体观测；若想实现结

果的最高准确性，此种观测就应当在合适的时机、用最佳仪器持续数年经常重复。为此目的，天文台将成为至关重要的公共设施。只有公立的天文台才可能汇聚一切必要手段，长期开展系统的观测，才能保证让公众获取科学家的劳动成果。[24]

数年来问题始终不变：科学准确性、国家需要、公认但无法调和的政治可欲性等。1818 年 11 月，兰伯特再次就其主张的依据敦促华盛顿的政治家，他强调指出，他的本意不是建立天文台，头等大事是增加观测次数，“检验已获取的结果的准确性”。他相信国会的智慧将“决定这个目标本身是否具有充分的国家重要性，值得引起关注”。1819 年提交给国会的一份报告证实了这种情况。这份报告额外强调，“美国在境内某地设定首子午线，将可能促进科学和国家信用”，一条“通用子午线”，即通用的本初子午线的前景，“将具备设定多条子午线所无法提供的优势；但这种想法与做法的罕见契合不受我们掌控，也许永远不会发生”。[25]

1821 年 3 月，在兰伯特请示这个问题的三年后，国会通过一项决议，授权门罗总统委派相关人士开展充分的观测，准确测定华盛顿的经度。为测量更多的天文读数，兰伯特辞去了书记员职位。从 1821 年 11 月开始，兰伯特的努力得到了联邦支持，他根据 1821 年整个夏天开展的观测对 1809 年备忘录做了修订——部分观测数据受到“国家首都大气状态不利”的妨碍，并提交了修订版。[26]

兰伯特继续鼓动这件事直到 1824 年，他还把计算结果和论证内容印了两百份传单分发给政界成员。但是面对拖沓的国会，在华盛顿天文台建成前，没有就美国本初子午线达成确凿的决议。美国科学家中支持格林尼治的居多，但也存在相反的政治观点和意见分歧。航海家们看法基本相同。其他人则强烈秉持美国本初子午线的政治合法性和必要性的观点。

美国地理学家解读这个国家的方式有所不同。19 世纪的前 25

年，美国首屈一指的制图师是费城人亨利·申克·坦纳（Henry Schenk Tanner）。坦纳在 1823 年《新编美国地图集》（*New American Atlas*）的序言“地理纪事”（Geographical Memoir）中，列举了他在构建这本书的框架时以首都华盛顿和美国国会大厦为地图原点的理由：

> 遵照国会法案，格林尼治到华盛顿的经度前不久由威廉·兰伯特先生查明，即那位以科学素养闻名的绅士，他论述这个题目的报告理应得到高度信任。兰伯特先生观测发现，华盛顿的国会大厦位于格林尼治天文台以西 76 度 55 分 30 秒 54 分秒。我国首都的确切位置由此确定，政府方面意在为美国设定首子午线；这个目标可能很久以后才会完全实现，要建立天文台，配备适当的仪器设备，让我们在天文计算所使用的必备要素上减少对外国的依赖；我觉得为引导使用这条建议的子午线贡献绵薄之力，是我义不容辞的责任，所以把它选为最适合美国地图、打算供美国人民使用的子午线。

坦纳在对兰伯特的工作和对美国新设一条国家本初子午线用于地理学叙述表示效忠的同时，也承认这个用于地理学目的的选择具有任意性——“必须承认，构建地图时起始经线的划定是相当任意的”——他呼吁取消美国境内多条替代的本初子午线。“波士顿、纽约、费城和华盛顿，这些地方的驻地地理学家都是倡导者，他们依从便利或想象的支配，为各自的地图挑选起始经线。”坦纳希望这种做法“彻底取消，因为这些大城市的地位是由严格充分的实际目标决定的”。坦纳承认，他选择了华盛顿，虽然兰伯特的工作为其赋予了合理性，却也使现存本初子午线“已然太多”的问题更加复杂化。但是在通用的本初子午线可能确立之前，它对美国的地理学自我意识十分必要。就确立通用的本初子午线而言，“没有合理的根据可以怀抱实现这个目标的希望，尽管它也许能为航海提供便利，尽管它从其他角度看也许非常可取”。[27]

1825 年以后，两项相关进展为这些问题平添了分量。第一项进展是，1832 年，在瑞士出生的测量员费迪南德·哈斯勒（Ferdinand Hassler）领导下，美国联邦政府海岸测量局（United States Coast Survey）更新换代。1816 年到 1818 年间，哈斯勒在这个岗位上最初很活跃；但始于 1807 年的测量工作管理不善，基本停滞，直到哈斯勒的第二任期。1834 年，哈斯勒在汇报此前由军方领导的工作时，认为美国的海岸测绘相当“不安全，在许多情况下既无用又凶险”。与鲍迪奇一样，哈斯勒认识到了地面测量和海岸测绘对美国自我意识的重要性。他强调准确的重要性，准确是此项工作的目标：“在把具体科学运用于实用目的时，主要宗旨必须是获得结果的高度确凿的准确性，进而获得用科学原理验证这些结果的手段：要想保证最终的结果绝对必需的准确度，甚至有必要以细致入微的准确性为目标，比可以认为满意的准确性还要高得多。”[28] 哈斯勒用烟花弹、光信号和火药爆炸来计算从已知经度位置的时间距离，并沿着美国东海岸测量短程地理距离，就像 18 世纪 80 年代末英国人和法国人重新计算格林尼治和巴黎天文台经度时的做法（见第 1 章）。他也懂得“天体信号”，即天文观测和由此实行的计算，是应对更长距离所必需的技术。[29]

第二项进展是 1849 年 7 月，美国决定印行航海天文历。效仿英国的《航海天文历和天文星历表》和法国的《天文历书》，印制美国的航海天文历——本杰明·沃恩预见过这项举措，1802 年以后纳撒尼尔·鲍迪奇在《新版美国实践航海学》中也曾务实地预想过这件事——这个打算出自美国海军部由查尔斯·亨利·戴维斯上尉（Lt. Charles Henry Davis）督导成立的美国航海天文历编制局（American Nautical Almanac Office）。戴维斯认识到，尽管几十年来政治请愿要求设定华盛顿本初子午线，此外还有坦纳等人的地理学著作和出版物，但美国人习惯把格林尼治用于航海、天文和地理目的。“我们的一般做法是从这条经线（格林尼治）算起，它已经成了我们熟悉的思想和知识的组成部分。”可是，美国境内地面测量和地形测量的改进是协调使用三角测量和电报在美国内陆开展经度测量的结果，这些改进与美国境外的纵向协调不相匹配。戴维斯指出，其效果是，美国人对自己的国家了解越多，以格林尼治确定位置对美国人的作用就越小。所以他支持美国另设一条本初子午线——但不要设在华盛顿。

新旧参半的美国本初子午线

1849 年，戴维斯以他的观测为依据，在《评设立美国本初子午线》(*Remarks upon the Establishment of an American Prime Meridian*)中建议，新奥尔良位于格林尼治以西约 90 度的地方，所以它既方便又适合充当本初子午线。在戴维斯看来，使用 90 度的经度差、6 小时的时差，比其他较为准确的数字更加易于计算。早年法国曾以 20 度为费鲁岛与巴黎本初子午线的经度差，戴维斯以惊人类似的方式，准备为了便利牺牲准确性：“整数易于使用和运算。”戴维斯指出，这条本初子午线还有一个优点。以这种方式设定美国的本初子午线，美国人在计算经度时就不必再计算大西洋的空间；也就是说，它消除了一切从格林尼治算起的必要性。戴维斯对“华盛顿方案”略过不提。虽然怀抱的目的是为美国“新”设一条本初子午线，但戴维斯主张的其实是一条首子午线，这个问题在美国购得路易斯安那后首次出现，路易斯安那的相对位置取决于格林尼治本初子午线。

1849 年 7 月 31 日，戴维斯第一次把他的建议交给美国海军部长威廉·巴拉德·普雷斯顿（William Ballard Preston）。美国科学促进会即将在马萨诸塞州剑桥市召开会议，二人的信件内容暗示戴维斯将在会议上提出自己的想法。1849 年 8 月 5 日，戴维斯照办了，他提交了一篇题为《论本初子午线》（“Upon the Prime Meridian”）的文章，内容与他交给普雷斯顿的建议书几乎一模一样。戴维斯并不是想绕过国会或海军办公室，而是希望他的观点引起美国“大数学家和天文学家”的注意。包括他在内的几个人认识到，“如果经一致同意采用一条共同的子午线，如果经度以相同的方法从同一个原点算起”，将对文明国家十分便利。他承认，兰伯特的华盛顿子午线建议表明了“一种开明的认识，设定一条通用的子午线将带来益处”。但是，戴维斯认为，唯一的首子午线不太可能成真，他重申，美国子午线对美国的需求至关重要：“目前，设定美国子午线的科学上的重要性毋庸置疑。”[30]

他选择的子午线和他做出解释证明其合理性的原则，引起了褒贬不一的反应。美国境内哪条子午线可以为筹划中的天文历提供最大的便利，戴维斯本来打算就这个问题征求意见，结果却再次引发“是否应当把美国境内的一条子午线用作本初子午线”的辩论。[31]

在国会的敦促下，美国科学促进会对这个问题采取行动，成立了由 22 名顶尖科学家和海军官员等组成的特别委员会。该委员会在处理戴维斯的建议时清楚地暴露了各执己见的立场。[32]

委员会当中，有几位委员强烈支持戴维斯的建议，认为美国子午线将促进美国的天文学，把美国子午线定在格林尼治以西 90 度将减少以格林尼治测量经度的不确定性，美国子午线也在最大程度上符合美国的商业利益。分量很重的反对意见来自海上利益攸关的人士。他们在一份反对戴维斯建议的“抗议书”上签了字，“抗议书”主要以长期实践为理由——美国水手“至今以格林尼治计算，他们和大不列颠已经对格林尼治习以为常，格林尼治构成了世界商业五分之四的经度基础”——他们签字代表 732 名外贸商、保险商和船长：南塔基特 60 人，纽约 58 人，波士顿 334 人，新罕布什尔州朴次茅斯 33 人，马萨诸塞州塞勒姆（Salem）60 人，缅因州的波特兰和巴思（Bath）各 87 人和 100 人。东海岸各界纷纷寄信给普雷斯顿，其中巴尔的摩贸易局（Baltimore Board of Trade）总裁约翰·布龙（John Brune）的观点很具有代表性："商贸委员会仔细研究了在美国某点设立本初子午线的问题，报告显示，他们找不出这一举措可能产生的好处；另一方面，新设一条本初子午线将给航海家造成极大的混乱和困扰；他的海图将全部作废，他不得不自行完成所有的计算，身穿制服的船长也将把重要之至的测算表格抛到一边。"[33] 美国海事界与其海军管理者也意见相左。

委员会部分成员指出，国际科学交流日益使唯一的普适本初子午线成为必要。鲍登学院（Bowdoin College）的威廉·史密斯（William Smyth）认为，"由美国这样的海上强国"新设一条国家本初子午线，将"促进妥协，使那个长久渴求的目标即一条通用的本初子午线得以确定"。但是，哈佛大学教授洛夫林则坚信这种事情绝不会发生："没有理由认为，唯一的首子午线能够由各国协商设定。人人都渴望它，但多少人会同意选定的地方？"他和其他人评论说，戴维斯以美国为起点测算经度的计划本身并不是美国设定国家本初子午线的充分理由，域外已经有一条合适的格林尼治本初子午线可充当有效的基准线，供美国的国家测量和全球测量使用。有些人主张，既然重要的是让美国出于天文目的拥有一条本初子午线，那么就应该考虑依据这条子午线单独编制天文表格，当然要使用华盛顿新成立的国家天文台。美国科学促进会委员会的科克利（Coaklay）教授说："这条子午线应当穿过我国天文台最为精良的经纬仪的中心线，除此之外我无法得出任何其他结论。"在这个由 22 人组成的委员会里，多数委员都把政治私利排除在外。一位批评者指出，美国也因为"愚蠢而徒劳地以华盛顿市某个不确定的点测算美国经度"而饱受苦楚，"……仅仅因为它是我国首都"。[34]

美国在不同的战线上存在分歧。美国商船反对戴维斯的主张。美国科学家意见不一，有些人认为它有助于彰显美国科学（少数几位认为，华盛顿比新奥尔良要好），另外一些人——占少数——强烈反对美国再设一条规定性的经线。他们看到了一条通用的本初子午线的优点。有些人也许会把戴维斯的 1849 年建议和它引起的反应看作科学需求战胜了政治压力的一个关键时刻。戴维斯本人对美国本初子午线的政治威望不太关心，也不赞成以此为理由把它设在华盛顿。他的动机更多地出自它将给“三类人”带来的实际益处，“对于他们，这是一个日常感兴趣的特殊主题——天文学家、地理学家（这两类人当中也包括地形测量员）和航海家——我提议考虑这个问题，正是与他们的几点需求有关”。[35]

除了提交给国会的文章所包含的长篇大论的答复，还有一份 40 页的小册子阐述了戴维斯的观点，从出版日期判断，小册子是作为后续证据以信函形式寄给戴维斯和巴拉德·普雷斯顿的。海岸测量已在进行，美国内陆的地形测量“尚未开始”，戴维斯重申了准确性在这些工作中的重要性。戴维斯理解航运界的反对意见。正如鲍迪奇曾在 1802 年必须改正罗伯逊、穆尔和马斯基林著作中的谬误，戴维斯知道，他的建议也要求校正鲍迪奇的计算：最新版的鲍迪奇《新版美国实践航海学》里，56 个表格当中有 7 个表格需要修改。纽约和波士顿航海界还在传阅一份建议书，认为美国根本没必要编制航海天文历，应该使用英国的航海天文历，改为美国的数据即可。波士顿的 J. 英格索尔·鲍迪奇（J. Ingersoll Bowditch）和乔治·布伦特（George Blunt）是这份建议书的领导者，这个事实意味着他们察觉到《新版美国实践航海学》的既得出版利益受到了威胁，于是用这份建议书作出回应。戴维斯反驳说，重新校准一条新的美国子午线，将弥补短期内的一切不便：“美国子午线要在海上使用，航海图和图书就要根据它充分地加以调整。”[36]

从国家角度看，戴维斯的计划反映了他在航海天文历编制局的权威，编制局决定推出英国等编制出版的航海天文历的美国版。[37] 从跨国角度看，1849 年戴维斯建议设定新奥尔良本初子午线，这个主张在美国引起了争议，争议的焦点与欧洲相同：一条观测的本初子午线、星历表或航海天文历、国家用途、业内分歧、实施难度，以及人们就其对天文、地理和航海的好处的不同看法。

戴维斯的反对者也利用印刷物捍卫自己的观点。鲍迪奇曾于1810 年和 1811 年在《波士顿月刊》撰文，哈佛大学数学和自然哲学教授、美国科学促进会委员会成员约瑟夫·洛夫林（Joseph Lovering）从这两篇文章中寻求支持，用来加强他反对美国新设本初子午线的观点，更何况设在新奥尔良。在洛夫林看来，“没有理由相信，唯一的起始经线能够由各国协商设定”。按照他的想法，考虑到全球共识无望达成，那么对于航海家、天文学家、地理学家和地形测量员，美国长期依赖格林尼治就是绝对说得通的。对于天文学家，美国本初子午线“对它可能经过的那个天文台有些许方便”。但是，洛夫林分析认为，既然那个天文台或者别处的天文观测都取决于记录和计算的准确性，那么，美国的天文测量可以用华盛顿校准，同样可以用格林尼治校准：“多花点工夫和心血，就能以格林尼治达到与华盛顿同样的准确性。”洛夫林得出结论：“我必须反对错误地诉诸民族自豪感，对本国使用的起始经线做出改变的一切企图。这个问题一部分是科学，但更多的部分是寻常的审慎。”[38]

面对这么截然相反又坚信不疑的观点，美国科学促进会委员会没有简便方法予以调和，于是决定让委员们共聚一堂。但是地理学打败了他们这个目标：“由于有关人员相距遥远的缘故……召开全体大会的希望彻底破灭。”委员会没能把成员召集起来，就把协会 1849 年8 月宣读过的几篇文章分发给大家，并附上戴维斯请大家进一步思考的信件。由 22 人组成的美国科学促进会委员会只有 12 人回了信。这12 人中，“5 人支持保留原来的标准”，即保留格林尼治用于美国航海及其他一切测量。5 人“赞成美国另设子午线”。2 人“支持保留英国子午线用于航海目的，再在本大陆另设一个起点用于地理和天文目的”。[39] 这些答复转交到了众议院海军委员会主席、田纳西州的弗雷德里克·斯坦顿（Frederick Stanton）手中。斯坦顿在 1850 年 5 月提交给众议院的报告中指出："这些尊敬的先生们（美国科学促进会委员会）内部存在巨大的情感冲突；但是，相信有两种立场得到确认，不容争议。一者，在目前的航海条件下，放弃格林尼治、采用美国本初子午线会造成一些不便；二者，设定美国本初子午线，对本大陆上一切天文和地理活动的准确和完善是不可或缺的。"[40] 于是，斯坦顿建议："应当为了航海家的便利保留格林尼治 0 度经线，应当由国会授权采用国家天文台子午线为本大陆的起始经线，用于准确而永久地划定领土边界，推进美国天文学。"[41]1850 年 9 月 28 日，国会接受这个建议，通过法案命令美国使用两条本初子午线——"今后将采用华盛顿天文台子午线为美国子午线，用于天文目的……格林尼治用于航海目的。"[42]

美国的两条本初子午线

1850 年美国正式确定两条本初子午线，是针锋相对的利益无法调和，更准确地说，不愿调和的结果。法令把实践中已经持续了近半个世纪的做法确定下来。美国科学家内部无法达成共识。科学家与海军和政府管理者意见相左。航海实践的需求与地理学的需求相互抵牾。本杰明·沃恩、威廉·兰伯特和纳撒尼尔·鲍迪奇在早先的著作中提出了问题，戴维斯 1849 年的提案和 1850 年美国科学促进会会议表达了这些问题，并强化了问题的各个要素。

然而，从早期关切到世纪中叶的议题，在此期间一些情况发生改变，助长了采用两条本初子午线的势头。国家天文台已经建立。航海天文历已经形成共识。海岸测绘取得巨大进步。地形测绘在东海岸较为先进，正在向西推进。建立天文台（兰伯特倡议，沃恩和鲍迪奇支持）的决定认可了杰斐逊关于设定本初子午线的观点。不过，与杰斐逊相反，它是以天文学的进步为理由，而不是政治情感。1849 年印行航海天文历的决定对美国的科学和海上贸易十分重要，但天文历本身不要求采用美国本初子午线，绝对不要求戴维斯主张的新奥尔良子午线，海事界强烈反对新奥尔良子午线。《美国星历表和航海天文历》(*The American Ephemeris and Nautical Almanac*)体例特别，由两部分组成，一部分为海事界提供与格林尼治相关的有用信息，另一部分是基于华盛顿的星历表，以满足美国天文学家和地理学家的需求。它是美国使用两条本初子午线的决定在印刷物中的体现。在实践中，地形测绘可以使用任意一条本初子午线，美国地理测绘则可以且普遍以华盛顿为基准线，直到 1912 年撤销 1850 年法案为止——华盛顿相对于格林尼治本初子午线的位置也可以计算，所以美国相对于欧洲的位置是可以测量的。美国版图的形状在 19 世纪发生改变，地图体现了更加准确的测量：电报的发明意味着华盛顿和格林尼治本初子午线的经度得到修正，对美国和格林尼治的距离计算“此前不可能如此确凿”，1859 年时人这样描述。[43]

从 1850 年起，美国的两条子午线就是意见分歧的折中产物。它是五十多年来国会内部缺乏政治意志的反映——并非认识不到问题，而是对美国本初子午线（主要是华盛顿）过于依恋，这是一个政治私利问题，不是来源于科学统一性。在一个科学日益依赖国际交流的时期，这个决定说明了美国内向型的国家利益和美国谋求跻身世界领先经济体之列。国会和美国科学促进会的所有辩论从两个方面一再呼吁准确性：准确是好的科学的必要条件；缺乏准确性被认为是政治行动的障碍。1850 年以后，就美国本初子午线的性质和作用问题，两条本初子午线凸显了美国科学界内部的意见分歧以及科学与公民社会的不同需求。

科学国际化与美国本初子午线，1850 年前后至 1884 年前后

从 1850 年的国会法案为美国确立两条本初子午线，到 1884 年

11月采纳国际子午线会议做出的决议，美国科学界日益意识到单一的通用本初子午线和采用标准时间的优点（就像1849年和1850年戴维斯的几位反对者认识到的那样）。同时，人们在美国和别的地方都表达了明确的意见分歧，不仅涉及本初子午线和哪条经线可以充当世界的起始经线，还涉及公制和英制用于世界计量学的相对利弊。第3章和第4章对这些问题探讨得更为全面，不过，这里的考察有助于理解美国1850年后的本初子午线，以及1884年华盛顿会议上，设在华盛顿的美国本初子午线并不在世界首子午线“首要”候选名单上的事实背景。

19世纪下半叶，随着铁路计时和时间标准化，本初子午线问题在美国具有了更加深远的意义。从19世纪中叶起，计时就成了格林尼治天文台的一个主要特征：1847年，英国的铁路时刻表采用了格林尼治标准时间。美国的类似情况发生在1870年，先是查尔斯·多德（Charles Dowd）、后来又由克利夫兰·阿贝（Cleveland Abbe）提出四个铁路时区的建议；1883年阿贝根据格林尼治标准时间在北美洲建立了标准铁路时间。采用标准铁路时间有助于规范美国社会的计时。阿贝是美国1884年华盛顿会议的代表之一，在他看来，这意味着在华盛顿会议上提出相关建议之前，美国科学家和政治家已经倾向于以格林尼治本初子午线设定世界时的观点。[44]

到19世纪80年代初，美国围绕世界本初子午线的辩论的一个突出特征恰恰是1810年本杰明·沃恩论述过的：按照世界主义原则设定通用本初子午线的优点。1884年华盛顿会议的英国代表桑福德·弗莱明谈到了这个问题：“设一条起始或本初子午线，以它为各国公认的测算时间的起点，对整个文明地区造成影响，它的位置也许会引出相互矛盾的意见。因此，必须本着宽广的世界主义精神加以考虑，以免伤害民族感情和引发偏见。”[45] 在弗莱明看来，这意味着不适合“让这条线经过伦敦、华盛顿、巴黎、圣彼得堡，经过任何一个人口稠密或有人类居住的国家的中心”。许多人与他持相同意见，“白令海峡附近的一条经线表明是最合适的”。[46] 在这里，弗莱明与日内瓦地理学会（Geographical Society of Geneva）主席 M. 布迪里耶·德博蒙（M. Bouthillier de Beaumont）的观点遥相呼应，1875 年，德博蒙曾建议把起始经线划在白令海峡。[47] 美国地理学会（American Geographical Society）主席查尔斯·P. 戴利（Charles P. Daly）以其固有的国际利益为理由在美国对这个观点表示支持，但他也指出，美国普遍使用格林尼治，美国人“也许会欣然愿意在全国统一采用（格林尼治）”。[48]

我们会看到，19 世纪围绕使用哪个计量系统、公制还是英制发起了广泛的国际辩论，对本初子午线的关切是这场辩论的组成部分，美国也不例外。美国的辩论中心位于克利夫兰的国际保护度量衡学会（International Institute for Preserving Weights and Measures），科学家们急于保护美国于 1879 年建立的英制单位。该机构大张旗鼓地支持苏格兰天文学家查尔斯·皮亚兹·史密斯（Charles Piazzi Smyth）之流，史密斯倡导继续使用英制，主张以埃及的吉萨大金字塔为世界的本初子午线。1883 年到 1886 年间，该机构出版刊物《国际标准》（*International Standard*），专门“探讨和传播吉萨大金字塔所蕴含的智慧”。《国际标准》成了美国人发表意见，争取保留英制单位并为该机构募集资金的平台。机构总裁查尔斯·拉蒂默（Charles Latimer）竟然还写信给英国首相威廉·尤尔特·格莱斯顿（William Ewart Gladstone），询问政府或科学家是否应该对本初子午线加以规范。格莱斯顿的答复大意如此：在英国，“政府很少直接干预科学观测的相关事务；因此他不认为自己能以何种方式推进您心中怀抱的目标（以大金字塔为世界本初子午线）”。[49]1884 年 6 月，该机构的宇宙时间与本初子午线委员会（Committee on Kosmic Time and the Prime Meridian）在一篇题为《哪条线当为世界的本初子午线？》（*What Shall Be the Prime Meridian for the World?*）的报告中发布了其研究结果。[50]

在弗雷德里克·A.P. 巴纳德（Frederick A. P. Barnard）看来，游说英制的理由和金字塔神秘学家（他对那些力主以大金字塔为世界本初子午线的人们的称呼）的观点毫无根据："金字塔体系以前从未使用过，将来也永远不会使用。"[51] 巴纳德是纽约哥伦比亚大学的校长、美国计量学会（American Metrological Society）主席，他坚决支持公制。1849 年他曾跻身美国科学促进会委员会的 22 名成员之列，参与斟酌美国的本初子午线。在他看来，克利夫兰或别处发出的宣告，即他们认为吉萨是上天注定的全球测算的计量中心，也是世界本初子午线的最佳所在地，缺乏科学依据。在《哪条线当为世界的本初子午线？》的序言中，查尔斯·拉蒂默暗示，他们的目的是纠正"用多条子午线计算经度所导致的混乱和不便"。[52] 四个月后，他本人向华盛顿会议的代表们做了报告，但是正如报告显示的那样，对世界本初子午线、对华盛顿作为合法选项的有效性（尽管有 1850 年的国会裁决），乃至对科学研究整体上要运用的单位，美国的科学家们远未达成共识。在这种情况下，不是只有他们置身于多条本初子午线所导致的混乱处境当中。

* * *

美国自从 18 世纪后期摆脱英国取得政治独立以后，就把本初子午线看作空间中的一条线和时间中的一个点，国家可以据此与英国保持距离，并准确地归并新的领土。美国无数条本初子午线并存的地理学混乱与欧洲的情况一模一样。但是由于境内多条本初子午线导致的混乱，也由于这种混乱引发的政治和科学讨论，美国 1850 年前后的地理学经验又独具特色。

在美国，有些人坚持以格林尼治为美国本初子午线，他们从长期实践和未来用途的角度捍卫自己的论点，向全球科学界和各界商业用户呼吁准确性和更加广泛的好处——表述为"普遍利益"或

“世界主义目标”。反对这些论点的一方则把国家本初子午线视为美国政治独立和地理认同的独特象征。私底下，美国本初子午线的地理学辩论在费城成形，在沃恩未发表的论跨国科研的手稿中成形；公开场合下则发生在波士顿的报纸上，1810 年和 1811 年纳撒尼尔·鲍迪奇与威廉·兰伯特大打笔墨官司，还有东海岸商业界公开批评戴维斯 1849 年的建议，即主张新设一条穿过新奥尔良的起始经线。1849 年 10 月，西点军校的威廉·巴利特（William Bartlett）教授写信给戴维斯上尉，反对戴维斯在新奥尔良设定美国本初子午线的主张，巴利特的论证较少着眼于这条基准线的效力，较多着眼于共同的科学利益。“那么，”巴利特向戴维斯呼吁，“何不团结起来，减少本初子午线的数量，抛开国家偏好，通过协商提供大自然在这方面未予填补的小小缺憾？”[53]

1884 年的国际政治将提供方法，克服巴利特所谓大自然的缺憾和我们认为是国家差异的难题。在此之前，美国政治提供了探讨美国本初子午线问题的途径，但没能解决问题。1805 年到 1825 年间，在国会，特别是在威廉·兰伯特的言论中，国内各个群体把美国本初子午线问题表述为政治事务。1849 年，在华盛顿的国家天文台建成以前，政治压倒了准确测定首都经度的需求，尽管立法者认识到了准确地测量国家海岸和内陆的经度的价值。到 19 世纪中叶，美国重新制定了规则。1850 年法案一方面是为了把美国与世界其他国家区别开（此时它拥有了自己的本初子午线用于特定目的），另一方面又承认美国与世界其他国家的关联性（美国将继续把另一个本初子午线用作其他目的）。美国航海家久已依据格林尼治测定经度位置，并将继续如此，美国的航海天文历反映了这个事实。1810 年威廉·兰伯特称之为对格林尼治“有失体面的依赖”做法，在 1850 年庄严地载入了法律。

因此，19 世纪初，从兰伯特、沃恩和门罗到戴维斯 1849 年的建议，围绕对通用的本初子午线有何价值的看法，一个强有力的叙事把众多的美国人串联起来。这个叙事中缺失的是怎样实现这个目标的共识。到 19 世纪 80 年代初，人们在美国和别处众说纷纭，各执己见，把使用哪条本初子午线、为什么与对规范时间的关切，与使用哪种计量体系测量世界结合在一起。

第二部分

世界大同？

GLOBAL UNITY ?

第3章

国际标准？

计量学与空间和时间的规范，1787—1884年

本初子午线是人类基本实践，即测量事物的一种特殊表达。测量在名称和意义上差异巨大。英国农业评论员阿瑟·扬（Arthur Young）在革命前夕的法国游历时，为他遇到的“无比庞杂的量度”怒不可遏。线、面或体积的测量单位和测量方法，没有一处跟别处一样：“不仅各省不同，各个地区乃至各个镇都不一样。”法国在这方面并不是个例。在整个欧洲，量度的差异随处可见。虽然共用相同的术语，测量标准却没有一定之规。既有标准也实行得马马虎虎。国家的治理体系到处遭到测量实践中显著的地方变体的对抗，不论是日常货币交易、消费体系，还是本初子午线的地理学、用来测量空间和时间的单位等。测量的科学，即计量学因地而异，各式各样。[1]

在法国数学家、天文学家皮埃尔－西蒙·拉普拉斯看来，科学、政治和日常生活的进步取决于消除这种庞杂，实现一致和通用的实际效益。1800年，他为地面测量的繁杂不一表示忧虑——“不仅不同人群，而且同一个民族使用的量度多得惊人；它们的分类古怪异常，计算不便，难以理解和比较”——并推及时间的规范。“迫

切希望各国采用共同的量度，”他说，“不是靠道义决断，而是纯粹由天文现象决定。”他还特别指出了经度测量和一条本初子午线作为计量基准线相对于其他子午线的权威问题：“可取之举是，欧洲各国应当协商从同一条经线算起，这条经线由大自然本身遵循，为千秋万代确立，代替以各自的天文台为起点计算地理经度。日历和算术已经在享受统一性的好处，并将其延伸到相互关联的许多对象，这种安排也会把统一性引入地理学，使各种各样的人成为一个大家庭。”拉普拉斯认为，巴黎子午线应该成为法国和欧洲的基准线：“这项（从巴黎的观测子午线起算）劳动对地理学极其有用，却尚未展开，毫无疑问，进步国家将群起效仿。”[2]

在革命时代重新思考时间问题的法国人不止拉普拉斯一人。1797年底，法国南部埃罗（Hérault）的中学老师让–亚历山大·卡尔尼（Jean–Alexandre Carney）向蒙彼利埃（Montpellier）的科学与纯文学自由协会（Societé libre des Sciences et Belles–Lettres）的同胞提了几点关于空间、时间和测量的建议。他的通信日期使用了法国大革命历法：le 16 nivose an Ⅵ（六年十二月十六日——六年即 1797 年）。法国革命日历不是把年分成周，而是分成月，每个月分为三个十天，这个体系在 1793 年 11 月 23 日正式实施（1806 年 1 月 1 日后奉拿破仑的命令废除）。

卡尔尼文章的革命性或许比不上拉普拉斯，却表达了时人共同的关切。卡尔尼在提出他的关键问题时，强调了天文学对空间和时间问题的重要性：“我们可以设想在相当短的年限内拥有统一的纪元、统一的本初子午线或首子午线吗？”卡尔尼本人的回答是肯定的，并且给出了这个答案的理由，他指出“仪器和方法”使“日日磨砺”这些问题成为可能，而在一切时代，“人们至少可以给那些以冬至或春分为一年开始的地方附加一条首子午线”。卡尔尼对共用一条地理学或天文学本初子午线的问题不太关心。他意识到巴黎对法国的作用，否定了费鲁岛早先作为“虚构的子午线”

相对于巴黎的地位。他的动机是法国大革命也许会引发一场新的时间革命、新的统一纪元，日期将根据天文和地理测量设定。虽然时人称赞卡尔尼“想法聪明”，他 1797 年 12 月 16 日的文章却没有引起反响：它像法国革命日历一样短暂，此后也没有评论者引述。[3]

本章探讨计量学与现代性在 1787 年后一百年间的关联性，它们有助于解释本初子午线的地理学意义。拉普拉斯呼吁“道义决断”和改变计时的可能性，背后是法国 1789 年到 1799 年间政治革命造成的两个计量学后果：根据巴黎子午线创建并采用米制，根据时间的十进制在法国全境采用新的“标准”“革命时间”，不过历时很短。从 1790 年创建米制，到 1875 年 5 月在巴黎签署《国际米制公约》（International Metre Convention），围绕米和米在大地测量中用途的辩论对构建本初子午线问题至关重要。这一点用 19 世纪 60 年代世界本初子午线的特殊“选项”吉萨大金字塔来举例说明。

如果计量学是接下来的关键主题，那么 19 世纪的两大发明——电报和蒸汽机车也是。电报在日常生活中为全球通信的发展提供了便利。对于天文学家和大地测量师，电报提供了测定经度和测量空间的新方法。但是，电报虽然为更加准确地测定当时使用的几条本初子午线提供了辅助，并促进了大地测量学，却也暴露出对全球唯一本初子午线不断增长的需求。与此同时，英国、跨越欧洲和遍布美国全境铁路系统的壮大，让使用标准时间制定时刻表成为必要。我们会看到（第 4 章），从 19 世纪 70 年代起，由这些技术联系起来的人们就在积极推动唯一的本初子午线。但是这两大发明影响的基础是早先奠定的，尤其是我在第 1 章讨论过的英法三角测量地理合作项目，下文还会回到这个问题。

国际规范，1790 年前后至 1837 年前后：用三角测量测定本初子午线

从 1789 年法国大革命到 1815 年拿破仑倒台，计划测定巴黎和格林尼治子午线的英法合作项目在此期间名存实亡，但是两国内部的计量工作仍在继续。英国方面从 1791 年起就以国家测绘局的活动为主，在威廉·罗伊和威廉·马奇（William Mudge）的领导下对英国进行三角测量，从 1801 年以一英寸代表一英里绘制肯特郡地图开始。法国方面，1792 年到 1798 年间，梅尚和让·巴普蒂斯特·约瑟·德朗布尔（Jean Baptiste Joseph Delambre）着手重新测量基于巴黎天文台的子午线弧，从北部的敦刻尔克（Dunkirk）到南部的巴塞罗那（Barcelona）。他们在测量时使用了革命的新单位——米，把它作为一种完全不同的计量体系的组成部分，用于计算国家空间、地球尺寸和本初子午线。1817 年，法国重启国家地图测绘计划，1821 年英法继续协同推进格林尼治—巴黎的测量工作，这时候，合作项目的计量学关切再次在英吉利海峡两岸浮出水面。[4]

英方负责重启“连接巴黎和格林尼治子午线行动”的是上校亨利·凯特（Henry Kater）和上校托马斯·科尔比（Thomas Colby，后任国家测绘局局长）。计量学家、测量员亨利·凯特的才能是 18 世纪末 19 世纪初在印度培养形成的，其时他担任威廉·兰布顿（William Lambton）及其印度次大陆“大三角勘察”（Great Trigonometric Survey）的助手，从 1814 年起他在英国为议会和皇家学会工作，参与英国度量衡事务。1821 年秋天，科尔比带着几位“稳健的同伴”，在法国数学家、天文学家弗朗索瓦·阿拉戈（François Arago）的陪同下，几次穿越福克斯通和加莱之间的英吉利海峡。他们遇到的难题之一，是在英国重新定位 18 世纪 80 年代后期罗伊用过的具体测量点：罗伊用过的一座磨坊已经拆除，他

在豪恩斯洛荒地用来标记基准线端点的一支枪已经无影无踪。1822 年夏天在布设三角测量点和视准线中度过，包括“为皇家天文台（格林尼治）在清福德（Chingford）附近竖起临时子午线标记”（图 3.1）。选择这个测站是“为了让我们的三角形的一个边可以与格林尼治子午线重合，因此可以比观测北极星更为准确地得出各个测站相对于那条子午线的方位角”：换句话说，他们认为，依据精心定位的地理观测和计算比只依据天文测算更有可能得出准确的结果。

尽管这样宣称，准确性却在几个方面打了折扣：机库山塔（Hangar Hill Tower）上的“建筑物不稳定”；“伦敦的烟雾干扰”意味着塔上竖起的信号其实只能看见一次；还因为到了 1822 年 11 月中旬，在这几个测站之间来回安置经纬仪的人们承受着长期“在潮湿的黏性土壤上”从事户外工作的痛苦。凯特报告称，一个重大难题是罗伊使用的长度单位与如今不同：“比较了 1821 年英国皇家学会《哲学汇刊》，全称《皇家学会哲学汇刊》（Philosophical Transactions of the Royal Society）刊出的各种各样的英国长度单位标准，似乎罗伊将军在豪恩斯洛荒地使用的测量标准与英制的标准码不一样；所以有必要把罗伊将军测得的距离乘以 0.0000691，得到 5.82，为了把他测算的英尺换算成英制的英尺，就要给这个距离加上改正的数字。”罗伊使用的码不一样，也沿用到他的英国地图测绘工作：“我相信，‘大不列颠三角勘察’的各个边是根据罗伊将军的标准从各个基地测得的，所以，如果必须转换为英制的英尺，同样要进行上述修改。”[5]

这个计算和主题叙事具有一定的对称性。1790 年，罗伊曾提醒法国人，他们的度量把法国的面积算错了。19 世纪 20 年代，凯特提出类似的劝告，罗伊的计量学以及据此绘制的英国地图同样需要调整，要把标准不同的问题考虑在内。测定本初子午线的关键在于使用标准的计量学。反之亦然：为了制作并以地图形式呈现地理空间，本初子午线或其他基准线必须确凿无疑。差之毫厘，谬以千里。

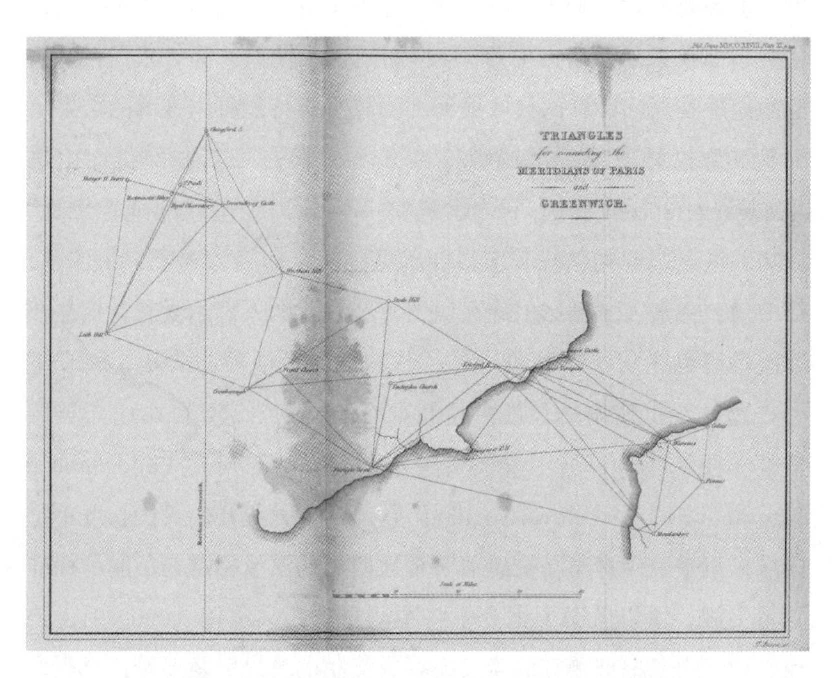

图 3.1　亨利·凯特 1828 年的地图清楚地表明了他本人、托马斯·科尔比和弗朗索瓦·阿拉戈 1821 年和 1823 年间联合开展的三角测量计划。但是，也许出于对威廉·罗伊计量学的怀疑，凯特在英国方面隐瞒了该计划对罗伊早年工作的依赖（见图 1.7）。

来源：Henry Kater, "An Account of Trigonometrical Operations in the Years 1821, 1822 and 1823, for Determining the Difference of Longitude between the Royal Observatories of Paris and Greenwich," *Philosophical Transactions of the Royal Society of London* 118（1828）: 153–239, plate 11, opposite p. 199。

经苏格兰国家图书馆许可重印。

例如，1821 年 10 月 2 日上午，法国海岸的白鼻角（Cap Blanc-Nez）天气太恶劣（见图 3.1），凯特没有使用那天取得的读数："风刮得猛烈，由于这种情况或者由于我不明就里的其他原因，这些观测本身虽然彼此一致，却与 3 日晚在较为有利的条件下取得的读数差别巨大，我没有使用它们。"他强调指出："先前工作的真实性完全取决于可以赋予豪恩斯洛荒地为测量基地的可靠程度；其准确性在某种程度上存在疑问，所以测量一个新基地无疑是可取的。"凯特在结束对他和阿拉戈等人共同劳动的叙述时，提到了其他人对巴黎—格林尼治问题所做的工作：

> 很遗憾我们优秀的同事阿拉戈先生尚未出版他在法国的运算结果；所以我只好在缺乏更高权威的情况下接受《天文历书》给出的加莱经度：巴黎以西 0 度 28 分 59 秒。给它加上目前的工作得出的加莱经度：格林尼治以东 1 度 51 分 18 秒 73，我们得到巴黎与格林尼治的经度差为 2 度 30 分 17 秒 73。把这个数字换算成时间，就是 9 分 21 秒 18，与赫歇尔先生 1826 年在《哲学汇刊》上报告的凭借火光信号行动得出的令人钦佩的结果只差 0 秒 28。[6]

1825 年夏天，天文学家约翰·赫歇尔（John Herschel）代表经度局和皇家学会，参与解决巴黎—格林尼治问题，由爱德华·萨拜因上尉（Capt. Edward Sabine）担任助手，与法国地理工程兵团的上校邦内（Colonel Bonne）和拉尔日多中尉（Lieutenant Largeteau）开展合作。除了海军出借的四台航海钟和威灵顿（Wellington）将军出借的一支炮兵小分队，他们精选的装备是烟花弹。一系列烟花弹由科尔比在英国一边、阿拉戈在法国一边的观测点发射——该计划让人想起惠斯顿和迪顿 1714 年的经度问题解决方案。然后再对观测情况进行三角测量和计算。与凯特的体验相反，恶劣天气并无妨碍："观测持续了 12 个晚上，各个站点每晚发射 10 个烟花弹信号。这段时间天气极佳，今后几年都不太可能再遇到；对于这类行动来说这是极其重要的条件。"观测团队在各个站点努力进行多方面的协调：眼睛注视烟花弹的亮光，烟花弹与计时器对照，计时器与三角学对照，全都是为了计算巴黎和格林尼治子午线的经度和经度差。由于观测条件太差，有些结果遭到舍弃。赫歇尔的论文是统一运用严谨方法的明证，它逐日给出了 1825 年 7 月多数日期的经度差，最后用观测所得的平均值收尾："总的来说，可以认为 9 分 21 秒 6 是一个结果，未来的测定对它的改动不太可能达到十分之一秒，达到十分之二秒的可能性微乎其微。"[7] 赫歇尔的表述既是精确度的宣言，也是对仪器和数学误差容忍度的判断。

但赫歇尔还是出了错，更准确地说是代人受过。赫歇尔的格林尼治数字是在格林尼治计算所得，"由御用天文学家正式告知"。19 世纪 20 年代，这位御用天文学家是约翰·庞德（John Pond），他的才华还包括翻译了拉普拉斯 1809 年的著作《宇宙体系论》（*System of the World*），我们已经知道拉普拉斯对本初子午线的观点。指出赫歇尔错误的是苏格兰天文学家托马斯·亨德森（Thomas Henderson）。庞德看似微小的错误——一个表格，一天，一秒——具有举足轻重的后果。具体说来，如亨德森 1827 年写道，其结果是"由于心中生疑，要重新思考 7 月 21 日的观测结果（由于天气原因，21 日这天的观测结果遭到舍弃）"。"还要担心用于观测格林尼治和巴黎信号的精密计时器与经纬仪时钟的比较"存在更多错误。亨德森写道，令人遗憾的是，因为"这次重要的国家行动讲求高度准确，所以对全部观测重新进行计算被认为是适当的"。用术语表述，重新计算的结果（其对误差容忍的表达与赫歇尔、凯特和早先的罗伊类似）是"9 分 21 秒 46，或最接近十分之一秒，9 分 21 秒 5 很可能是两条子午线的相差值；也许这个测定结果与真理的误差不到十分之二秒；更多观测，即使次数可观，也不会实质性降低现存的微小的不确定性”。[8]

根据本初子午线准确地测量一个国家或者测定多条本初子午线相对于彼此的问题，在于把几个要点结合起来：基准线所使用的计量学、观测时段、测量次数、所用仪器、计算误差的能力、操作人员之间的信任度、各个观测站的可见度，还有天气。1821 年以后，测量巴黎和格林尼治子午线位置的相关人员秉持绝对意义上的准确性理念，如同早几年的罗伊，如同美国的纳撒尼尔·鲍迪奇批评威廉·兰伯特的天体观测，并对马斯基林的天文计算加以调整一样。梅尚、罗伊、凯特、阿拉戈和赫歇尔等人渐渐认识到，准确性的实际成果始终是相对的成果：是所选择的仪器、操作人员的误差容忍度，往往也是当地环境条件的结果。

出色的手表和钟表制造师爱德华·登特（Edward Dent）通过亲身体验认识到这一点。皇家天文台曾雇用登特修理航海钟。19 世纪 30 年代后期，御用天文学家乔治·比德尔·艾里（George Biddell Airy）和巴黎天文台台长弗朗索瓦·阿拉戈委托登特用航海钟的运送“测定”巴黎和格林尼治之间“经线差”。登特把他所谓的“运行速度”和“静止速度”相区别，“运行速度”是指每台航海钟在去往巴黎并返回的旅程中获得或失去的量，“静止速度”取自航海钟在巴黎和格林尼治的计时，他宣布，他得出的结果“恰好是百分之十四秒，使巴黎天文台的经度为静止速度格林尼治以东 9 分 21 秒 28，运行速度 9 分 21 秒 14”。登特在汇报他称之为两个天文台的“官方误差”（由天文计算得出）时提醒读者，误差有一个更加直接的原因：“应该指出，经过英法两国铺设道路的市镇时，航海钟暴露在严峻而持续的震动之下。”[9]

自 1787 年以后的半个世纪，对巴黎和格林尼治本初子午线计算结果的研究表明，它们的地理位置只是近似值。事实证明，由于用来测定空间中的点和线的方法和计量学不计其数，时间和地理学的含混不清几乎是不可避免的结果。

计量学的政治和地理学，1790—1878 年

计量学是测量的科学。它帮助我们理解世界的维度。它以我们通常认为是中性的方式反映世界。但计量学也生成世界。测量行动实际上承载着很高的价值，往往是权力的表现：例如在中央政府的标准实验室，例如一国政府测量一块领土，是它宣布这块领土所有权的组成部分。有时，权力是测量的副产品，中央政府机构为他人必须采用的单位和方法制定特定的标准，做出特定的选择，就可以用这种方式间接地增加权威——比如电报的发明或物理学标准测量单位的发展。西蒙·谢弗（Simon Schaffer）指出："计量学的历史表明，它的制度规范恰恰也是一个价值体系。计量学既要求制度性隔绝，又要求宽广的空间整合，这种看似自相矛盾的要求产生于现代社会秩序下的政治和经济冲突，也体现了这种冲突。"[10]

计量学和现代性的复杂联系构成了本初子午线地理学的基础，英国在 1814 到 1878 年间就测量单位展开辩论，法国在 1791 年革命时代"发明"并采用米制，到 1875 年希望正式批准"国际米制公约"，这种复杂联系在英法两国尤其明显。

千差万别的英制量度

从 18 世纪中叶到 19 世纪前 75 年，英国的度量衡历史经历了四个主要阶段：不情愿的庞杂阶段、为减少庞杂开展立法活动阶段（并不成功）、倡导公制和十进制与坚持英制单位的两派展开争论阶段、缓慢采用英制标准阶段。

1814 年前，英国使用的度量衡五花八门。阿瑟·扬在法国遭遇的事情在英国随处可见。18 世纪末期，英国一些地方普遍使用的英亩比所谓法定英亩大 75%；伦敦一石牛肉的重量是苏格兰一石牛肉的一半；蒲式耳、波尔（boll）、码和埃尔在各个郡、市、镇和乡村都不一样。长度、容积和重量单位存在差异的现象司空见

惯，人们普遍认为这种差异对国家经济具有破坏作用。18 世纪 40 年代，皇家学会记录了伦敦全市使用的形形色色的标准，并比较了英法两国的长度单位，但是没有给出孰优孰劣的判断。在 1758 年卡里斯福特委员会（Carysfort Commission）披露了英国计量繁杂和现有立法不够充分的问题之后，18 世纪 50 年代后期和 60 年代的多项努力由于议会无暇顾及而流于失败。法国的路易十六通过法国立宪会议（Constituent Assembly）向乔治三世发出邀请，以便英法两国为了共同的福祉解决度量衡不统一的问题，此后议会在 1790 年 5 月开展了更多辩论。这件事不了了之，英法开战使后续讨论无疾而终。[11]

时人明白度量衡不统一的问题很重要，却无法就解决方案达成一致意见。1788 年托马斯·威廉斯（Thomas Williams）在小册子中建议，把伦敦作为重新计算地球尺寸的原点，以便“把外国的量度与我们的英尺进行普遍比较并记录下来，这些量度均可正当地获取”。重新测量的地球和重新考虑的英尺也许会成为全新的米制和十进制标准的基础：“准确地找到 52 度经线的十万分之一，把它叫作地理码；每码的十分之一或 52 度的百万分之一，叫作地理英尺：让这些量度成为比较一切已知量度的普遍标准。”1798 年，乔治·舒克伯勒（George Shuckburgh）爵士长篇大论地向皇家学会报告了标准长度不同的问题。在政治经济学家詹姆斯·斯图尔特（James Steuart）爵士看来，这个问题要求一律舍弃既有的单位：“我的结论是，可以采纳的最佳方案是彻底放弃本国已知的一切量度。”斯图尔特赞成采用十进制，他认为，该用哪种单位“是标准规范中一个绝对中立的问题”。他最感苦恼的是缺乏立法意图，也没有决心把一套标准在英国和更广泛的范围内传播开来：“如果英国议会做出合理、坚决、有生机的决议，把测量建立在坚实的原则基础上；那么，何不为了王室和国家的荣耀，为了人类福祉向前迈出一小步？”[12]

19 世纪初，英国仿佛过了很久终于注意到了斯图尔特，议会委员会三番五次决心解决这些问题，英国由此显得与众不同。1814 年，一个下议院特别委员会呼应拉普拉斯的意见，报告称“不准确问题普遍存在的重大原因，在于需要在自然界寻找一个确定的标准”。1815 年“建立和保持度量衡统一性”法案在第二次宣读后功败垂成。1819 年到 1821 年间，一个“考虑度量衡问题”的皇家委员会做过三次报告，没有取得显著的效果。1822 年和 1823 年法案相继失败；前者在下议院，后者在上议院。到 1824 年，英国才通过一项法案，引入日后成为英制的度量衡，并把此前各项度量衡统统立法废除。这项法案从 1825 年 5 月 1 日起生效。但法律未能彻底废除地方和惯用量度，直到 1834 年和 1835 年法案。这场计量学改革的核心人物是 1814 年特别委员会和 1819 年到 1821 年皇家委员会的成员——亨利·凯特。

凯特承担了为英国确立标准计量学的任务，他的信誉建立在几个方面。他是皇家学会的领军人物。他认真关注其他人先前为统一标准付出的努力，尤其是 1795 年到 1798 年间罗伊和舒克伯勒的尝试。出于规范、仪器和国家的要求等动机，他做过大量实验工作。例如，1818 年，凯特改良了可倒摆，一种秒摆的改良装置。这种仪器用于准确计时，因为钟摆平均地向垂直杆的两侧摆动，钟摆摆动的时间可以用来测量空间。同年，他用显微镜做温差实验，比较了法国的米与英国的单位。1824 年法案规定，英制标准码以 1743 年以来一直使用的长度单位为依据，自 1825 年 5 月 1 日起实施。法令规定，如果现行的标准码遗失或受损——36 到 39.1393 英寸（两端各多出一截以保护黄铜制成的码尺）——要参照伦敦纬度的海平面和凯特的秒摆在真空中的长度重新求取。

凯特写了无数篇文章详细阐述他的计量工作。每篇文章都证明，他对所用方法和仪器的精确度给予了近乎痴迷的关注。在一篇文章中，他讨论了用来修理实验设备的刀刃的相对厚度。为了提出修正，凯特检查了其他人早年的计量学——皇家学会 18 世纪 40 年代的工作，罗伊、舒克伯勒和法国的工作——并且相对于英国国家测绘局的不列颠“三角勘察”给出自己的测量结果。所以，如前所述，1821 年，凯特评论并对罗伊 18 世纪 90 年代使用的“测绘码”（Ordnance Yard）表示责备时，他是站在个人权威、政治保护和常年实验所获造诣的立场上，以追求完善哲学和实践意义上的精确为目的。凯特帮助创建、测量和管理英制标准的程度超乎群伦，他的“英制码”（Imperial Yard）线性表达将取代五花八门的计量学，改进英国测绘，并联手法国更加准确地定位格林尼治和巴黎本初子午线。[13]

这一切本来可以做到，倘若一切不曾灰飞烟灭。1834 年 10 月 16 日，画家透纳夹杂在数千人中间目睹了一场大火，国会大厦在大火中烧毁（图 3.2）。凯特的英制码，即英国线性标准的官方码尺原本收藏在国会大厦妥善保管，如今毁坏到无法修复的地步，其他度量衡标准也不例外。直到 1838 年，才开始用分发到别处的副本重新铸造码尺（凯特于 1835 年去世）。受命复原英制量度的委员包括御用天文学家乔治·比德尔·艾里和约翰·赫歇尔。艾里、赫歇尔及其委员同僚并未理会 1824 年法案的约束。除了其他主张，他们在 1841 年的初步报告中建议，为了重建标准码，要对凯特的工作要素重新做一些调整。关键在于，该委员会虽然决定“本王国主要度量衡单位的值不予改动”，却支持把英国的计量学改为十进制（包括铸币），给出的理由是经济便利和易于通用。1843 年，委员会正式开始工作。1855 年法案把它的建议正式写入法律。码的量度保留下来，并准备了种类不计其数的样本。负责为重建标准码最后拍板的委员是乔治·比德尔·艾里。艾里及其委员同僚们在工作陈述中建议，“叫作码的长度测量的真正标准”要存放在伦敦交易所（London’s Exchequer Office），四份副本分别存放在皇家铸币局（Royal Mint）、皇家天文台、威斯敏斯特宫和皇家学会，“以

图 3.2 《国会大厦的火灾》，透纳画作。布面油画，1834—1835，36.25英寸 × 48.5英寸.（92.1厘米 × 123.2 厘米）。

来源：费城艺术博物馆（Philadelphia Museum of Art）: John Howard McFadden Collection, 1928。

防遗失”。把更多副本——叫作“可获得的代表”——分发给欧洲各国的天文台和外国政府。1878 年《度量衡法案》（Weights and Measures Act）是维多利亚时代英国最后一项计量学重大立法，它对 1855 年法案做了更多细化和改进。[14]

这是对一个复杂的历史地理问题的概括。从 1814 年到 1878 年颁布法案，英国的度量衡是辩论、报告、法案和法令的主题，曾在威斯敏斯特宫 119 次提起。拉普拉斯 1800 年看到普适性，约翰·赫歇尔 1849 年强调统一性：“与测算时间、空间、度量衡等一切事物相关的名称和方法的统一，对方方面面的生活具有广泛而深远的重要性，超过技术便利或习俗的一切考量。”然而，上述人士发出呼吁之后，在相当长的时期内，英国的与众不同之处既不是其量度的普适性也不是统一性，而是多样性。英制码在 1824 年才正式实行，1826 年成为法律，1843 年重建后于 1855 年再次成为法律。

追求哲学和实践意义上的精确构成了国家测绘与跨国测定多条本初子午线方案的基础，这种追求随时可能由于日常生活环境、实验误差、房屋失火、习惯用法或立法迟缓而功亏一篑。与此同时，英制单位在英国的标准化与公制得到认可并行不悖。1805 年斯图尔特建议过、1843 年委员会倡导过的事务，在 1864 年经由《公制（度量衡）法案》[Metric（Weights and Measures）Act］旧话重提。该法案允许英国使用公制度量衡。1867 年、1868 年、1871 年和 1873 年等后续法案强化了公制在英国某些生活领域的地位。事实上，英国认可了公制，但没有从法律上正式确立。英国没有标准化并统一使用一种计量系统，而是自 1864 年起允许两种体系共存使用。[15]

公制与地面测量

法国的情况较为复杂。正如阿瑟·扬经历过、皮埃尔－西蒙·拉普拉斯证实的那样，18 世纪该国的计量学“乱得一塌糊涂”。米以及 1791 年后强制实行米制的意义可以简单地描述为：一种以地球本身的维度为依据的任意量度，由革命的政治权威强制实行后，变成了新计量学的基础。公制作为革命的“发明”，其目的是取代形形色色的领主量度，它上升到主导地位实属不易，其他人探讨过这个问题。在这种情况下，这里只叙述它与本初子午线相关的主要特征。[16]

法国的公制主张最初由皮埃尔－西蒙·拉普拉斯、约瑟夫－路易斯·拉格朗日（Joseph–Louis Lagrange）、让－查尔斯·波达（Jean–Charles de Borda）、孔多塞（Marie–Jean–Antoine, Caritat de Condorcet）和约瑟夫－杰罗姆·拉朗德（Joseph–Jérôme Lalande）在 1791 年 5 月提交给科学院的一份报告中提出的。他们建议，与其以秒摆为测量器械，不如使用自然界本身的尺度。以巴黎本初子午线为原点测量，从赤道到北极，一米应当等于地球象限（地球的四分之一）弧的千万分之一。但是，为了产生预期效果，必须做几件事情。其中包括重新测量原有的基准线，尤其是卡西尼二世在 1739—1740 年测量时用过的基准线，它们构成了他的 1744 年法国地图的基础（见第 1 章和图 1.2）。为此，这条子午线弧必须向北和向南延伸，从敦刻尔克延伸到巴塞罗那，可能的话还要更远，应该根据三角测量重新观测以检验这个方案。这个新提议的长度单位还必须依照现有的线性标准进行校准。他们没有采用现有的许多惯用突阿斯，而是采用了科学院的突阿斯——秘鲁突阿斯（toise de Perou）的叫法广为人知，1735 年拉孔达明、戈丁（Godin）和布格为了确定秒摆的长度和赤道上子午线的经度，在秘鲁测量子午线弧时使用了这个标准。[17]

这就是德朗布尔和梅尚从 1792 年到 1798 年致力于用新方法测

量法国和世界的原因，他们以巴黎子午线为基准线，使用革命的新单位——米。德朗布尔负责测量北部（卡西尼四世拒绝从事野外工作）；梅尚负责测量南部，面向西班牙。梅尚毕竟更富有经验：他曾是 1787 年英法联合测算格林尼治与巴黎经度差的团队成员。

可是，地理、政治和其他法国人联合起来阻挠用米制重新测量法国。如同凯特在 19 世纪 20 年代初找不到罗伊在三角测量计划中用过的测量点，德朗布尔和梅尚在 18 世纪 90 年代初也找不到卡西尼二世在 1739—1740 年间用过的测量点，即使找到，许多测量点也已无法使用。与英国人的冲突意味着他们很晚才知道罗伊对卡西尼三世的工作持有保留意见。带着保障安全通行的御用许可证，向人解释这项任务——以首都的本初子午线为起点重新测量法国——在革命政治时期并不能保证安全。有些市民对军事工程师用来远距离观测和定位的设备感到惊恐。在计划从巴黎天文台到蒙马特布设初始测量的那天，巴黎部分地区陷入了火海。德朗布尔几次遭到逮捕，他的工作受到猜疑，充其量只能断断续续地开展。梅尚的境况也不好，他被当作奸细，生了病，观测得出前后矛盾的数字。1795 年 6 月，巴黎天文台划归由政府管理的新机构经度局（Bureau of Longitudes）管辖。几个星期前，法国国民公会正式批准法国实行米制，但是在大地测量工作完成前，米的定义悬而未决。大地测量工作在 1798 年完成。1799 年 12 月 10 日米制在法国合法化。但是米制的采纳很缓慢，直到 1840 年 1 月 1 日，法国才强制实行米制。

德朗布尔和梅尚的计量工作历经艰辛，由于其结果和影响，米制后来的正式实行对本初子午线很重要。他们用米计算得出的结果是，敦刻尔克到巴塞罗那的弧度为 9 度 40 分 45 秒，测量为 551 584.72 突阿斯，这个子午线象限的长度是 5 130 740 突阿斯，假设地球的椭圆度一定，新的长度单位米位于子午线象限的 10^{-7}，那么 1 米等于 0.5 130 740 740 突阿斯。简单地说，他们的工作惊人的准确。但其言外之意就很成问题了。18 世纪 30 年代前往拉普兰（Lapland）和秘鲁的远航表明，地球不是均匀的圆球，而是扁椭圆形——两极稍扁。但地球也不是个均匀的椭圆。法国从敦刻尔克到巴塞罗那的弧度测量表明——子午线象限的其余部分由此推算得出——地球在不同的部分扁平度不同。政治革命时代诞生的这个权威、民主的地球公度单位其实既不权威，也不民主："1799 年的米，也就是今天的米，实际上比真正表示该象限 10^{-7} 的长度少了约五分之一毫米。"[18] 地球的地理学把统一计量学问题复杂化了。政治把统一计量学的可能性复杂化了。不是所有经线都一样。

大地测量学、计量学、电报和铁路时间，1837 年前后至 1883 年

在 19 世纪，电报的出现和广泛使用——往往与铁路的发展相互关联——改变了速度和通信的性质。在时间中发送信息的速度大大降低了地理空间对人类交往性质的影响，空间和时间因此遭到"挤压"甚至"消灭"。可以说，地理空间让位于时间空间；线性距离让位于时间距离。但地理空间并未沦为简单的几何空间。在一些重要方面，空间是人类的构建物。即使它作为客观的"事物本身"存在，我们赋予它的意义也兼具社会、时间、经验和关系属性——它是构想物体之间关系的一种方式。电报和铁路等新技术并未像有些人所说的"消灭空间和时间"，而是创造了不同的空间概念、全新的关联形式和社会空间。[19] 我们所体验和测量的时间也是一种因地而异的社会构造，不亚于米和码。

用线路连接世界

1825 年夏天，赫歇尔在讨论巴黎—格林尼治问题时暗示过电报的潜力。[20] 但是在威廉·库克（William Cooke）和查尔斯·惠

特斯通（Charles Wheatstone）发明商业电报后，它才显出自身的价值。凭借这项技术，从 19 世纪 40 年代起，大地测量学家和天文学家们联系日趋紧密，他们在特定地点比如国家天文台等地部署电报，形成国际网络。大地测量学家等配备了这些全球联络手段，可以用电报解决各国的地理尺寸问题。准确地定位并记录下各个观测点的基准线，以及所用的测量单位，凭借它们之间的关系就能确定答案。这种“全球布线”给地理学造成了三方面的结果：格林尼治成为电报原点，意在纠正英国版图形状的大地测量读数从它算起；巴黎以外的欧洲通过电报网络连接日益紧密，格林尼治充当枢纽；欧洲经由格林尼治与北美洲尤其是美国东部的联系日趋紧密。

1852 年 6 月，乔治·艾里埋头于重建英制度量衡，他在《致格林尼治皇家天文台监事会的报告》（*Report to the Board of Visitors of the Royal Observatory Greenwich*）的部分段落中，宣布了对出自这种“电流连接”的可能性的信念。但他对其作用不抱幻想：“我们的仪器手段改进后，实践结果的准确性无疑得到了提高。但我们的思考难度丝毫没有减小。这是观测学取得进步的普遍情况。我毫不怀疑，今天困扰我们的问题将很快得出满意的答案。但是，我预料此后很快会出现其他问题，它们也许更加令人费解，只是此时尚未显现。”[21] 此时，数不清的电报连接正在部署或者在规划部署当中。“长期以来一直认为，我们的电流连接的一个重要用途是测定巴黎天文台的经度差。”艾里写道。在阿拉戈 1853 年去世前，他花费大量时间就这个问题与阿拉戈保持联络。流程遵照几十年前的三角测量计划确立的做法：两个天文台互换人员以保证操作的连贯性；执行系列观测和测量；最后的校准以准确地测定两条本初子午线为目标。1854 年，艾里以近乎漫不经心的笃定口吻汇报了此前一年的工作。他写道，结果“宣称达到了此前的经度测定无法假装达到的准确度。据我理解，时间差可能造成的误差对应于地球表面来说至多一两码”。一年以后，为了寻求额外的合法性，类似的准确度声明提到其他人早年的努力：“因为两个天文台都观测到恒星过境（Transits of Stars）的缘故，被认为可以测定经度的天数是 12 天；信号数为 1703 个。两边对仪器的调试都一丝不苟。得出的经度差结果 9 分 30 秒 63 可能很准确。它比 1825 年在约翰·赫歇尔和萨拜因上尉的督导下用烟花弹信号测定的时间少了近 1 秒。”[22]

新的通信线路打开了。继格林尼治与爱丁堡天文台于 1853 年建立电报连接后，艾伦设法用爱丁堡天文台“测定一个更加遥远的点的经度”——设得兰（Shetland）的勒威克（Lerwick）——使之成为“我们国家大测量的地平经度准确性”的组成部分。格林尼治与俄国设在普尔科沃的天文台很快建立了类似的连接，俄国的天文台由御用天文学家奥托·斯特鲁维（Otto Struve）领导。斯特鲁维很想让格林尼治和普尔科沃联系更加紧密，以便把英国接入欧洲的大地测量线路。1857 年斯特鲁维呼吁重新计算早年英国、法国和比利时的部分三角测量，使英国与东欧联系更紧，“也许可以建议用电流电报重新测定瓦伦西亚岛（Valentia，位于爱尔兰）的经度”。在国家之间和各国国内使用不同计量学的情况下，“也许可以根据不同的基准线对所用的测量单位重新进行比较。”[23]

艾里认为，到 19 世纪 50 年代中期，地球测量的准确度可能已经达到了地球表面“一两码”以内。但不是所有人都使用码或者米。此时，码在英国刚刚重新获得稳定性，地球测量的准确性在最好的情况下也要打折扣，最坏的情况是不可实现。艾里知道，英国和全欧洲随处可见的是差异而不是统一。斯特鲁维警告说，要想实现准确的跨国计量比较，必须校准线性测量的不同单位。这话说得很及时。英国的大三角测量已于 1851 年完成。用来呈现英国形状的各个站点的经度从格林尼治皇家天文台起用天文测量进行计算，用登特在格林尼治和巴黎之间用过的方法由航海钟在全境运送，在这些固定点之间进行三角测量。结果得到一个格状网络，各个记录点由大地测量和电报确定（图 3.3）。英国国家测绘局的亨利·詹姆斯中校（Lt. Col. Henry James）制作了一幅地图，上面标有当时测量过的所有子午线弧的位置，包括兰姆顿（Lambton）和乔治·额菲尔士（George Everest）在印度、艾里在英国、德朗布尔和梅尚在法国和不列颠群岛的部分地区（图 3.4）开展的测量。后续计划想要把英国的三角测量与欧洲连接起来，就必须知道不同的基准线所用的单位："很显然，不管三角观测执行得多么准确，如果不知道几个国家三角测量所使用的标准单位的确切相对长度，就不可能以任何标准准确地表达平行的弧线。"

提出的解决方案是，"应该对长度标准加以比较"。从 1862 年到 1864 年，詹姆斯和他的副手、御用工程师亚历山大·克拉克（Alexander Clarke）上尉使用"为了比较标准而专门建造的建筑和装置"，检查了"以最高准确度"使用四种不同的欧洲线性单位进行测量的情况。每种线性单位都是本国的标准长度单位，比如英国国家测绘局使用的单位，或英国在澳大利亚、印度和好望角的殖民地使用的单位。目的不是提出唯一通用的标准，也不是认定一个单位"优于"其他单位，而是为了确定各个单位之间的差异，以便在把以格林尼治为基准的三角测量网延伸到英国以外时把差异考虑在内。詹姆斯认为，这项任务具有全球重要性："几个国家的三角测量连成了一张横跨欧洲全境的三角形大网，在发明电报并把电报从瓦伦西亚延伸到乌拉尔山脉以前，不可能开展如今正在推进的这项广阔事业。实际上，这项工作在世界历史上任何较早时期都不可能展开。"[24] 斯特鲁维和詹姆斯提到的瓦伦西亚是爱尔兰西南部的瓦伦西亚岛。欧洲的大地测量和电报网络从凯里（Kerry）延伸到乌拉尔山脉，从 19 世纪 60 年代中期起，瓦伦西亚岛就是这张网络的西部链环。1866 年，瓦伦西亚成了欧洲与北美洲电报联络的枢纽。1866 年詹姆斯看到的是对地球的界定，1867 年 6 月艾里则更为谨慎地报告道："已经做出了极其重要的经度测定。"[25]

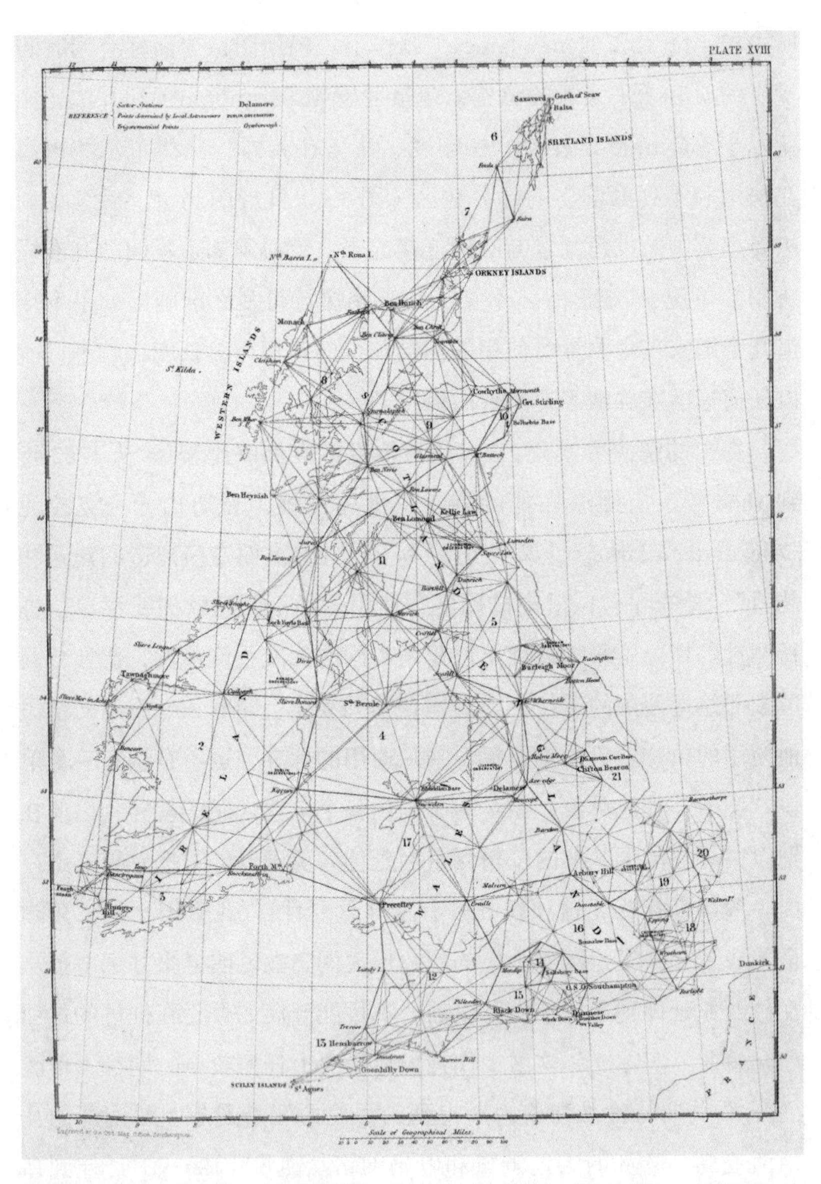

图 3.3　这幅 1858 年地图“三角测量总图，说明前面各页插图的数字关联性”清楚地显示出 19 世纪中叶英国完成的三角测量结果。

来源：[Ordnance Survey], *Account of the Principal Triangulations*（London: Eyre and Spottiswoode, 1858）, plate 18。

经苏格兰国家图书馆许可复制。

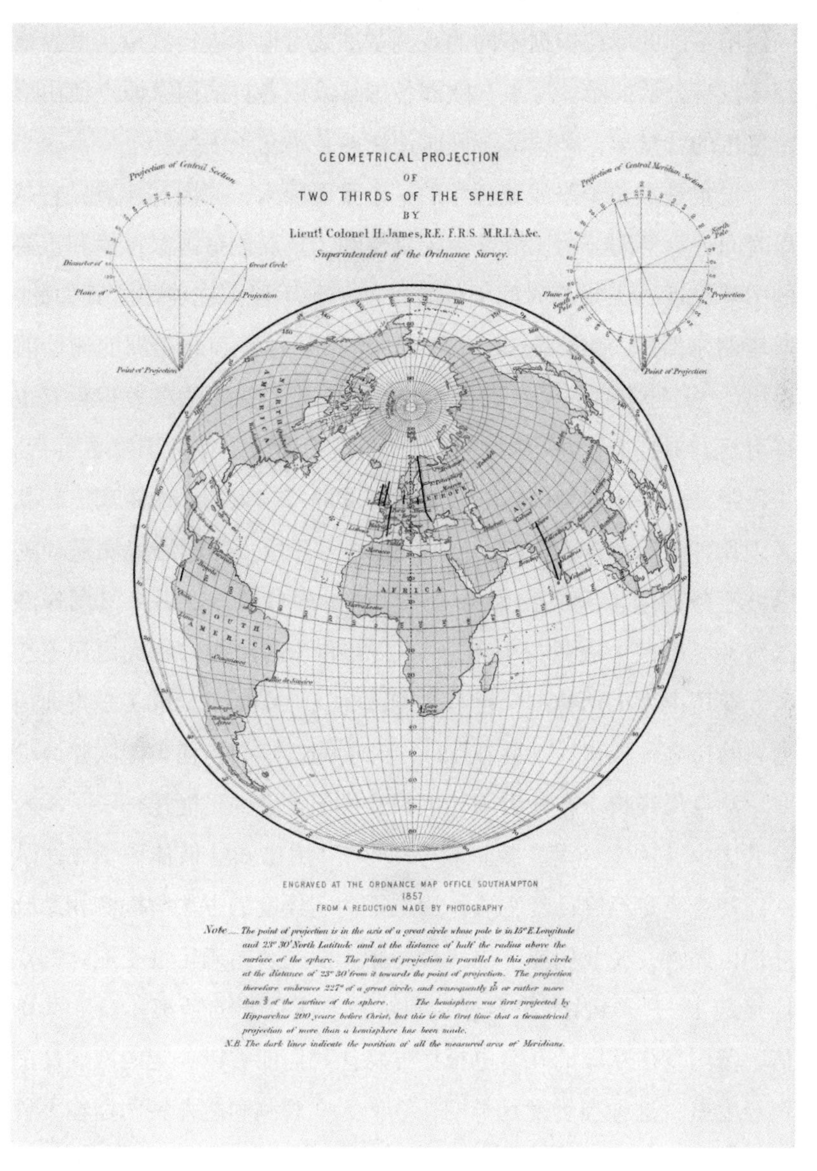

图 3.4　这幅图上可以清楚地看到 19 世纪中叶存在的几条子午线弧，它是英国国家测绘局仔细比较各国计量学差异的产物。

来源：［Ordnance Survey］, *Account of the Principal Triangulations*（London: Eyre and Spottiswoode, 1858）, 扉页的对页。

经苏格兰国家图书馆许可复制。

全球规范和标准化的构想是一回事，实行又是一回事。不同的人们用不同的单位依据不同的观测基准线对地球进行测量。世界地理学没有公认的唯一原点。欧洲各国继续以各自的国家原点使用形形色色的计量学，美国甚至同时使用两条本初子午线。

电报是本初子午线地理学的一个重要因素，原因有几点：它是以时间计算空间、为国际交流提供便利、重新测量国家维度和重要的国际维度、为规范时间提供辅助的一种手段。在美国尤其如此。斯塔胡尔斯基（Stachurski）在讨论电报、经度和北美洲的测绘时指出，“火药爆炸、发射烟花弹或熄灭强光”的办法在短程距离也许可行，对拥有资源“一次一点”测量大陆海岸线的国家也可行。长程距离——比如美国内陆或美国与欧洲跨越大西洋的距离——就必须用“天际信号”（电报）。从 1847 年开始，美国海岸测量局就以波士顿的哈佛天文台为美国经度测量的参照点，后来又用作经过纽芬兰哈茨·康腾特（Heart’s Content）的路线的跨大西洋连接点。亚历山大·达拉斯·巴赫（Alexander Dallas Bache）是费迪南德·哈斯勒的接班人，并在 1843 年到 1867 年间担任美国联邦政府海岸测量局局长。在他看来，电报提供了全新的可能性——了解自己的国家，测定经度，促进科学进步：“用已知的最佳科学方法从欧洲初步测定经度已经完成。用电报测定经度的方法与勘测相结合并加以完善，使我们能够以迄今为止无法企及的确定性把遥远的点连接起来——缅因州的卡利斯和路易斯安那州的新奥尔良。我确信，美国发往欧洲的几个电报信号将让我们能够以一定的准确度测定经度差，这种准确度是长期持续的天文观测和航海钟的运输不曾达到或永远达不到的。”

巴赫的话听起来似曾相识。如同罗伊、凯特、赫歇尔、阿拉戈和艾里，准确性的权威在于对已有工作成果的修正或舍弃，在于技术进步和未来前景。从 19 世纪 60 年代后期起，在巴赫的继任本杰明·奥尔索普·古尔德（Benjamin Althorp Gould）领导下开展了无数次的电报测量。古尔德 1867 年到达伦敦后与艾里合作，在“得到跨大西洋海底电缆（Atlantic Cable）诸位主管的友好帮助”的条件下，测定了瓦伦西亚岛上弗伊休莫伦（Foilhummerun）悬崖到格林尼治的经度。到 19 世纪 70 年代,“电流通信”把美国（通过哈佛大学的天文台）与欧洲大陆经由巴黎、布列斯特（Brest）和圣皮埃尔（Saint Pierre）连接起来；用慕尼黑和巴黎帮助测定维也纳和柏林的经度。把里斯本“作为从南美洲伸出的经度链条的一环”连接起来。俄国与美国连接起来。它们全都以格林尼治为连接枢纽。[26] 电报让世界变得更加紧密。但是各国和全球的大地测量计算继续使用形形色色的本初子午线，这意味着世界始终充满差异。

铁路和铁路时间的标准化

研究时间的历史学家、社会学家、地理学家和计量学家各自表明，近代早期世界的时间观和日常生活习惯受制于我们或许可以称之为“自然时”——手工劳动等受到白昼时长、季节轮回的影响。随着工业资本主义的到来和电报等通信系统的发展，时间规范和计时的社会机制（比如公共时钟）都要依照共同的标准执行。例如，太阳时——以太阳居于观测点正上方时为正午——不足以充当时间测量更为准确的依据。而且太阳时极其混乱，因为太阳相对于地球向西转时，一个人离固定的观测点或记录点越是偏西，当地的正午就越晚。现代性要求用精密计时的全新标准取代自然时、地方时和记录时间的各种习俗。[27]

对于这项任务，铁路处在现代性的最前沿。铁路时间标准化的主要目的是避免铁路使用地方时所造成的混乱。1840 年，大西部铁路线（Great Western Railway）成了英国首家把时间标准化的铁路公司。到 1855 年，在英国，从格林尼治根据格林尼治标准时间发出的时间信号规范着几乎所有城市和铁路的时间。但英国人并没有全体优雅地接受格林尼治的时间测量，摒弃地方时。1848年，一位匿名作者在《布莱克伍德的爱丁堡杂志》（*Blackwood's Edinburgh Magazine*）撰文评论当地实行格林尼治标准时间："以小鲱鱼的名义，相比廷巴克图、莫斯科、波士顿、阿斯特拉罕或食人岛（Cannibal Islands）的首府，我们与格林尼治有何相干？"答案在于统一的时间——"很简单，关联性也许就在于由铁路时钟建立的统一时间。"这位爱丁堡作者承认。格林尼治日益成为国家的时间规范中枢。格林尼治标准时间在1880年成为全英国的标准时间，到十九世纪中叶，格林尼治成了英国铁路时间的协调中枢，也是三角测量网络和国家测绘的时间协调中枢，并将在1867年成为跨国电报网络的时间协调中枢。1874年皇家天文台的报告典型地体现了这种中枢计算功能："威斯敏斯特宫的时钟根据格林尼治校准正误，伦巴第街邮局的时钟（英格兰银行的地方参照）也一样。各省广泛使用上午十点整点报时……许多邮局又把自己的时间信号传达到各个分局，所以，英国大多数邮局和铁路的时钟几乎都由格林尼治上午十点的整点报时加以规范。"[28]

在欧洲，多数国家的铁路坚持使用国家时间——德国自1874年起使用柏林时间，瑞典自1879年起使用标准时间（与格林尼治时间相差一个小时），一直使用到1884年以后。在美国，如巴特基记录的那样，多个地方民用时和铁路时间不统一的问题引起了全民关注。1870年，教育学家查尔斯·F. 多德提出的解决办法是，把美国和加拿大分成四个单独的"时间带"（time belt），每个时间带宽为经度15度。按照多德的方案，各个时间带内实行统一时间，由它们与四条经线的关系决定，经线各自的位置由15度的倍数决定，即与格林尼治相关，以一小时为时差，分别位于格林尼治以西75度、90度、105度和120度。多德的计划并未立即实施，不过，美国铁路公司老板在1874年建立了"通用时间会议"（General Time Convention），在其总裁威廉·F. 艾伦（William F. Allen）的领导下，时间的四个统一标准或“时区”——东部、中部、山区和太平洋标准时间——于 1883 年 11 月 18 日在美国全境建立。如同具有可比性的计量规范——米、英制码或格林尼治标准时间——美国并没有立即全面采用标准铁路时间。从 1883 年起，美国铁路的标准时间由格林尼治设定。[29]

地球的基准线？
各执己见的计量学和吉萨大金字塔，1859—1884 年

从 19 世纪 50 年代后期起，地球测量的这些计量学、精确性、准确度和标准问题接踵而来，集中体现在我们今天看来十分奇怪的一件事上，即考虑把吉萨大金字塔作为世界本初子午线可能的所在地。之所以如此，是因为近东地区的考古、地理和殖民利益日益凸显，公众对英美两国的英制标准可能被取代深感不安。1863 年 7 月初，《泰晤士报》（伦敦）用煞有介事的腔调报道了这件事：“严峻的考验即将降临到这个自由快乐的国度。不是我们的棉花贸易蒙受损失，殖民地、威望或海上霸权沦丧，也不是我们的煤田枯竭、赛马退化或国教没落，而是一种变化，它将比前述种种情况造成更加广泛而深远的打击；没有一户受到波及的人家不会满怀疑惑、困扰和耻辱。”这个威胁就是公制化：“昨天从众议院某部门获悉，我们似乎受到严重威胁：我们的度量衡将全面纳入法国的体系。”1864 年，英国公制（度量衡）法案把公制合法化，但局限于科学目的，禁止在商业贸易中使用。1866 年，美国的立法机构也准许在特定背景下使用公制。在英美两国，那些认为米是“舶来品”的人们已经受够了他们察觉到的公制化——这种单位诞生于革命政治，如今别国正在采用。[30]

表达这些关切的一个关键人物是伦敦出版商约翰·泰勒（John Taylor）——他的出版物包括赫歇尔的天文学著作。泰勒不仅认为英制单位的起源和使用都历史悠久，还认为埃及金字塔为它们赋

予了神圣性。泰勒在几份出版物中表达了自己的观点：1859 年的《大金字塔？建于何时，由谁建造？》（*The Great Pyramid? When Was It Built, and Who Built It?*）、1863 年题为《长度、容积和度量衡标准，四千年前在埃及建立，并由大英帝国的度量衡保存至今》（*The Standards of Length, Capacity, and Weight, Established in Egypt Four Thousand Years Ago, and Still Preserved in the Measures and Weights of Great Britain*）的小册子，还有 1864 年的《标准之战：四千年前的古代对抗五十年前的现代——后者欠佳》（*The Battle of the Standards: The Ancient, of Four Thousand Years Ago, against the Modern, of the Last Fifty Years— the Less Perfect of the Two*）。泰勒对数字命理学、埃及学和计量学三者合一的信念根深蒂固。在维多利亚时代，除了赫歇尔，泰勒的观点还影响了查尔斯·皮亚兹·史密斯，史密斯是爱丁堡大学天文学皇家席位（Regius Chair in Astronomy）教授，从 1846 年起担任苏格兰御用天文学家。

1856 年，皮亚兹·史密斯在特内里费岛做过天文观测，后来转去埃及研究考古学和计量学。传记作者把他对金字塔学发生兴趣的时间——具体地说，他相信埃及人建造吉萨大金字塔时使用了相当于英制单位的量度——追溯到 1863 年他读了约翰·泰勒的文章。[31] 也许他发生兴趣的时间还要更早。1859 年 4 月，皮亚兹·史密斯向爱丁堡商会发表演讲时，自称对经度、航海钟、电报和轮船航行等相当关注——“这一切无不表现了作为 19 世纪思想特征的普遍活动”。[32] 皮亚兹·史密斯支持英国使用英制，反对实行当时议会正在辩论的法国公制。他在这个问题上与赫歇尔如出一辙。1864 年，政府的标准委员会（Standards Commission）宣布支持公制，尽管只在规定的范围内使用，赫歇尔却还是辞去了该委员会的职务。皮亚兹·史密斯在《我们得自大金字塔的遗产》（*Our Inheritance in the Great Pyramid*，1864）中发表了论述大金字塔的观点，到 1890 年这本书已经出了第五版，还有他的《在大金字塔的生活和工作》（*Life and Work at the Great Pyramid*，1867）。他不仅宣称金字塔是依据相当于英制的单位建造，还宣布，因为它的位置和它所体现的计量权威，它应该充当世界的本初子午线。皮亚兹·史密斯论英制计量学的观点受到热烈欢呼——尤其是坚定的帝国主义者和爱国者深信，大金字塔是献给上帝的纪念碑；它的基准单位本质上是英制单位；英制计量学是天命所系："整个基督教和科学世界［负有］深刻而持久的义务。"伦敦的威廉·库克在给皮亚兹·史密斯的信中写道。新南威尔士工程师 W. S. 昌西（W. S. Chauncey）写信给皮亚兹·史密斯："我高度敬佩您捍卫我们博大精深的英国标准的坚决态度。"[33]

皮亚兹·史密斯怎么会产生这种想法？这件事对本初子午线的地理学为什么重要？ 1860 年 4 月，赫歇尔写信给《雅典娜神殿》（*Athenaeum*），就计量学之争发表意见，这些信件后来以小册子《论英国模块长度标准》（*On a British Modular Standard of Length*）的形式出版。赫歇尔在信中敦促人们注意"我们实际的国家长度标准与地球维度之间简单的数字关系"。他接着写道，这"让我们轻松地拥有了一个可以公制化的'模块体系'，抽象地想一想，它的起源更为科学，数字上则比法国邻居吹嘘的公制要准确得多。很简单——倘若英制标准的英寸以纯粹的数学精度增加千分之一，它恰好等于地球自转轴的五亿分之一"。赫歇尔提到其他欧洲天文学家以加强这个事实，他向约翰·泰勒致谢，泰勒在《大金字塔》中宣称在吉萨金字塔处，地球的直径恰好是五亿"英寸"。赫歇尔提出一个新的计量体系——"英国模块体系"——他认为，这个简便易行的体系无须正式立法："（把模块换算为英制，）只要减去（或者加上）千分之一，任何单位的'英制标准'长度都很容易换算成相同单位的'英国模块'长度，所以不值得为这个问题立法。"泰勒认为在吉萨金字塔处，地球的直径是五亿英寸，赫歇尔不同意这个观点。赫歇尔只相信数字很接近，只需稍加调整——"以纯粹的数学精度”——就可以用这个单位来划分地球。赫歇尔早先反对公制，理由是米的长度的正式定义，即地球赤道到北极点距离的千万分之一，不能令人满意。他感到不满，因为这个定义取决于特定的子午线，即巴黎子午线的长度，取决于对并非正椭圆的地球的测量。赫歇尔认为米不够精确的意见是对的。赫歇尔 1860 年主张的模块体系也没有提高精确度——但他的不精确属于另一种类型——比极坐标轴五亿英寸的长度稍短一点：假如英寸的长度增加千分之一或人类头发的厚度，那么地球的极轴恰好是英制五亿“几何英寸”，几何英寸就会成为科学的、地球上可公度的长度单位。[34]

赫歇尔没有采用泰勒的具体说法，但皮亚兹·史密斯相当重视赫歇尔对泰勒的吸收，并且根据他本人对泰勒的阅读和大金字塔的测量，形成了大金字塔具有计量学重要性的观点。泰勒认为，大金字塔为英制单位（如日后一位批评者所言，加上或减去人类发丝或“蛛网”的厚度）赋予了神圣性。泰勒分析指出，因为大金字塔的位置靠近北纬 30 度，它的内部温度等于世界上整个人类居住地区的平均温度。此外，与地球表面其他地点相比，大金字塔以南和以北的子午线弧上陆地多，海洋少。最后，据称金字塔的建造耗费了大量人力，人们专门为了建造这座纪念性建筑向东迁徙而来，并且使用如今的英制单位以证明上帝的荣耀。简而言之，部分计量学家有意摈弃革命的、容易出错的、地球上不可公度的米，认为英制单位具有权威性，在他们看来，大金字塔是地球的起点——皮亚兹·史密斯称之为“计量学里程碑”——是英制标准天命所归的体现。[35] 当然，埃及日益处在英帝国势力范围内的事实也起到了推波助澜的作用。

与此同时，公制化的倡导者也在采取计量学行动。除了威斯敏斯特宫和国会的辩论，米经由国际科学会议得到宣传推广；尤其是国际大地测量协会于 1864 年、1867 年在柏林先后召开的会议，以及 1870 年国际公制委员会（International Metric Commission）召开的会议。1863 年，英国科学进步协会（British Association for the Advancement of Science）在纽卡斯尔（Newcastle）会议上成立了 24 人组成的委员会，委员包括乔治·比德尔·艾里，会上简单汇报了“为了科学利益提供度量衡统一性的最佳方式”的简报。该委员会强烈倡议将公制用于科学目的，指出公制在科研和教学中的优点，敦促英国各行各业正式采用。这种观点对来年在科学测量时采用公制是重要的激励。1871 年，美国的公制支持者查尔斯·戴维斯（Charles Davies）写道：“电报线让文明世界心灵相通，紧密相连，如今人们焦急地指向了商业关系中统一语言的问题，提出法国的公制是实现统一的手段。”在这位 1870 年《自然》（*Nature*）杂志的编辑看来，“标准之战”已经结束：“米赢得了胜利。”1875 年，国际公制委员会监督通过了公制条约（Metric Treaty）——“测量、国际合作和全球化历史上的一座里程碑”。一位评论员如是说——许多国家（英国除外）正在接受和切实共享这个使用简便的单位，但它却并不是一种天然的地球公度标准。[36]

1883 年，在因计量学之争而变得热火朝天的学术和政治氛围中，皮亚兹·史密斯以宇宙时间与本初子午线委员会委员的身份回到大金字塔，回到世界本初子午线问题。这个设在克利夫兰、隶属于国际保护和完善度量衡学会的委员会由一群急于在美国保存英制的科学家于 1879 年成立。[37] 我们已经看到（第 2 章），该委员会题为《哪条线当为世界的本初子午线？》的报告于 1884 年 6 月在克利夫兰出版。皮亚兹·史密斯在报告中评论了世界唯一的起始经线正在争论的四个所在地——“一条全人类共用的本初子午线，时间由此算起”。他这样写道：阿拉斯加（白令海峡）、华盛顿、格林尼治和吉萨大金字塔。他摒弃了白令海峡选项，因为它无法测量。白令海峡大部分经过海洋，“无从设定，无从确知，无从参照……我不能理解——这些负面特质怎么能成为优点，允许精确的现代科学划定一条确定、永久、易识别的‘本初子午线’——全世界现有的政府要根据它以高超的准确性测量各自的经度”。他摒弃了华盛顿，因为华盛顿反映美国的利益。格林尼治的英国和西方色彩太浓，不能服务于“在印度由英国人治理的两亿臣民的灵魂，还有受俄国、中国和日本统治的数亿臣民的灵魂”。比较起来，吉萨大金字塔再合适不过：

> 大金字塔子午线经过坚实、宜居且世代有人类居住的土地，自北向南几乎全线从陆地经过。因此，这条线能够用三角测量几乎全线画出，并用砖瓦砌起测站标志；未来面对人类社会的沧桑巨变，这是设定经度测量原点的唯一毫无疑问的准确、永久且充分可行的方法……四千多年来，大金字塔本身占据的位置由大自然相当醒目地做了标记；经过岁月流逝和科学发展，它仍然超越其他非凡成就，堪当全世界曾经树起的最为辉煌、建造最佳的测绘站点和纪念碑。[38]

国际保护度量衡协会在思想上毋庸置疑地认为，皮亚兹·史密斯的论述证明了大金字塔的建造者“对它的规划和造型综合体现了几何学、大地测量学和星象奥秘，大金字塔配得上成为世界度量衡制度的宏伟标准”。[39] 查尔斯·拉蒂默在《哪条线当为世界的本初子午线？》的序言中清楚地表明，他的目的是纠正“采用庞杂的子午线所引起的混乱和不便”。如第 2 章所述，他的报告表明，美国科学家和政治家对世界的本初子午线、对华盛顿作为合法备选地的效力（尽管国会 1850 年在某一点上明确了它的效力）、对科研中要使用的单位等问题远远谈不上看法一致。

1884 年 10 月，人们似乎理性地选择了以格林尼治为本初子午线，那么围绕大金字塔、英制标准和“金字塔英寸”的讨论就让现代读者觉得非常怪异；这场争论俨然是对《圣经》的热忱、神秘主义、命理学谬见和毫无根据的史学研究的大杂烩。如果把吉萨的案例解读成是对巴黎、格林尼治和华盛顿本初子午线“正统”历史的偏离，就没有抓住要点。约翰·泰勒和皮亚兹·史密斯对金字塔度量衡单位的声明、以大金字塔为世界本初子午线的可能性、赫歇尔对标准的看法等，都是相互竞争的计量学架构的组成部分。如谢弗所述，亨利·詹姆斯和英国国家测绘局自 1866 年起在南安普敦开展计量校准之后，他们从制图角度对大金字塔和埃及整体上发生了兴趣。此时，近东和计量学也居于（日后成为）英国考古学的中心位置。对艾里 1874 年的金星凌日天文观测，大金字塔作为视准线具有重要意义。对于罗伊、凯特、阿拉戈、德朗布尔和梅尚等，皮亚兹·史密斯及其同代人的大金字塔相关观点也是围绕不同标准、精确度、统一性和准确性等长期叙事的组成部分：在这个时期，科学正是从这些“原料”中产生。[40]

精确性和选定的测量单位不是固有的。准确性的权威在于对测量结果的声明，而不在于测量单位本身。大自然并未提供揭开其自身奥秘的手段：米、码、铁路时间，还有本初子午线，都是为了特定目的而发明和调用的社会建构。

* * *

这里介绍了从 1790 年到 1884 年间的本初子午线相关证据，证实了在更早时期暴露出来的一些主题的重要性。确定多条本初子午线的位置——在这个时期，尤其是确定巴黎和格林尼治子午线的位置——对天文学家、地理学家、地图制作者和政治家依旧是一件大事。不同本初子午线的位置测定取决于准确性和精确度。准确性是指用天文或大地测量法测定（比如）一个天文台相对于假设真值所得出的值。精确性的意思是不同人员在不同地点、也许使用不同方法所得到的测量结果显示相同结果的程度。巴黎和格林尼治本初子午线依然是特别关注的焦点，罗伊、凯特、阿拉戈和赫歇尔等人工作的准确性尚可忍受，却始终不够精确。

本章还揭示了 19 世纪用何种方式测量了使用中的几条本初子午线。它以各种方式表明，本初子午线的测定是科学发展的组成部分，而科学发展本身是循序渐进、地理不均衡的，由社会条件决定。人们用火药和烟花弹进行三角测量，在检验时还使用了更好的计时器。尽管操作人员技术娴熟，并且郑重地宣布所公布的结果十分精确，但是，哪怕在熟练的观测者手中，改进的仪器也可能给出不一样的读数。由于计量学和计时的差异，无论用哪种方法测量，结果的一致性都只能努力追求，无法完全实现。普遍性，即随时随地统一使用人们在实践中建立的一套标准单位，依然只是一个值得向往的目标。

和三角测量一样，三角函数、火箭技术、电报给人很大希望。艾里的电流连接对确立新的划分国家空间的手段、让国际空间的实践者相互连接十分重要。但是电报的出现与铁路扩张携手而来，在各种各样的国家背景下比以前更加明显地暴露出年深日久的时间不统一问题——测量单位也千差万别。这是一个计量学变化无常的世界。

第 4 章

空间与时间的全球化

到达格林尼治，1870 年前后至 1883 年

本章研究人们在 1870 年到 1883 年间围绕本初子午线和世界时展开的辩论。1870 年，奥托・威廉・斯特鲁维在圣彼得堡发表了卓有影响的论文；1883 年，国际大地测量协会的代表在罗马召开会议，探讨这两个问题。本章表明了全球唯一的本初子午线与世界时这两个相关问题在印刷物、演讲和科学背景下如何表达和论述——尤其是从 1871 年安特卫普国际地理大会（International Geographical Congresses，简称 IGC）到 1881 年威尼斯会议之间——这些问题成为国际共识的论题，不是 1884 年在华盛顿，而是 1883 年在罗马。下文所述吸收了不同的本初子午线的论据，19 世纪人们在各种背景下表达过一种日渐增强的意识，即全球唯一的本初子午线或许值得拥有，却似乎没有简单的方法可以实现。

几位美国科学家在辩论查尔斯・戴维斯在世纪中叶建议使用的新奥尔良子午线时提出了这种看法。法国从 19 世纪 40 年代起，本初子午线几次成为巴黎地理学会（Paris Geographical Society）回顾的主题。三度担任学会主席的地理学家、人种学家让・巴普蒂斯・加斯帕・鲁・德・罗谢尔（Jean Baptiste Gaspard Roux de

Rochelle）在 1884 年的演说中强调了费鲁岛的突出地位，同时指出了当时使用的其他本初子午线。他呼吁用唯一的子午线服务于“这个拥抱全世界的文学和科学共和国”，却未见采取行动。1851 年 3 月，在东方学家兼科学史家路易 - 皮埃尔 - 欧仁 - 阿梅丽·塞迪约（Louis–Piérre–Eugène–Amélie Sédillot）、地理学家鲁·德·罗谢尔（Roux de Rochelle）、安托万·达巴迪（Antoine d’Abbadie）和埃德米 - 弗朗索瓦·乔马德（Edmé–François Jomard）的努力下，该学会号召“欧洲和美洲主要国家”的政府采用共同的本初子午线，一劳永逸地解决不同国家使用多个经度原点的问题。他们的解决方案——“海洋中间”（au milieu de l’Ocean）一条想象的线，实际上是近代与亚速尔群岛相关的无偏本初子午线的较晚版本（见第 1 章）。这份学会公报的后续报告对唯一的本初子午线表现出断断续续的热情。此时，这个问题已是国际关注的主题。[1]

我们注意到了英国国家测绘局的亨利·詹姆斯 19 世纪 60 年代初在比较计量学领域所做的工作。到 1866 年，他对上述问题的态度已经十分明确，这也许是由于他和同事们在工作中使用过五花八门的测量单位、遇到过诸多难题：“各国采用一条首子午线和一个统一的地图体系是高度可取的。”詹姆斯强调了制图统一的优点——“届时各国制作的系列地图将完全对应。”他对世界本初子午线的观点不容置疑（尽管他的理由不具有很强的科学性）：“格林尼治几乎处在地球宜居部分的中心……各国应当采用格林尼治子午线为首子午线。”[2]

从 1870 年到 1883 年间，圣彼得堡、巴黎、伦敦、威尼斯、罗马等地的本初子午线和世界时的相关讨论与先前的辩论有所区别，区别之处在于其明显的国际甚至全球视角。[3] 这种改变可以部分地解释为，已经讨论过的计量学、时间标准化、大地测量等具体问题日益凸显，引起了国际关注。还有一种解释是，19 世纪后期，科学更加普遍地以多种方式变得日益国际化。在伊丽莎白·克劳福德

（Elisabeth Crawford）看来，在 1880 年以后的半个世纪，“这个国际科学的宇宙”因三个特征而凸显出来：认知同质化（非相关学科内部和学科之间分享共同的问题和方法）、标准化通信（国际协会和刊物日益跨越国家和学科界限），以及技术标准的新协议（例如公制，更加普遍的共享的科学方法，在实验室和大学开展科学研究的正在形成的共识等）。[4]

这些问题分三个标题探讨。第一，研究在 1871 年到 1881 年间，本初子午线如何、为何、在哪里成为国际地理会议辩论的主题。第二，研究 19 世纪 70 年代以后人们对世界时的相关建议，特别提到桑福德·弗莱明的工作，他强调指出，唯一的本初子午线是世界性计时的第一步。第三，探讨这些问题如何在两次会议——1881 年威尼斯国际地理大会和 1883 年罗马国际大地测量协会会议上合二为一，并研究这几次会议怎样帮助构建了 1884 年华盛顿会议。

地理学和本初子午线的国际化，1870—1881 年

使本初子午线的地理学成为国际问题的关键时刻，发生在 1870 年初的俄国。与地理学家鲁·德·罗谢尔 1844 年在巴黎的所作所为类似，1870 年 2 月初，天文学家奥托·斯特鲁维在圣彼得堡的俄国地理学会（Imperial Russian Geographical Society）讲话时，首先总结了使用中的几条本初子午线。在斯特鲁维看来，当时和较早时期共有三条本初子午线占据主导地位。它们依次是托勒密线（源自托勒密，也叫费鲁线、费鲁岛线）、巴黎天文台的巴黎子午线和格林尼治天文台的格林尼治子午线。斯特鲁维接受了默认费鲁岛位于巴黎子午线以西整 20 度的位置。18 世纪初，围绕费鲁岛相对于巴黎天文台“准确”定位的任意性曾经展开过辩论——卡尔尼 1797 年称之为一条“虚构的子午线”——即使斯特鲁维知晓辩论情况，他也只字未提。而且，他没有提及 18 世纪后期以来为

确定巴黎和格林尼治子午线相对于彼此的位置所付出的持续努力。鲁·德·罗谢尔及其巴黎同胞赞成把唯一的本初子午线设在亚速尔群岛，斯特鲁维的观点与他们不同，他宣布，三条子午线中，世界本初子午线的最佳选择是格林尼治。斯特鲁维是欧洲顶尖的天文学家，并且在俄国和东欧地区从事过重要的计量学和测量工作，他1870年论格林尼治的观点产生了持久的影响力。为了了解其中的原因，我们必须思考他认为这条本初子午线优于其他的理由，以及他的观点怎样传到别处并引发辩论。

斯特鲁维着重指出了科学的要求。他说，科学应当优先于国家利益和对不同的本初子午线的习惯用法，“统一子午线的问题不依赖任何政治经济的考量，它只与科学界有关”。斯特鲁维支持计量学统一运动，他指的是公制的优点及其经由电报在大地测量学、天文学和地形测量中更加广泛的应用。他用教育和制图学领域的证据来支持自己的观点。在小学地理课本和地图册中，费鲁岛虽然是最常用的本初子午线，尤其在德国和东欧地区（法国的地理课本和地图册使用费鲁岛或巴黎，有时二者兼用），但格林尼治最广泛地用于“科学性质”的地图和海图（以及英国的地理学和天文学文本中）。他特别赞成使用——因为其准确性——英国的《航海天文历和天文星历表》。在斯特鲁维看来，初版于1855年的《美国星历表和航海天文历》在准确性上可以媲美英国的文本。但是，因为美国国会1850年决定采纳两条本初子午线用于两种目的，所以《美国星历表和航海天文历》既收录了美国海军天文台以华盛顿本初子午线为基准的表格，也收录了以格林尼治本初子午线为基准的表格。既然美国的《美国星历表和航海天文历》是个混合体，那么他认为法国的《天文历书》就不再准确。斯特鲁维提醒听众，俄国在1853年停止制作自己的星历表，代之以英国的星历表。

斯特鲁维对格林尼治的观点和他给出的理由是对科学通用性的支持。但是，斯特鲁维警告说，未来采用格林尼治不会没有问题。

经度不是用标准方式使用，无论在地图上还是在海上。因为格林尼治本初子午线把欧洲和非洲一分为二，所以，以它为世界的首子午线，将意味着在这两块大陆的左右两半，经度不得不标为或正或负的数字。如果使用费鲁岛，则不必使用这种体系，因为欧洲和非洲可以用相同的符号表示。费鲁岛没有把任何大洲一分为二。斯特鲁维解释说，其他类似的本初子午线，既没有把人口密集的大陆一分为二，也没有设在从格林尼治算起为整点或 15 度（时间间隔为一小时）的倍数的地方那些，也是可接受的。一条线在大西洋上，位于格林尼治以西 30 度。另一条线位于格林尼治 180 度，实际上相当于格林尼治的“对向子午线”，它在白令海峡只经过亚洲几乎完全无人居住的半岛部分，差不多与航海家在计算时间时加上或减去一天的太平洋地区相对应。世界本初子午线的这个可能性——我们日后也许称之为“白令海峡选项”——是很明智的，如果以它为本初子午线能够与采用世界时和标准民用日相互关联。[5]

斯特鲁维 1870 年的论文总结了依据国际原则选择唯一的本初子午线所援引的关键论据：科学效用、普遍福祉、可行性、与时间规范的相关性，以及消除国家利益和成规惯例。巴特基指出，“事后看来”，这是“半个世纪的小规模战斗中第一轮炮弹齐发，旨在让世界采纳格林尼治为共用的子午线”。[6] 斯特鲁维的论文广为人知，部分原因在于法国的一份地理学文摘总结了他的核心论点。巴黎地理学会副总裁、刊物编辑维维恩·圣－马丁（Vivien Saint-Martin）在总结这次俄国讲话时，清楚地说明了斯特鲁维支持格林尼治的理由，并补充了他本人对公制势在必行的思考。[7]

1871 年 8 月 14—22 日，国际地理大会在安特卫普召开世界首次国际地理学会议，斯特鲁维的论文也是本初子午线相关讨论的重要内容。安特卫普的与会代表以职业地理学家、制图学家、地区学会或科学机构成员等身份汇聚一堂，而不是政府的官方代表。地理学当时尚未成为日后那样地位稳固、专业化、体制化的学科。并不是说地理学不曾在欧洲和北美洲范围内广泛开展实践。中小学、大学和军校例行讲授这门学科。有成熟而种类繁多的出版业致力于地理学教科书、地名词典和地图集。在新版和修订版地图上，明显可以看到在“探险”这个共同标记下的一系列实践活动。探险博得了公众的巨大关注，尤其拓展了欧洲各国的地理和贸易范围。19 世纪涌现出许多国家地理学会，指引和报道探险活动。22 家此类机构在 1871 年前成立，试举其中几例：巴黎地理学会（1821）、柏林地理学会（1828）、伦敦皇家地理学会（1830）、俄国地理学会（1845）和纽约地理学会（1852）。1871 到 1880 年的 10 年间成立了 39 个地理学会。在整个欧洲和北美洲，这些学会和其他民间团体帮助塑造了地理学，使之成为帝国和贸易的一门严格的经验科学。

但职业地理学家凤毛麟角，他们大多创作探险故事或制作地形图，有时二者兼有。大学的地理学系到 19 世纪末期才出现。地理学虽然具有各种存在和实践，却不是得到广泛认可的科学，其语言和认知范围也不具有国际性。出于这些原因，人们不应该把安特卫普和其后的地理学会议视为一门学科完全成形的结果，这门学科的学术定义十分确定，其从业者以标准的方式共同解决问题。之所以对唯一的本初子午线及其全球应用展开讨论，不是由于地理学学科身份稳固，人们分享认知内容；这种关系几乎可以反过来理解。也就是说，19 世纪晚期，国际会议围绕全球唯一的本初子午线展开辩论，并没有反映地理学作为一门国际科学处于发展初期的地位，它们只是参与创造了这门学科。[8]

初步讨论：1871 年在安特卫普

安特卫普会议是地球科学的新起点。筹委会副主席查尔斯·戴恩－斯滕休斯（Charles d’Hane–Steenhuyse）意图通过这次会议，“把地理宇宙学从长眠中唤醒”。这样一次代表大会应该怎样召开？首届国际地理大会的特征之一是出现了一些有助于帮助想象和管理此类会议的结构。为了学术讨论的目的，筹备了聚焦于代表们共同兴趣领域的平行会议或“小组”：后来，代表们在全体会议上集合，为商定的具体问题投票。全体会议成了国际地理大会的决策座谈会或代表大会。

在安特卫普，本初子午线是专注于宇宙学、航海和国际贸易的几个小组关注的焦点。宇宙学小组的主席是英国海军军官、极地探险家、海军中将伊拉斯谟·奥曼尼（Erasmus Ommaney）。奥曼尼在英国科学进步协会十分活跃，还担任伦敦皇家地理学会的理事。制图时使用统一的成图比例尺和符号，还有至关重要的唯一首子午线问题，是奥曼尼小组探讨的主要论题。在安特卫普会议的小组讨论和集体讨论中，代表们六次探讨共同的首子午线问题。因为斯特鲁维 1870 年在圣彼得堡的讲话内容在早先的全体会议上做过概述，代表们很快就明白了我们今天可以把本初子午线视为国际事务的几个参数：是否应该有一条线？应该使用备选项中的哪条线？应该根据什么理由做出选择？[9]

奥曼尼只向各位代表提出一个直接问题：“我们可否不同意采用同一条本初子午线？”在有些代表看来，答案在于对科学的益处（他们的回答强调了准确性和误差问题）。其他人着重指出日常可行性方面（共同使用、便利或不便）、制图和计量学标准化的必要性等。代表们明白，拥有多条本初子午线是不方便的，因为必须经常计算它们之间的经度差和天文时差。使用不同的本初子午线增加了海上事故的风险，因为航海时所参照的原点不相适应。制图学家强调拥有一个标准的地理 0 度十分可取，他们热切地希望在制作地图时实现更高的标准化。多数代表认为，英国的《航海天文历和天文星历表》是最准确的星历表。后来，奥曼尼在向皇家地理学会的同人汇报安特卫普的会议情况时，请大家注意这个事实：会议讨论了“几个具有国际重要性的问题”，包括“各国采用同一条首子午线的可能性”，但他和该学会的理事会都没有继续推进这件事。[10]

如斯特鲁维建议的那样，安特卫普会议提出了采用通过格林尼治的经线为世界首子午线的建议。不过，代表们也明白，巴黎本初子午线在科学研究中广泛使用，也号称居于首要地位。由于意见针锋相对，最终达成的决议的影响范围十分有限，而由于决议的措辞，可能效果也始终十分有限："大会表达了如下观点：海运航线（即领航或航海图）要采用格林尼治天文台的起始经线；过一段时间，比如 10 到 15 年后，这类海图上要全部强制采用这个起始位置。"[11]

这个在全体会议上投票通过的决议是国际社会决心联合起来为世界指定一条唯一的本初子午线的首次表达。但这个决议十分薄弱，只关系到一个用户群使用的一类地图——航海图。所以，它始终不太可能在此次地理大会以外正式生效。安特卫普国际地理大会无权主张各国政府接受该决议，也并非所有人都认为它的内容是合理的。这个决议听任地理学家和地形测量员在各自的地图上使用不同的 0 度起点。天文学家继续使用与各自的天文台相关的观测本初子午线。以前的状态得以维持：各行其是的做法存在于各类用户和不同的本初子午线的拥趸中间。在安特卫普第一小组的秘书长、法国水文学家阿德里安·杰曼（Adrien Germain）看来，全球应该采用的选项显然是巴黎，而不是格林尼治，因为巴黎天文台具有历史重要性，因为法国在航海图、国家地形测绘和地理教学中，以巴黎子午线为观测的本初子午线。而在出席安特卫普会议的杰曼的法国同事埃米尔·勒瓦瑟（Émile Levasseur）看来，巴黎的优先性不容否认，但是出于务实的理由必须选择格林尼治，因为现存的绝大多数航海图都使用格林尼治。

简单地说，安特卫普会议十分重要，它标志着迈向经集体讨论形成全球本初子午线的首次国际决议。但是安特卫普国际地理大会本身几乎一无所成。[12]

继续辩论：1875 年在巴黎

奥托·斯特鲁维 1870 年的论文和他对格林尼治的建议是 1874 年 5 月海军军官圭多博尼·维斯康蒂（Guidoboni Visconti）在巴黎地理学会演讲的主题。1875 年初，演讲内容在学会公告中翻译出版。维斯康蒂也许没有意识到，在巴黎这个地方，他对斯特鲁维著作的关注具有重要意义。

1875 年 8 月，巴黎市和此地的地理学会主办了第二届国际地理大会。地方筹备人员阿德里安·杰曼曾在安特卫普为巴黎本初子午线大声疾呼，反对采用格林尼治的主张和斯特鲁维的建议。随着巴黎国际地理大会的筹备工作取得进展，杰曼利用职务之便，使集体讨论本初子午线的机会受到限制，阻止代表们就格林尼治达成一致意见。在杰曼看来，没有哪个国家理应采用中立和共享的子午线。法国尤其如此。杰曼强调了巴黎本初子午线的地位，否认斯特鲁维认为法国《天文历书》是次等的国家星历表的说法。这在 1870 年或许是事实，但多年来，它的“准确性已经大为改进”，此时完全比得上英国的《航海天文历和天文星历表》。杰曼的所作所为为巴黎会议奠定了基调，至少初步把巴黎本初子午线保留在代表们的头脑中，他还设法限制围绕唯一的本初子午线展开集体讨论，以免讨论向不受欢迎的方向偏离。[13]

可是，与会的专家小组依然讨论了这个问题，专家小组是国际地理大会关键的学术辩论空间。第二组——水文学和海洋地理学——回到了制图统一、格林尼治在航海图上的突出地位和安特卫普提案等问题，可惜只是重申了采用共同的起始子午线的必要性。第一组代表——他们欣然接受数学地理学、大地测量学和地形学——把这个问题推进了一步。在他们看来，对共用的首子午线的选择不可能刻意与统一的计量学、世界时和地球测量共用一条基准线的公共利益相隔离。法国矿物学家、矿业主管亚历山大-埃米尔·贝吉耶·德·尚古尔多阿（Alexandre-Émile Béguyer de

Chancourtois）支持经过亚速尔群岛的本初子午线。他论述了自己的主张，理由是这条线几乎恰好把新旧世界一分为二，地处大西洋中部的位置使之成为一条绝佳的基准线，民用日的变更也可以以之为据。其他人支持在亚洲和美洲大陆中间的太平洋上划一条本初子午线，让它与巴黎或格林尼治相差 180 度。

英国的地理学代表 1875 年在巴黎会议上的参与度不高，比不上奥曼尼 1871 年在安特卫普会议上的参与度。他们这种表现的部分原因在于，皇家地理学会对筹备中的巴黎国际地理大会的态度相当傲慢。1874 年年底，皇家地理学会主席要求英国外交大臣阿瑟·拉塞尔（Arthur Russell）大人写信给法国同行，并建议他这样写："目前，英国政府没有显示出正式参加此次地理学会议与展览（Geographical Congress & Exhibition）的兴趣，其召开不是出于法国政府的意愿和授权，而只是一家私人学会的活动。"姑且不论这种对外交礼节的吹毛求疵有什么正当理由，这番交接都暴露出双方对本初子午线作为一个政府问题的态度分歧，这种分歧在后来的会议上将更加鲜明地展示出来——不止英国方面展示出来。[14]

在巴黎，日内瓦地理学会的一位代表认为，世界的本初子午线应该设在耶路撒冷。耶路撒冷是"中立领土"，没有一个国家能够反对把世界的基准线定在那里。反对者则指出，首子午线不能放在耶路撒冷，因为那里没有天文台，不能据以定位观测的子午线。这种观点简单地遭到驳斥：要确定本初子午线，首先应当申明普遍或者跨越国界的原则，然后再建立天文台，确认这项集体事业。其他人支持费鲁岛。奥托·斯特鲁维修改了 1870 年关于格林尼治的建议，这时候他站在具有科学精神的民族国家以秉持中立为上的立场展开辩论。在这个基础上，斯特鲁维认为，世界的本初子午线应该是格林尼治的对向子午线，与格林尼治天文台相差 180 度。

从这条证据判断，杰曼 1874 年和 1875 年在巴黎限制讨论世界本初子午线的努力只取得了部分胜利。安特卫普拉开了本初子午线在正式会议上国际化的序幕，但此次会议以无力而有限的决议收场。巴黎会议上的辩论凸显了持久的国家分歧，而像耶路撒冷提案更是增加了混乱。不过，从巴黎会议的讨论中可以看到，代表们对唯一子午线的优点形成了进一步的共识，尽管给出的理由反映出一国利益高于别国、一个科学团体高于其他团体的倾向。天文学家基本上满足于各自的国家观测本初子午线及其所要求的计算。如法国天文学家、航海史家安托万·弗朗索瓦·约瑟·伊翁－维亚索（Antoine François Joseph Yvon–Villarceau）等部分天文学家看到了普遍接受一条共同的首子午线的益处，条件是要对时间的测算进行相关修正。计量学家和制图学家强调共同的首子午线对制作地形图的好处。海事界和他们在安特卫普一样共同倾向于格林尼治，但格林尼治没有得到其他人的大力支持。在巴黎的少数英国人保持沉默，也许因为他们不打算使用除了格林尼治以外的任何一条本初子午线。

在巴黎，第一小组的参会者对一条共同的首子午线的优点深信不疑，并且严格地根据它在世界地图和地图集当中的使用情况进行了投票。他们选择的本初子午线在绝大多数时候是费鲁岛，并且默认费鲁岛位于巴黎以西 20 度。代表们建议地图集出版商一律把这个点标为“原点子午线”。国际地理大会论坛没有接受这个建议（会议记录对个中原因保持沉默）。这也许是因为杰曼的影响力，因为法国代表的人数超过别国，因为英国的声音相对沉默，因为代表们认识到，巴黎本初子午线作为世界领先的本初子午线具有相当的合法性。[15]

国际差异：本初子午线与地理学会，1875—1881 年

正因为人们认识到了国际地理大会的不足，共同的首子午线问题继续在地理学会和别处展开辩论。出席巴黎会议的瑞典代表在向日内瓦的同事做汇报时指出，达成协议的三个主要障碍是：多重性

（存在多条首子午线）、混乱（由于坚持把多条起始经线用于不同的目的）和惯性（对于把哪条子午线用于特定目的或一切目的缺乏共识）。在他们看来，1871 年在安特卫普商定的关于航海图的建议和 1875 年在巴黎达成的测绘地形的建议都是失败的。但这几次会议把本初子午线提上了国家地理学机构的议事日程，并使之进入了公众视野。[16]

斯特鲁维修改了对首子午线的看法。1876 年，在一篇提交给罗马的意大利地理学会的文章中，日内瓦地理学会主席亨利·布迪里耶·德博蒙给斯特鲁维的观点平添了分量。德博蒙建议，让它经过白令海峡，经度从这条线起向东和向西计算。德博蒙出席了巴黎国际地理大会，会后，他花了一年时间思考各条本初子午线的利弊。到 1876 年，他宣布支持经过白令海峡、位于费鲁岛以西 150 度的本初子午线。这个解决方案与斯特鲁维在 1875 年修改后的主张（本初子午线要设在格林尼治 180 度的地方）不完全相同。德博蒙指出，他所主张的本初子午线向南北两极延伸，将形成一个经过欧洲若干国家和非洲大陆的子午线弧——但不经过任何国家的首都或天文台。他把这个位置叫作“调停者”（médiateur）——也许与赤道（法语为 Équateur）有关，也许因为他的建议在外交上调和了互不相让的选项。他接着指出，这是全球本初子午线的最佳解决办法，它属于全人类，而非某个国家。[17]

如同斯特鲁维 1870 年在圣彼得堡发表的文章，德博蒙 1876 年在罗马发表的文章的影响力也超出了地域局限。文章先是原文分发，后来以扩充的形式分发出去。各地的地理学会、国际地理会议和通俗报刊纷纷引用他的观点。不过，1876 年的布鲁塞尔国际地理会议没有就本初子午线展开辩论，此次会议聚焦于欧洲列强瓜分非洲撒哈拉以南地区。下一次提起这个问题是 1878 年在巴黎的国际商业地理大会（International Congress of Commercial Geography）上，会上通过一项决议，敦促关注拥有无数条本初子午线的不便，但是没有提出解决方案。1879 年该机构在布鲁塞尔开会，代表们再次认识到共用一条子午线（许多人主张格林尼治）的集体利益，但是经过一天的辩论，只提出事实上依旧是曾在安特卫普提出的有限的解决方案。法国刊物《探索》（*L'exploration*）总结了德博蒙 1879 年 1 月初的工作，2 月的《泰晤士报》（伦敦）和《自然》杂志也做了总结。1879 年 6 月，《大众科学月刊》（*Popular Science Monthly*）在总结本初子午线问题时，称赞了“调停者”这个术语，作者本人宣布支持德博蒙的“项目”，认为使用这条线对许多国家有益——“文明国家的共有财产……立场中立，这个位置不依赖于政治力量，受到文明世界各国政府的保障。”[18]

从美国的角度，首席法官、纽约市长、该市地理学会主席查尔斯·P. 戴利认为，德博蒙的计划可能是对各国继续自行其是的解决办法。1879 年，戴利在地理事务的年度总结报告中指出：“过去几年努力尝试让世界各国商定一条共同的子午线，而不是坚持各自的子午线如格林尼治、巴黎、华盛顿等。”“格林尼治子午线是地图和海图上最常见的子午线。”戴利注意到，美国人“普遍倾向于坚持使用它，作为国家可能欣然愿意统一采用它”。但他接着写道，安特卫普国际地理大会上提出采用格林尼治的问题时，“法国会员倾向于坚持巴黎子午线，似乎很难让一国采用别国的子午线，采用共同子午线的目标也许只能以地理学为唯一依据予以实现”。

德博蒙建议把本初子午线设在与费鲁岛相差 150 度的白令海峡，戴利认为这个主张很明智，原因有几条：它与其他“主要子午线”（在天文和数学计算中）“易于产生联系”，它延伸出的子午线弧把欧洲分成东西两半，“由此作出了久已默认的划分”。它经过众多的民族国家，“是一条真正国际性的子午线，各国均可在沿线建立站点或天文台”。依照戴利的判断，德博蒙的建议本质上是方便有利的：

> 由于上述原因，这是一条非常可取的首子午线，此外似

乎没有办法克服各国坚持本国子午线的倾向，也没有办法避免子午线太多的混乱。我完全同意德博蒙先生的建议，希望切实摆脱现有的难题，使之得到普遍的采用。在我看来，这个建议理智中肯，我认为随着时间推移，它的优点将得到全盘认可，各国国内公众舆论的力量终将导向采用一条全体一致同意的线，不受国家偏好干扰。[19]

戴利由“公众舆论的力量”促成解决方案的希望放错了地方。《泰晤士报》的社论和对德博蒙建议的其他评论虽然大致都是好评，数量却很少。没有证据表明它们促进了对这个问题更为广泛的辩论。差异因此继续存在，因国而异，就习惯用法而言在科学界和地理学界内部各不一样。到 1879 年甚至 1880 年年初，欧洲或者北美的情况几乎毫无变化，持续了几个世纪的地理学混乱依然如故。一个无足轻重的例外是，欧洲计量学家召开国际会议，建议全世界在制作气候与天气图时采用格林尼治。[20] 不过，这种状况将很快进一步受到审视。

走向决议：1881 年在威尼斯

第三届国际地理大会由意大利地理学会筹备，于 1881 年 9 月在威尼斯召开。在这里，本初子午线是第一小组的主要议题。与安特卫普和巴黎会议不同，威尼斯国际地理大会的特别之处在于，北美洲派代表团出席会议，维护迄今为止不曾正式参与国际地理大会讨论的多家机构的利益。他们的兴趣集中在计量学、测量和地图绘制，代表美国计量学会、美国陆军工程兵团（U.S. Army Corps of Engineers）和美国地理学会等。事实证明，这种参与十分重要，特别是确保了让美国国会重新对本初子午线发生兴趣。

代表们在威尼斯讨论世界本初子午线的混乱状况，寻求补救方法。美国陆军工程兵团的乔治·惠勒（George Wheeler）请大家注意这个问题的严峻程度（为此引述了皮埃尔 – 西蒙 · 拉普拉斯和英国国家测绘局的亨利 · 詹姆斯的话）：

> 仔细审查欧洲扩展的通用地形图系列样本之后，分别找到 14 条独立的参考子午线：（1）格林尼治，英国和印度使用；（2）巴黎，法国、阿尔及利亚和瑞士使用；（3）里斯本，葡萄牙使用；（4）罗马，意大利使用；（5）阿姆斯特丹，荷兰使用；（6）加那利群岛最西端的费鲁岛，普鲁士、萨克森、符腾堡和奥地利使用；（7）费鲁岛和克里斯蒂娜（Christiana，今奥斯陆），挪威使用；（8）哥本哈根，丹麦使用；（9）马德里，西班牙使用；（10）斯德哥尔摩和费鲁岛，瑞典使用；（11、12）费鲁岛、普尔科沃、华沙和巴黎，俄国使用；（13）布鲁塞尔，比利时使用；（14）慕尼黑，巴伐利亚使用。
>
> 美国陆地地图使用格林尼治和华盛顿，主要使用格林尼治。

除了这些地形制图的本初子午线，惠勒还列举了水文测绘中使用的本初子午线："格林尼治子午线用于英国、印度、普鲁士、奥地利、俄国、荷兰、瑞典、挪威、丹麦和美国等政府的航海图；法国使用巴黎；西班牙使用加的斯；葡萄牙使用里斯本，那不勒斯出现在意大利的部分海图上，普尔科沃出现在一些俄国水文图上。"此外，惠勒指出，"随着航海和天文表格的使用日益普遍，又确立了几条参照子午线，例如托莱多、克拉科夫、天堡、哥本哈根、胡斯（Goes）、比萨、纽伦堡、奥格斯堡、伦敦、巴黎、罗马、格林尼治、华盛顿、维也纳、乌尔姆、柏林、图宾根、威尼斯、博洛尼亚、鲁昂、但泽、斯德哥尔摩、圣彼得堡等。"[21]

在威尼斯，关于这些国家差异和主题差异的辩论围绕三篇论文展开。论文"A"由美国地理学会的查尔斯 · 戴利代表他的美国同胞弗雷德里克 · A.P. 巴纳德提交（巴纳德本人失聪）。我们已经知道，1881 年，巴纳德兼任哥伦比亚大学校长和美国计量学会主席。1883 年，他以美国计量学会主席的身份猛烈抨击了皮亚兹·史密斯的观点，即“金字塔的度量衡单位”是英制计量学，吉萨大金字塔适宜充当世界的首子午线（第 3 章）等。巴纳德和戴利的这篇论文认为，应当使用“位于从格林尼治子午线算起经度 180 度、相隔 12 小时（的本初子午线）……这条子午线从白令海峡附近经过，几乎全在海上”。这个观点与威廉·B. 黑曾（William B. Hazen）将军不谋而合，黑曾也隶属于美国计量学会，他的论文“B”由乔治·惠勒代为提交。论文“C”由苏格兰出生的铁路工程师、渥太华金斯顿女王大学（Queen’s University in Kingston）校长桑福德·弗莱明提交，桑福德代表渥太华的加拿大科学研究所（Canadian Institute of Science）和美国计量学会发表讲话。

弗莱明的论文简明扼要：支持“设定本初子午线和时区供各国共用”。弗莱明认识到，有必要“审慎地避免触犯地方成见或民族虚荣心”。他没有围绕当时使用的几条本初子午线展开论述，而是探讨了“时间和经度的关系，以及当今时代计时改革的迅速发展的必要性”。因为事实上计时只具有地方性，不是以标准或统一的方式在全球范围内计算，所以“时间不可能绝对确定，除非是作为日期的重要因素，具体说明精确的地理位置”。弗莱明的文章注意到，虽然电报和铁路把世界连接起来，世界测量空间和时间的协调体系却相互抵牾。不同的 0 度本初子午线和庞杂的计时制“没有规律……很不方便……令人厌烦”。弗莱明强调了全球唯一的本初子午线与标准时间的关联性。“很显然，”他着重说明，“世界时的 0 时应该与各国共同用来测算地球经度的本初子午线一致。”把他所谓的“国际时”（cosmopolitan time）标准化是众人心中怀抱的目标，但是“走向采用世界时的第一步，是给世界选定一条首子午线”。[22]

弗莱明以北美洲的代表们讨论达成的 7 项决议结束了他的论文（表 4.1）。[23] 经过更多辩论，代表们强烈要求，建议成立的“国际

表 4.1 从桑福德·弗莱明的论文到 1881 年国际地理大会，走向“统一首子午线”的决议

决议编号	决议
1	为计算经度，以统一的首子午线作为参考对地理学和航海意义重大
2	为世界选择一条 0 度经线，将极大地推动普遍一致的事业和计时的准确性
3	为了全人类的利益，文明国家就确定共同的本初子午线和通用的计时制达成协议是极为可取的
4	大会结束以后，要立即向各国政府呼吁，旨在确定政府是否有意为此事出力，指派人员相互磋商，并努力得出建议本国政府采用的结论
5	鉴于美国向本届大会提出的要求，建议各国政府选派代表出席于 1882 年 5 月第一个星期一召开的华盛顿代表大会
6	下列提到姓名的各位先生组成执行委员会，负责筹备代表会议并采取或将有利于促进这些决议目的的措施。[a] 相关信函一律寄给“W.B. 黑曾将军，战争部计量局，华盛顿”
7	敬请意大利政府与他国政府沟通这些决议

来源：Sandford Fleming, *The Adoption of a Prime Meridian to Be Common to All Nations. The Establishment of Standard Meridians for the Regulation of Time, Read before the International Geographical Congress at Venice, September, 1881* (London: Waterlow and Sons, 1881), 13–15。

a. 姓名按顺序排列：美国计量学会主席F. A. P. 巴纳德博士，纽约；工程兵团乔治·M. 惠勒上尉，华盛顿特区；首席法官、美国地理学会主席约翰·戴利，纽约；美国最高法院法官菲尔德（Field），华盛顿特区；美国地理学会副主席G. W. 卡勒姆（G. W. Cullum）将军，纽约；计量局局长W. B. 黑曾将军，华盛顿特区；美国地理学会皮博迪（Peabody）法官，纽约；通信处（Signal Office）克利夫兰·阿贝教授，华盛顿特区；美国地理学会戴维·达德利·菲尔德（David Dudley Field），纽约；美国土木工程学会（American Society of Civil Engineers）主席詹姆斯·B. 弗朗西斯（James B. Francis），波士顿；多伦多大学校长丹尼尔·威尔逊（Daniel Wilson）博士，多伦多；加拿大研究所（Canadian Institute）所长约翰·兰顿（John Langton），多伦多；加拿大女王大学校长桑福德·弗莱明，渥太华。

委员会”应当由“大地测量学家、地理学家等科学人士和代表商界利益的人士”组成，允许各国选派三位代表。[24]

在威尼斯，这些论文和决议聚焦于两条被提议的首子午线——分别为白令海峡“调停者”（从费鲁岛算起 150 度）和格林尼治对向子午线（从格林尼治天文台算起 180 度），还有本初子午线与世界时的关联性。围绕唯一的本初子午线对各国的好处提出了决议。作为国际委员会的建议会址提到了华盛顿。出于这些原因，我们很容易把 1881 年威尼斯决议视为 1884 年华盛顿会议所提建议的雏形或前身。弗莱明比 1881 年威尼斯会议的其他代表更加清楚地知道，科学家的意见无足轻重，除非他们事后怀着立法目的向政府正式陈述。毋庸置疑，参会科学家有一种感觉：威尼斯会议很重要。奥托·斯特鲁维更是预感到它意义重大。1880 年年底，弗莱明写信给斯特鲁维，请后者把自己论述计时问题的小册子分发给俄国科学家和科学协会。1881 年 1 月，斯特鲁维回信写道：“你要知道，首子午线问题已经在安特卫普的地理大会（1871 年）上经过磋商，但法国发挥的影响力太大了。我期待在威尼斯，时机显著地有利于落实您的主张。我愿意在会上出力，只是不确定能否做到。”[25]

要想领会 1881 年威尼斯会议几篇论文的意义，我们必须了解国际地理大会的工作方式。弗莱明的决议只是第一组内部一个分组的代表提出的建议，不是第一组一致通过的观点。第一组的其他人始终坚持以费鲁岛为本初子午线。一位代表的提议由费鲁岛子午线演变而来，他的方案是把世界时和本初子午线设在费鲁岛的对向子午线，即俄国远东地区的堪察加半岛（图 4.1）。贝吉耶·德·尚古尔多阿 1875 年曾在巴黎提出亚速尔群岛的建议，此时他提到几条本初子午线，并敦促大家效仿自己统一接受公制。他同时宣传了自己的地理教学新体系，这个体系恰巧把不同的首子午线与公制兼容并包（图 4.2）。亨利·布迪里耶·德博蒙呼吁采用白令海峡本初子午线，使伦敦比平子夜提早 11 小时 20 分钟（图 4.3）。

LE MÉRIDIEN INITIAL DU KAMTSCHATKA
ET L'HEURE UNIVERSELLE
au point de vue de l'enseignement de la Géographie,
et de la construction des Cartes scolaires,
par ALEXIS.M.G

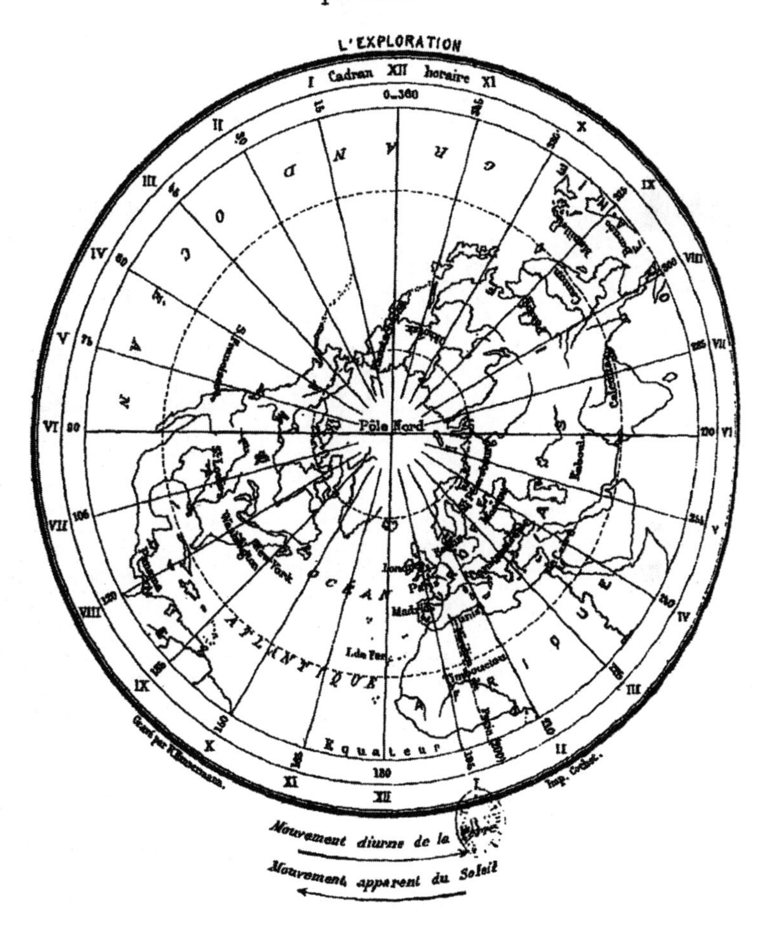

图 4.1　这个以堪察加半岛为中心的世界“首子午线”和世界时计划是比利时地理学会的 M. G. 亚力克西斯（M. G. Alexis）在提交给 1881 年威尼斯国际地理大会的论文中提出的。如同亚历山大 – 埃米尔 · 贝吉耶 · 德 · 尚古尔多阿的提议（见图 4.2），这个计划也是简化地理教育中经度和时间教学的组成部分。

来源：M. G. Alexis, “Le meridien initial du Kamtschatka et l’heure universelle,” *L’exploration*, August 18, 1881, 518–522。

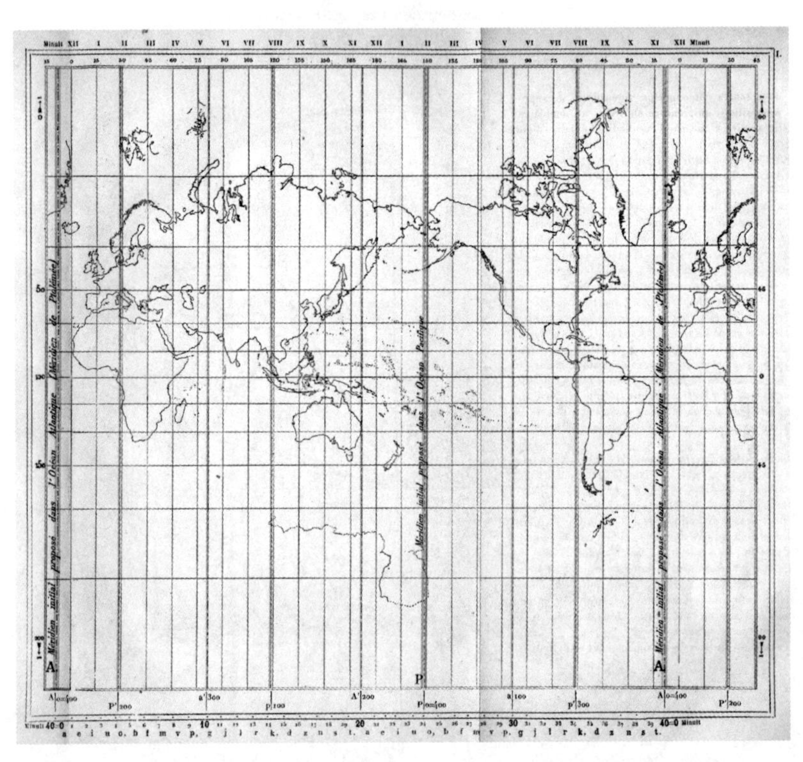

图 4.2　亚历山大 – 埃米尔・贝吉耶・德・尚古尔多阿的地图，图上标有两条本初子午线，一条在大西洋上（他称之为“托勒密子午线”），另一条在太平洋上。这是他的地理和制图教学新体系计划的组成部分。德・尚古尔多阿在 1874 年首次提出大致思路，1881 年在提交给威尼斯第三届国际地理大会的论文中对其观点稍作修改，又在 1883 年 1 月和 5 月用小册子继续宣传他的计划。

来源：A.–E. Béguyer de Chancourtois, “Etude de la question de l’unification du meridien initial et de la mesure du temps pour suivie au point de vue de l’adoption du système decimal complet,” in *Programme d’un système de géographie*, 1874, figure facing p. 14。

经巴黎天文台图书馆许可复制。

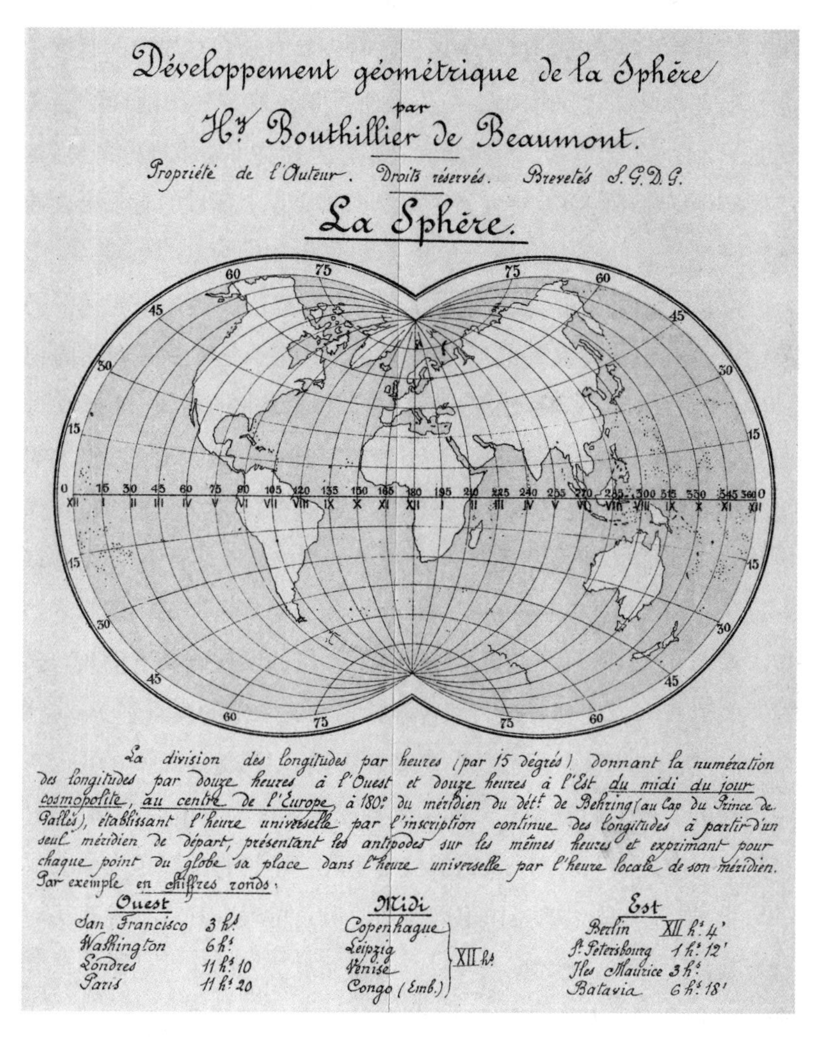

图 4.3 瑞士地理学家亨利·布迪里耶·德博蒙 1875 年主张把本初子午线划在费鲁岛，即托勒密青睐的古典原点以西 150 度。如果在这条本初子午线的平子夜改变时间，正午就位于欧洲中部的一条线上，靠近哥本哈根、莱比锡和维也纳等城市附近。

来源：Carte de H. Bouthillier de Beaumont, “De la projection en cartographie et présentation d’une nouvelle présentation dela sphère entière comme planisphère”（Geneva, 1875）。

经巴黎天文台图书馆许可复制。

由于种种分歧，第一组只提出一个有限的提案："第一组表示，希望各国政府以审议首子午线问题为目的，在一年内指定一个国际委员会，把经度问题纳入考虑，特别是时间和日期……要求意大利地理学会主席采取必要措施，通过其政府和外国地理学会实现此一目的。"威尼斯国际地理大会整体上始终不曾批准这条提议：威尼斯会议之后，只有在安特卫普和巴黎会议上通过的有限决议继续生效。[26]

这里，对这几次会议"余波"（第 6 章详细探讨这个主题）的关注也具有启迪意义。威尼斯会议过了好几个月，正式刊印的记录依然没有问世：1882 年 3 月乔治・惠勒向弗莱明指出："看来人们几乎没有采取什么措施推动会议结果；你也知道，意大利人的拖沓举世闻名。"惠勒参与审查口头发言的誊录文本，他注意到德博蒙和尚古尔多阿都把发言内容做了显著的扩充。此次会议的官方记录，即《报告》（*compte-rendus*），由于意大利主席朱塞佩・达拉・维多瓦（Giuseppe Dalla Vedova）教授的缘故耽搁了很久。显然，威尼斯国际地理大会内部曾经计划对第一组的观点不予支持。"现在我听到了确凿的消息，"惠勒吐露道，"只是证实了在威尼斯时的猜疑。有人打算削弱（倘若不是废止）这个小组的行动结果，采用'一家之言'（le voice）的权宜手段，不把它提交给全体会议予以批准。"具体怎样操作不得而知，但几位意大利官员发言反对这个提议；惠勒注意到，"人们赞成和反对这个话题的情感纷纭复杂，部分出于私人和职业情感，部分出于民族情感"[27]。

尽管如此，威尼斯国际地理大会仍然很重要。它让北美洲具有影响力的多家机构的重要人物齐聚一堂，显示了解决问题的共同承诺。与此前历届国际地理大会相比，出于科学、测量的准确性、日常的商业交易等多方面的原因，威尼斯会议的代表们更加强调本初子午线与世界时相互关联的重要性。惠勒在总结会上讨论"主要提议"时强调了这一点，他还通过与意大利地理学会主席普林斯・泰阿诺（Prince Teano）的关系，由学会向其他人发出邀请，专门为设定唯一的本初子午线问题召集会议。在惠勒看来——此外还有许多人，但绝不是所有人——“一条首子午线经过格林尼治，直接以其为测量起点，或以经度与之相差 180 度的点为测量起点”是必要的。一名澳大利亚参会者认为，未来应当由各国政府委任成立一个“国际委员会”，“共同设定一条标准的子午线”，这个观点呼应了弗莱明等人关于官方代表和政府立法的必要性的看法。

1881 年威尼斯会议极其明晰地表达了前几届国际地理大会关于共同的首子午线、本初子午线与世界时的关联性，以及二者对现代世界的意义等观点。弗莱明的论文尤其说明了现代性、唯一的本初子午线和计时之间的联系，并且认为有必要正式召开会议就这些问题做出决议。威尼斯国际地理大会帮助构建了这些问题，却没有——因为做不到——对之予以立法约束。[28]

计时和“国际时”，1870—1883 年

未统一调度的铁路网不能按时运营，将造成致命的后果。1853 年 8 月 12 日，普罗维登斯和伍斯特铁路公司（Providence and Worcester Railway Company）的两列火车在罗德岛附近的波塔基特（Pawtucket）相撞，造成 13 人死亡，数十人受伤，原因是其中一列火车“晚点”——这是依照不同的地方时刻表运营的后果。此次事故和类似事件虽然让市民蒙受着时区不统一的危险，立法者却迟迟不能就这个议题达成共识。在美国，直到 1870 年查尔斯 · F. 多德致力于推动“国家时间”，把美国分成若干个一小时的时区，铁路才以规范的时间体系运营。从 1883 年起，这个体系就以基于格林尼治相关测量的标准铁路时间为准（图 4.4）。一个国家分别把美国（华盛顿特区）和英国（格林尼治）的两条本初子午线用于各种民用和科学目的，这是一个实用范例。多德是“建议实施跨越大陆

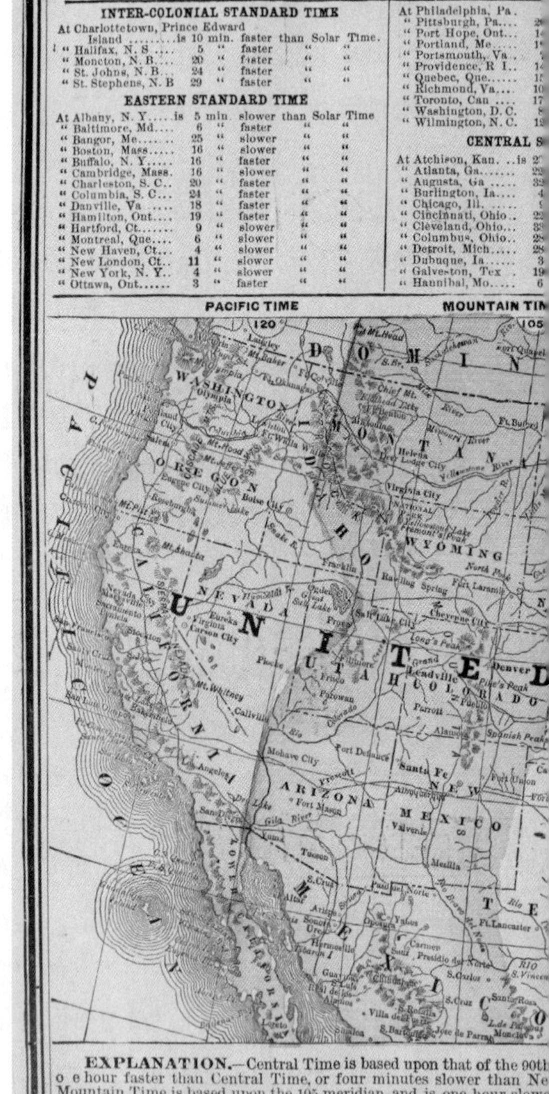
MAP SHOWING
INTER-COLONIAL STANDARD TIME
At Charlottetown, Prince Edward Island ....is 10 min. faster than Solar Time.
" Halifax, N. S .... 5 " faster " "
" Moncton, N. B.... 20 " faster " "
" St. Johns, N. B... 24 " faster " "
" St. Stephens, N. B 29 " faster " "
EASTERN STANDARD TIME
At Albany, N. Y.....is 5 min. slower than Solar Time
" Baltimore, Md.... 6 " faster " "
" Bangor, Me........ 25 " slower " "
" Boston, Mass..... 16 " slower " "
" Buffalo, N. Y..... 16 " faster " "
" Cambridge, Mass. 16 " slower " "
" Charleston, S. C.. 20 " faster " "
" Columbia, S. C... 24 " faster " "
" Danville, Va ..... 18 " faster " "
" Hamilton, Ont.... 19 " faster " "
" Hartford, Ct....... 9 " slower " "
" Montreal, Que.... 6 " slower " "
" New Haven, Ct... 4 " slower " "
" New London, Ct.. 11 " slower " "
" New York, N. Y.. 4 " slower " "
" Ottawa, Ont...... 3 " faster " "
At Philadelphia, Pa.
" Pittsburgh, Pa....
" Port Hope, Ont...
" Portland, Me.....
" Portsmouth, Va..
" Providence, R. I..
" Quebec, Que......
" Richmond, Va....
" Toronto, Can ....
" Washington, D. C.
" Wilmington, N. C.
CENTRAL S
At Atchison, Kan. ..is
" Atlanta, Ga.......
" Augusta, Ga .....
" Burlington, Ia....
" Chicago, Ill. .....
" Cincinnati, Ohio..
" Cleveland, Ohio...
" Columbus, Ohio..
" Detroit, Mich.....
" Dubuque, Ia......
" Galveston, Tex .
" Hannibal, Mo.....
PACIFIC TIME
MOUNTAIN TI
120
105
WASHINGTON
OREGON
CALIFORNIA
NEVADA
UTAH
ARIZONA
MONTANA
WYOMING
COLORADO
NEW MEXICO
IDAHO
UNITED
PACIFIC OCEAN
Olympia
Mt. Baker
Mt. Hood
Mt. Shasta
Mt. Whitney
Boise City
Salt Lake City
Carson City
Virginia
Eureka
Denver
Leadville
Pueblo
Pike's Peak
Long's Peak
Cheyenne City
Helena
Virginia City
Santa Fe
Albuquerque
Mesilla
Yuma
Tucson
Mohave City
Fort Mason
Prescott
Fillmore
Frisco
Parowan
Pioche
Stockton
San Francisco
Santa Cruz
Monterey
Sacramento
San Diego
Los Angeles
Bakersfield
EXPLANATION.—Central Time is based upon that of the 90th
o e hour faster than Central Time, or four minutes slower than Ne
Mountain Time is based upon the 105 meridian, and is one hour slowe
colors upon the above map represent the localities governed by the sev

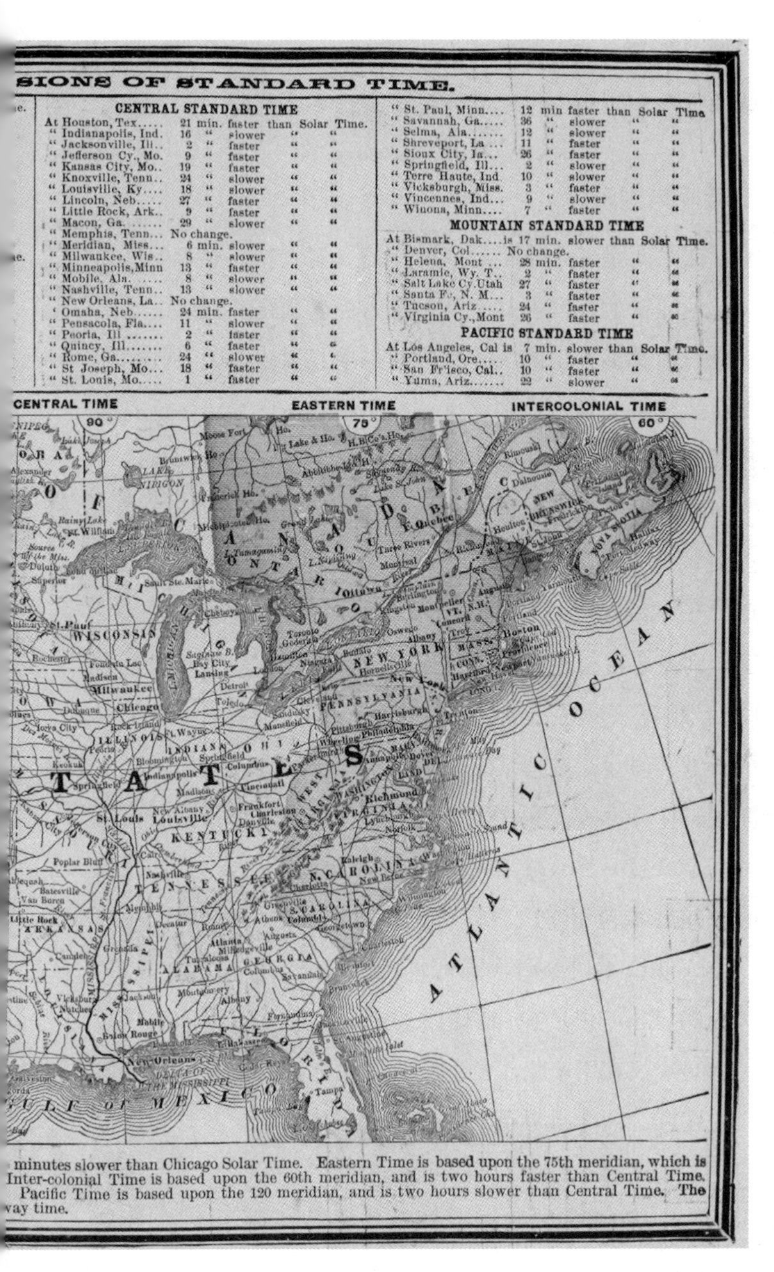

图 4.4 这张“显示标准时间划分的地图”清楚地表明美国铁路的规范情况和 1883 年后美国标准时间相对于格林尼治的标准化。

来源：George Franklin Cram, *Cram's Unrivaled Family Atlas of the World*（Des Moines: O. C. Haskell, 1883）, 4。

照片由芝加哥纽伯利图书馆提供（Baskes_g109_g463_1863）。

的统一计时制”的第一人。[29] 不过，从 19 世纪 70 年代起，参与推动覆盖全球的统一计时制的主要人物是桑福德 · 弗莱明。

桑福德 · 弗莱明与国际时

桑福德 · 弗莱明是一个维多利亚时代的典型人物。弗莱明是苏格兰移民，来到加拿大开辟新的生活，成为一名铁路工程师，一度担任渥太华金斯顿女王大学的校长。终其一生，他始终关心技术变革，包括时间标准化的紧迫性和结果。弗莱明论述世界统一计时问题的首份出版物是 1878 年的小册子《地球时》(*Terrestrial Time*)。他关心两个问题，一是全世界地方时体系的无序和不便，二是统一的全球计时制的附带优点。弗莱明的具体计划是用一组基于平太阳日的地球时子午线，把地球平均分成 24 个各一小时的区域性时区。他的建议别出心裁，不用数字，而是用字母从 A 到 Y（他舍弃了 J 和 Z）标记地球表面各条间隔相等的子午线。他主张手表和钟表使用两个表盘，倡导在保留地方时的同时，实行唯一的地球时或全球标准时间：一个表盘显示地球时（以格林尼治时间为准），用 G 表示，另一个表盘转到二十四分之一的某个位置，表示地方时。但《地球时》提到本初子午线时，只是一笔带过：“建议首子午线设在经过白令海峡或者白令海峡附近，在太平洋上贯穿两个极点，避开大陆和岛屿。”弗莱明在《地球时》中没有提及斯特鲁维早年关于格林尼治的建议和后来修正的建议，也没有提及亨利 · 布迪里耶 · 德博蒙的设想，即让世界首子午线穿过白令海峡，其位置设定与费鲁岛相关（参见图 4.3）。[30]

然而，到 1879 年 5 月，弗莱明知悉了斯特鲁维 1870 年的论文和德博蒙 1876 年的论文。后来，弗莱明在多伦多市一流的科研机构“加拿大研究所”（1849 年由弗莱明联合创建）的《学报》(*Proceedings*) 上发表了《计时与选择各国共用的本初子午线》(*Time-Reckoning and the Selection of a Prime Meridian to Be Common to All*

Nations，以下简称《计时》）和篇幅较短的《经度与计时》（*Longitude and Time-Reckoning*）。它们原本是弗莱明在该机构两次讲话的发言稿。不太清楚两本小册子为什么分别发表，没有合为一部著作，因为二者关心的核心问题显然是相关的。《计时》在内容和论点方面尤其与弗莱明所著的《地球时》一脉相承，两本书相互参考。[31]

《计时》用大量篇幅讨论计时制的历史，本质上，计时制是各地按照习惯做法编制的任意的测量时间的方法。弗莱明强调指出，由于科学的要求和受到电报和铁路的影响，现代社会提出了截然不同的计时要求："这些非同寻常的姐妹机构彻底改变了距离和时间的关系，弥合了空间，把地球表面此前相隔遥远、有时不可逾越的区域拉得很近。"现代社会要求使用现代时间，按照他的方案实行用字母标记的 24 小时制，如《地球时》所述。这个方案该怎么称呼？"'共同''通用''非地方''统一''绝对''全世界''地球'或者'国际'时间，这些名称皆可使用，"弗莱明写道，"目前，使用最后一个术语也许会很方便。"

弗莱明或许不确定该怎样给自己的方案命名，对其目标却笃信不疑，认为"设定共同的本初子午线是重要的第一步，是一切世界性计时方案的关键"。这些问题存在国家和地域差异，但其解决方案必须超越国家利益：

> 在国际时间体系下，对应的 0 度子午线将在事实上成为地球的起始经线或本初子午线。这条子午线的设定必然是任意的。它影响所有国家，尤其是海洋国家。有成见和民族感情的缘故，在考虑这个问题时，也许必须体贴、周到、明辨是非。但处理这些问题不应当很难。科学关注的事务不屈从于也不该屈从于民族嫉妒心。科学具有世界性，没有什么问题比我们正在努力钻研的问题具有更高的世界性。[32]

在《经度与计时》中，弗莱明把焦点更多地集中在唯一本初子午线的必要性上。他首先概述了五花八门的本初子午线的历史（对本初子午线在古代的位置、法国 1634 年法令、皮亚兹·史密斯提出的大金字塔等逐一加以说明），然后提出了与一条共同的全球基准线相关的几个要点。第一个要点是，把国际时和与之相随的白昼变化与公认的人口中心发生关联是行不通的。因为他的国际时方案意味着，白昼和日期必须随着选定的首子午线变更，无论这条线位于何处，用弗莱明的话，“让它经过伦敦、华盛顿、巴黎、圣彼得堡，也就是经过任何一个人口稠密或有人类居住的国家都是不妥当的”。相反，他写道：“可能的话，我们应该寻找一条不经过大块宜居陆地的子午线，让全世界的人口可以采用同样的计时法，同时用同步的日期记录人类活动。”对地球进行仔细研究后，找到了两种可能：一种可能是让子午线“经过大西洋，非洲和南美洲分别在它两侧，它完全绕过这两块大洲，格陵兰东部除外，避开所有岛屿”。另一种可能是“在对面的半球划一条类似的子午线，让它经过白令海峡，穿越整个太平洋，绕过陆地”。前一种可能显然反映了古典时代和近代围绕本初子午线定位问题的辩论；后一种可能则赞同奥托·斯特鲁维经过修改的观点。弗莱明指出，这两个定位都是可行的，“白令海峡附近的一条经线表明是最合适的”。

弗莱明分析认为，要想依照世界主义原则让一条共同的本初子午线生效，最好使之与当时使用的几个经度体系中的一条子午线保持一致。此外，“如果这条新的首子午线能够与公海航行时最常使用的经度划分相协调，那就再好不过了”。“最常使用”这几个字很重要。有几个欧洲首都城市经常被用作本初子午线，为了明确上述条件，弗莱明找出了这些城市的（他称之为）“对向（anti）子午线或者下方（nether）子午线”，认为其中几条对向子午线从白令海峡附近经过，而白令海峡是他选中的两条“中立”子午线中的一条：“加上或者减去 180 度，无论哪种情况，都是一种现成的手段，可以把新设的 0 度与原来的经度计算相协调。”依照这个标准，找到 6 条欧洲首都本初子午线：奥斯陆、哥本哈根、格林尼治、那不勒斯、巴黎和斯德哥尔摩。根据弗莱明含糊地称为“可及范围内的最高权威”，他制作了几个表格，表明世界海上强国所拥有的轮船和帆船的数量和吨位，披露了这些国家使用几条本初子午线的方法和贸易量。他用这种方法说明哪条首子午线“最常使用”，至少从全球贸易的角度（表 4.2 和 4.3）。[33]

所列举的 20 个国家和地区使用了 11 条本初子午线（表 4.2）。最常用的是格林尼治，12 个国家和地区只用格林尼治或者把格林尼治与其他首子午线结合使用。表 4.3 表明，全世界船舶总量的 65% 和总吨位的 72% 以格林尼治为起点计算经度。就海上贸易而言，格林尼治本初子午线是世界上遥遥领先的经度基准线。弗莱明推论认为，如果世界唯一的首子午线是欧洲某条本初子午线的纵向对照物，显然，最方便的做法是把这条子午线划在“格林尼治以东和以西 180 度……以之为共同的本初子午线，这将不会给在公海上航行的近四分之三的船舶所使用的海图、航海表或者描述性术语造成紊乱”。弗莱明举例说明了他并列使用国际时和地方时的方案，用字母和数字表示的钟表和手表表盘可以同时显示两个时间，并清楚地标注“共用的建议本初子午线”（图 4.5）。这个插图是最早说明弗莱明的时间和经度建议的合成图。弗莱明接着写道，如果采用这个体系，“将不会偏爱任何国家，也不会满足任何地理虚荣心。由此新设的本初子午线本质上具有世界性，趋向人类的共同福祉”。[34]

桑福德·弗莱明的主张和地理学国际辩论

弗莱明并不认为他在《经度与计时》中大致说明的方案会立即得到接受。他想说明的是，如果提出几条关键设想，确立几条原则，供各国据以共同商定世界时和唯一的首子午线，那么这个方案就是切实可行的。他的主要目的是想说明：“为世界设定一条并不

表 4.2 19 世纪末期各国使用本初子午线的情况和相关的海上贸易量

	各类船舶		
国家	**数量**	**吨位**	**惯用的起始子午线**
英国及其殖民地	20 938	8 696 532	格林尼治
美国	6 935	2 739 348	格林尼治
挪威	4 257	1 391 877	奥斯陆、格林尼治
意大利	4 526	1 430 895	那不勒斯、格林尼治
德国	3 380	1 142 640	费鲁岛、格林尼治、巴黎
法国	3 625	1 118 145	巴黎
西班牙	2 968	666 643	加的斯
俄国	1 976	577 282	普尔科沃、格林尼治、费鲁岛
瑞典	2 151	462 541	斯德哥尔摩、格林尼治、巴黎
荷兰	1 385	476 193	格林尼治
希腊	2 036	424 418	（无原始资料）
奥地利	740	363 622	格林尼治、费鲁岛
丹麦	1 306	245 664	哥本哈根、巴黎、格林尼治
葡萄牙	491	164 050	里斯本
土耳其	348	140 130	（无原始资料）
巴西和南美洲	507	194 091	里约热内卢、格林尼治
比利时	50	38 631	格林尼治
日本和亚洲	78	39 931	格林尼治
总计	57 697	20 312 093	

来源：Sandford Fleming, *Longitude and Time-Reckoning*（Toronto: Copp, Clark, 1879）, 56。

表 4.3 19 世纪末期与各条本初子午线相关的全球运输量

本初子午线位置	各类船舶		总计（%）	
	数量	吨位	船舶	吨位
格林尼治	37 663	14 600 972	65	72
巴黎	5 914	1 735 083	10	8
加的斯	2 468	666 602	5	3
那不勒斯	2 263	715 448	4	4
奥斯陆	2 128	695 988	4	3
费鲁岛	1 497	567 682	2	3
普尔科沃	987	298 641	1.5	1.5
斯德哥尔摩	717	154 180	1.5	1
里斯本	491	164 000	1	1
哥本哈根	435	81 888	1	0.5
里约热内卢	253	97 040	0.5	0.5
其他	2 881	534 569	4.5	2.5

来源：Sandford Fleming, *Longitude and Time-Reckoning*（Toronto: Copp, Clark, 1879）, 56。

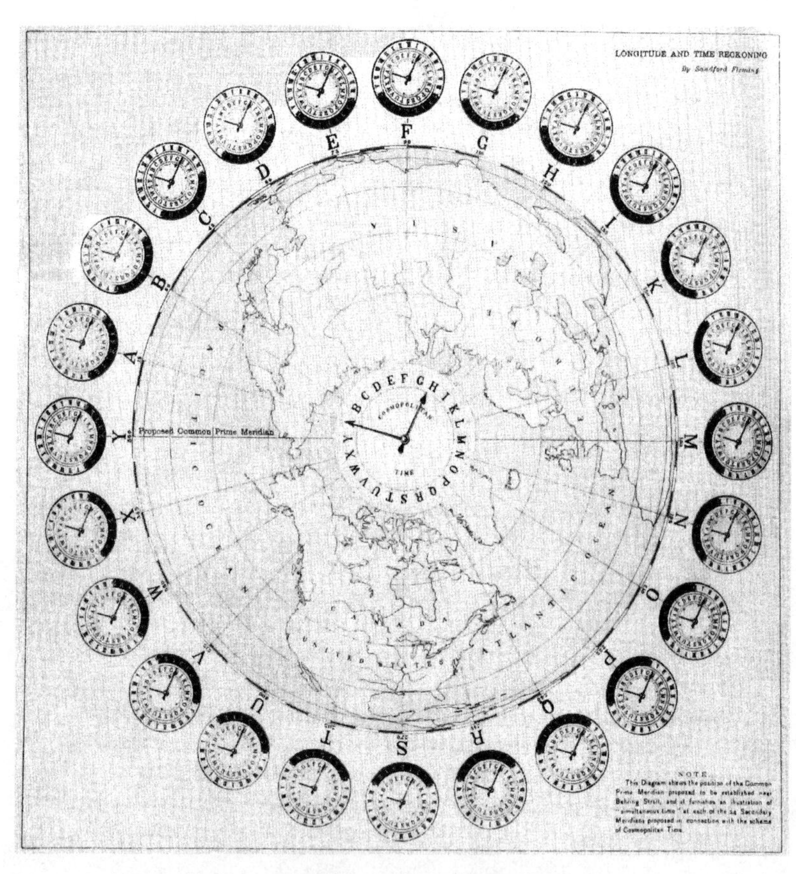

图 4.5　在《经度与计时》中，如图所示，桑福德·弗莱明综合说明了他的统一使用国际时并在每条 24 小时子午线上使用地方时的方案，“共用的建议本初子午线”位于从格林尼治算起 180 度的“白令海峡”附近。

来源：Sandford Fleming, *Longitude and Time-Reckoning*（Toronto: Copp, Clark, 1879）, opposite p. 60。

凸显国家地位的本初子午线，是不存在障碍的；这条子午线本身非常适合与标记时间、准确地计算地球表面各个国家的时间日期等有关的重要目标。”弗莱明在加拿大开展工作，与弗雷德里克·巴纳德、克利夫兰·阿贝和美国计量学会的其他人通信，所以当他了解到“欧洲杰出的地理学家”正在解决这个问题时，才会非常忧虑。他尤其关注德博蒙的“调停者”(弗莱明舍弃了杰曼 1875 年的方案，认为它具有“民族性而非世界性”)。

德博蒙的主张和弗莱明很相似，但不完全一样。德博蒙建议把共同的子午线设在费鲁岛以西 150 度，或者与“经过哥本哈根、莱比锡、威尼斯和罗马或者这些城市附近”的子午线相差将近 180 度（见图 4.3）的地方。弗莱明的子午线是从格林尼治算起 180 度。这时候，只剩下一个问题，如弗莱明所言，“两条线中，哪条线给目前的实践造成的干扰最小；最低限度干扰海图、表格和航海术语；最适合且最能满足现在绝大多数用户的需求，这些人使用地图、表格和天文年历并依其行事”。弗莱明知道，考虑到他为选择白令海峡给出的有力证据（表 4.3），这个问题的答案是格林尼治的对向子午线（图 4.5）。

时人纷纷在思考时间的标准化问题和设定唯一的首子午线，桑福德·弗莱明 1879 年的小册子既发展又融合了这些思考。他的意图毫不含糊，国际时应当为全世界的公民服务，它取决于唯一的本初子午线。1879 年 5 月初以后，两项后续发展使弗莱明的著作具有了更大的意义，并覆盖了更广的地理范围，把欧洲和北美洲参与这些问题的各界进一步联系起来。

一是美国计量学会所做的工作。在 1879 年 5 月即可获取但直到 1880 年 3 月才公开印行的“标准时间报告”中，该学会的标准时间委员会在克利夫兰·阿贝主席的领导下，建议美国铁路一律采用由一条区域经线决定的时间，这些区域经线以格林尼治为准，把美国划分为几个时区。该委员会认为，应该取消美国国内的各种地方时，代之以由时区决定的地方时，这些时区的设定与格林尼治有关（见图 4.2）。[35]

二是 1879 年 5 月，加拿大总督罗恩侯爵（Marquis of Lorne）决定把弗莱明 1879 年的两篇论文寄给英国殖民大臣迈克尔·希克斯 – 比奇（Michael Hicks–Beach），并附上多伦多的加拿大研究所所长丹尼尔·威尔逊的一份备忘录。这份备忘录着重指出了弗莱明的主张对加拿大的重要性；加拿大的面积之大使世界时和共同的标准子午线问题十分迫切，正如多德、艾伦和阿贝已经说明，这些问题对美国而言也十分迫切。在备忘录中，威尔逊力劝总督这样考虑问题：眼下是加拿大可以帮助英国迈向"为一个具有国际重要性的问题找到可接受的解决方案"的时刻。总督办公室"能够对大不列颠和外国政府的官方权威和科学权威施加影响"。威尔逊的备忘录在结尾处强调指出，弗莱明的白令海峡提案十分简单。备忘录指出，它"避免了引发国际猜忌，到目前为止，国际猜忌抵消了科学人士为纠正众所周知的现实弊病所做的一切努力"。[36]

从英国政界处理这份材料的方式一望可知，到 19 世纪 70 年代，本初子午线作为一个科学和政治问题十分流行。在伦敦，弗莱明的论文和所附的备忘录由希克斯 – 比奇交给了皇家天文学家和格林尼治皇家天文台台长乔治·比德尔·艾里。艾里要对弗莱明论文的科学依据和所提议的解决方案的民用后果做出判断。艾里看了弗莱明的论证和建议——地方时的不方便、国际时的重要性和性质及其运行方案，以白令海峡为世界的首子午线——并逐条做了批驳。弗莱明认为地方时不方便的说法遭到否定，艾里以巴塞尔（Basle）市的火车站为例，其钟表同时显示法国和德国的铁路时间与巴塞尔的地方时，使用起来毫不费力。艾里驳回了弗莱明用字母标记 24 小时国际时的建议："我不认为弗莱明先生论文的前面部分引申出来的评论具有丝毫价值。"关于弗莱明对本初子午线的建议，他评论道：

> 若要采用一条本初子午线，这条线只能是格林尼治，因为全世界的航海几乎全部依赖基于格林尼治的计算。一切航海几乎都以航海天文历为依据，航海天文历以格林尼治的观测为依据，并且参照格林尼治子午线……我身为格林尼治天文台的负责人，坚决拒绝有人就此提出任何说法；让格林尼治尽其所能保持掌管世界经度的重要地位，让航海天文历尽其所用，我们将齐心协力，以特别声明维护“本初子午线”的虚名。

这里，艾里认可了天文测量的重要性（暗示他本人的权威）和《航海天文历和天文星历表》的作用，没有认可弗莱明把世界的海上吨位与各条本初子午线建立关系的数字（表 4.2 和 4.3）：他对这个问题未予评论。

艾里还要对总督的请求给出忠告，总督请求英国政府帮助官员和科学机构加强认识：弗莱明的论文所讨论的问题迫在眉睫。艾里的忠告分为两个方面：首先，他对政治代理、民用需求和科学证据做了区别；其次，他建议请愿书起草人为此目的自行与科学协会接洽：

> 女王陛下的政府一贯避免在社会习俗问题上插手引入新事物，除非新事物自发兴起，范围广泛到适宜由上级权威制定规章制度的地步。就该备忘录的主题而言，这种自发的广泛诉求尚未出现。可取之举似乎是，请愿书起草人广泛地公开讨论这些问题，并由他们把问题交给主要的地理和水文机构，包括皇家地理学会、码头信托公司（Dock Trustees）或伦敦、利物浦和格拉斯哥的其他商业团体（也许还有其他机构）。[37]

作为答复，加拿大研究所把弗莱明 1879 年的两篇论文连同最初的备忘录寄出 150 份，请殖民部（Colonial Office）把它们分发给伦敦众多的科学协会、外国政府代表和无数国家的科学机构。英国方面把这两篇论文交给 7 家机构。通过这些官方渠道，加拿大研究所将“高兴地获悉，对所涉难题的解决方案在何种程度上得到普遍接受”。[38]

英国的机构和个人总体上不予支持。海军部驳回了弗莱明的说法，理由是没有证据显示公众存在此种要求。海军部相当傲慢地认为，唯一重要的是英国政府认为改变世界的计时惯例是否妥当：“在诸位大人看来，没有足够的公众需求为女王陛下的政府尝试改变现行做法提供理由；在严肃地考虑这个问题之前，诸位大人将乐于知悉，对其更感兴趣的地理和航海机构已经就此展开过更加广泛的讨论。”

查尔斯·皮亚兹·史密斯严厉批评了弗莱明选择的本初子午线，因为它位于“世界上一个荒无人烟的地区，即使那条线的端点附近有人居住，也只是少许悲惨可怜的堪察加野人，他们承受俄国不明不白的统治，在雪域荒原艰难地觅食”！他对弗莱明的普遍主义原则嗤之以鼻，仿佛“如今先进文明的宏伟目标，是事事参照最高水准的国际性”。不出所料，皮亚兹·史密斯呼吁不要把本初子午线设在格林尼治以西，要设在格林尼治以东，以体现亚洲数百万人民和他本人选择的吉萨大金字塔，因为“科学考察和度量衡研究发现”，大金字塔是世界的计量学（和英制）的基准线。

皇家天文学会理事会（Council of the Royal Astronomical Society）没有采取行动。它认为国际时的主张得到采纳的可能性大于共用的首子午线，因为起始经线触及“各国的敏感神经”。他们推论认为，唯一的本初子午线的方案无一会成功，除非到了“文明国家普遍准备严肃地考虑这个问题”的时候。

从某种意义上说，皇家地理学会主席约翰·亨利·勒弗罗伊（John Henry Lefroy）将军给出的答复很直接，很不屑：“在我看来，除了不切实际，对这个提案没什么好反对的；它不切实际到这种地步，没有一家科研机构可能给予认真对待。”在另一种意义上，勒弗罗伊认识到，弗莱明的主张体现了时人的普遍关切。但这并没有延伸为对弗莱明的支持：勒弗罗伊知道，要想在世界范围内实施这些主张，“需要立法机构给予便利，世界的教育取得长足进步”。他认为，“本学会可以做很多工作，推动向这个方向发展”。勒弗罗伊暗示的不是本初子午线问题日益国际化，而是地理学家和制图学家在安特卫普和巴黎国际地理大会上力陈的有限主张：“我的意思是，地图和海图一律在每条插入的子午线上添加与经度相对应的时间。我相信再过几年就会看到，在我们的地图和海图上做这个轻松而微不足道的添加，既实用又方便，且具有巨大的教育价值。”[39]

弗莱明的建议引发各种反应，大多表示轻蔑，加拿大研究所的丹尼尔·威尔逊却并不气馁。1880 年 4 月 5 日，研究所再次分发弗莱明 1879 年的论文，威尔逊为又一份备忘录作了序，这一次瞄准全欧洲的地理和科研机构。[40] 威尔逊重申了世界时和唯一的本初子午线对世界“实际经济”的重要性，强调了美国计量学会（其“标准时间报告”与弗莱明的小册子一道分发）的合作参与。威尔逊提醒道，弗莱明的提案孤立地看毫无意义；二者是相互依存的：“设定世界时，牵涉初步设定一条首子午线作为计算地球自转的 0 度；只有经过一致同意，才能确定这样一条本初子午线。”[41]

1880 年 5 月，威尔逊把阿贝和弗莱明的论文分发给欧洲的 11 家机构，只有 4 家做了答复。奥托·斯特鲁维在圣彼得堡思考了他 1870 年的建议和 1875 年的修改意见。斯特鲁维在 1870 年的讲话中建议采用格林尼治，认为它是“最简单的解决办法”，因为格林尼治天文台对促进数学地理学和航海享有优势地位，还因为“如今海上使用的绝大多数海图都根据这条子午线制作，约 90% 的远洋航海家习惯以这条子午线测算经度”。他在 1875 年巴黎国际地理大会上修改了这个观点，原因有两点。如果以格林尼治为世界的本初子午线，那么制图师、航海家和教育工作者将面临不便，他们必须在地球的两个“半球”使用不同的经度符号，因为从起始经线起用“+”或者“–”表示经度的做法尚未商定。此外，由于经年使用，“出于习俗，出于对抗精神，出于国家竞争”，也许“法国的地理学家和别国的航海家”仍会以巴黎子午线为基准线。那么，更好的做法是“另选一条位于格林尼治以东或以西、相隔的小时数为整数的子午线为本初子午线；在满足我前面提出的这个条件的多条子午线中，目前由科学的美国人提出的这条子午线综合了最为有利的条件，适合采用”。

斯特鲁维以此支持弗莱明对白令海峡本初子午线的主张，他阐明了自己的理由：

> 1. 它不穿过任何大洲，除了亚洲北部的最东端，那里只有少数叫作楚科奇（Tschouktschies）的未开化人类居住。
>
> 2. 它恰好与航海家变更日期的地方重合，航海大发现的历史演替过程中形成了变更日期的习俗；向西和向东航行途中发现了日期差，现在航海家在太平洋上几座小岛附近变更日期。因此新一天的开始要与国际时的时间相同。
>
> 3. 它不要求绝大多数航海家和水文学家做出改变，除了简单地加上12个小时，或者经度加上180度。
>
> 4. 它不要求改变航海家最常使用的星历表即英国航海天文历的计算，除了把正午改为子夜或者把子夜改为正午。美国航海天文历无须做出其他改变。本着世界主义精神，凭借对一种普遍需求的正确理解，这些华盛顿出版的优秀星历表记录了对航海家有用、从格林尼治子午线算起的全部数据。

斯特鲁维对世界时不太急切。他认识到了时间标准化对公民社会的好处，身为天文学家，他知道“一般来说，在要求精确测定时间的一切问题上，普遍采用一个时间将具有宝贵的优点，也许很容易实施”。他对本初子午线的选择没有疑问，并告诫圣彼得堡的同事：“所以，我建议学院毫不犹豫地宣布支持统一以格林尼治 180 度的子午线为地球的本初子午线。”[42]

1881 年 7 月，在柏林，德国大地测量学家 G. V. 博古斯拉夫斯基（G. V. Boguslawski）博士建议柏林地理学会支持斯特鲁维的观点。1880 年 7 月，比利时地理学会讨论了威尔逊的备忘录和弗莱明的建议（以及德博蒙 1876 年的论文），但是没有留下该机构答复加拿大研究所的记录。1882 年 3 月收到了西班牙海军的水文学家唐·胡安·帕斯托林的答复，他曾在 1881 年 4 月讨论过这个问题。帕斯托林支持弗莱明对本初子午线的提议。他指出，西班牙曾在不同时期使用过 15 条本初子午线，1869 年政府指派了一个委员会，对西班牙地图和海图上明确的基准首子午线加以规范。可是，该委员会未达成协议便停止了工作（如帕斯托林所言，安特卫普和巴黎国际地理大会也是如此）。[43]

弗莱明的几位传记作者都更多地突出了他对世界时的倡导，而不是唯一本初子午线的必要性。[44] 但此处经过研究的证据表明，他的世界时计划与他设立唯一本初子午线的抱负是密不可分的，世界要以唯一的本初子午线校准时钟。用他的原话，这是“重要的第一步……世界性计时方案的关键”。弗莱明在 1878 和 1879 年的小册子里勾勒了实行国际时的主张，以普遍主义原则——“共同”“全世界”——涵盖地方时，条件是他的其他建议得到采纳。

弗莱明之所以重要，主要因为他所提出的思想实质。同时他很有影响力，因为他把握时机，并与克利夫兰·阿贝等人及美国计量学会、美国土木工程学会、美国科学促进会等合作，把各种国家级科研机构的共同兴趣集中在公认的全球问题上。他的解决方案——格林尼治的对向子午线——并不是唯一的建议方案。伦敦和巴黎的重量级意见旗帜鲜明地对他表示反对。但他在圣彼得堡和柏林得到了支持，还有多伦多、美国华盛顿和其他地方。很显然，在 19 世纪 80 年代初，格林尼治成为世界的本初子午线，依旧远远不是不可避免的结果。

走向全球协定：1883 年在罗马

经过了威尼斯国际地理大会上的觉醒，本初子午线问题具有了（我们也许可以认为）“双重地理学”；也就是说，全国性组织在辩论这个问题时，既想着本国利益，也想着全球利益。[45] 正如弗莱明 1882 年 7 月写给美国科学促进会的信中所言：“这个题目在大西洋两岸引起了广泛关注。在欧洲，过去两三年，俄国、普鲁士、意大利、瑞士、西班牙、法国和英国等国的科学协会纷纷给予考虑。在北美洲，美国和加拿大也展开了讨论：在美国计量学会、美国土木工程学会、加拿大皇家学会和多伦多的加拿大研究所等。”1883 年 10 月，国际地理大会在罗马召开，来自世界各地的人们找到了为这些问题提出全球解决方案的舞台。[46]

威尼斯会议之后，弗莱明继续与克利夫兰・阿贝和美洲的多家机构共事，发起标准时间运动，尤其是美国土木工程学会的标准时间特别委员会（Special Committee on Standard Time），该委员会于 1881 年威尼斯国际地理大会前几周刚刚成立。1882 年 5 月，该委员会在华盛顿特区召开会议，向美国国会提交了一份提案，敦促国会采取必要措施为经度设定共同的首子午线。它警告称，如果达不成协议，“西部大陆的人民应当设一条 0 度经线供自己使用和导航，以便尽快为美国、加拿大和墨西哥确立合适的时间体系”。

考虑到美国既使用华盛顿也使用格林尼治 0 度基准线，很难想象能够就唯一的本初子午线达成这样的协议；弗莱明和加拿大研究所倾向于格林尼治的对向子午线，墨西哥使用华盛顿和多条地方本初子午线。可是，做出这样的声明，说明了时人强烈的情感诉求，尤其是对标准时间的情感诉求。美国天文历编制局局长西蒙・纽科姆（Simon Newcomb）评估了弗莱明用于规范时间的国际方案，以美国例外论为由拒绝接受它:“千年大计。就人类的现状而言过于完美。在这个问题上,看不到把欧洲纳入考虑的理由多于把火星居民纳入考虑。不,我们不关心其他民族,无法帮助他们,他们也无法帮助我们。”桑福德·弗莱明写信给美国科学促进会,重申他致力于解决整个北美洲的计时问题,呼吁科研机构、商会和政府机构建立公约。与此同时,克利夫兰·阿贝致力于让美国通信处成为美国统一计时的核心机构。

19 世纪 80 年代初,鉴于这些国际和国内辩论,在美国采取行动的时机似乎成熟了。1882 年 6 月,国会宣布:“科学和贸易每日都更为迫切地要求就此问题达成国际协议。”在外交事务委员会(Committee on Foreign Affairs)提出大意如此的建议之后,国会同意授权总统“召集国际会议,确定并推荐一条共同的本初子午线”。1882 年 7 月 31 日商定了为此目的的立法,1882 年 10 月,切斯特·阿瑟(Chester Arthur)总统向外国政府询问将来召开一次国际会议的可能性,目的是设定共同的本初子午线和世界时。差不多就在此时,美国地理学会内部一小群人,包括查尔斯·戴利和美国通信处主任黑曾将军,也建议本学会围绕全球唯一的本初子午线的益处举行讨论。美国国会和国内一流的地理学机构懂得全球统一的益处,并做好了采取行动的准备。这种日渐不耐烦的氛围解释了黑曾将军、惠勒和弗莱明 1881 年何以出现在威尼斯。[47]

就连在欧洲,这种势头也在增强;欧洲各国内外几乎没有形成共识,科学机构也没有为本初子午线或世界时问题予以配合。因为意大利 1881 年在威尼斯主办了上届国际地理大会,后来又把会上的建议反映给了意大利政治家(见表 4.1,决议第 7 条),所以意大利政府有责任提请别国政府关注弗莱明的决议。1882 年 7 月,意大利地理学会主席朱塞佩·达拉·维多瓦教授写信给多家出席了威尼斯国际地理大会的学会,就成立国际委员会是否可取的问题征求意见。多数答复都赞成这个提议。英国皇家地理学会表示反对。

勒弗罗伊将军 1882 年 11 月向学会理事会报告称,收到了邀请

“参与建议于明年召开的国际大会。由科学人士、测量员、地理学家和商业代表组成……每国各派三名代表。就采用统一的起始子午线取得共识”。他提醒自己的地理学家同行：“本理事会两三年前讨论过这个议题。”就以英国的格林尼治为世界的本初子午线而言，勒弗罗伊1882年的立场比1879年更加顽固。在他看来，学会压根无须考虑格林尼治的替代方案。至于统一的计时方案，该方案相应地牵涉采用24小时制，“本学会表示乐意参与此项讨论”。

勒弗罗伊建议以格林尼治为世界的本初子午线，这个建议在英国一流的地理学会内部没有引发辩论，无疑是因为他的报告反映了对这个问题的现有观点。他对计时的评论暗示他对这个问题只是部分友好。美国土木工程学会发函向137家权威机构请教标准时间问题，看了收到的回复，勒弗罗伊承认，使用相同的计时制对科研会有帮助——条件是它要以格林尼治为准：“科学人士如果能够就使用格林尼治时间的原因达成一致意见，将有助于简化问题。”勒弗罗伊在给同事的建议书结尾重申了他本人的偏好——“用时间而不是度数表示经度的教学效果”——他指出，皇家地理学会理事会已于1879年批准这种做法，但始终未予实行。勒弗罗伊注意到，这“势必将导向采用共同的起始子午线”。[48]

因此，意大利地理学会1882年7月的邀请函反映了威尼斯国际地理大会第一组的决议。它不是1881年国际地理大会的整体意志。尽管如此，在欧洲，意大利地理学会的举动还是重新为这个主张赋予了可信度。在美国，国会决定引导总统召开会议，讨论共同的本初子午线和全球计时方案，这个决定反映了致力于标准时间问题的多家机构的切实关切。1883年10月，这些关切在罗马集中亮相。

国际大地测量协会会议，1883年在罗马

国际大地测量协会成立于1862年，旨在让全世界的大地测量

学家能够齐心协力确定地球的形状，用“标准”的长度单位消除计量学差异；19 世纪 60 年代初，英国国家测绘局的亨利·詹姆斯和亚历山大·克拉克在把地形测绘和电报通信延伸到英国以外时，曾经遭遇过度量衡不统一的问题。在 1883 年罗马国际大地测量协会会议上，唯一的本初子午线和世界时问题被列入会议议程，其原因与国际地理大会也把它们摆在桌面上相同，这些问题还出现在了关于国际时的更加广泛的辩论中：代表们听到，整个大地测量学，特别是欧洲的地形测量将受益于统一性；地理学和制图学（海上和陆地）要求以唯一的 0 度加以简化；铁路和电报要求标准的计时制。

1883 年国际大地测量协会会议的关键人物是瑞士纳沙泰尔天文台台长、国际度量衡委员会（International Committee for Weights and Measures）秘书长阿道夫·赫希（Adolphe Hirsch）。国际度量衡委员会于 1875 年在巴黎米制公约通过后成立。如巴特基详述的那样，赫希在罗马发挥了外交、科学和务实的才能。这些才能之所以得到发挥，部分原因是赫希本人参会之前便打定了主意。

1883 年 1 月，赫希写信给工程师卡尔·西门子（Carl Siemens）寻求忠告，暗示“统一首子午线的老问题曾经多次尝试解决，却未能如愿，现在重新焕发了生命，看来具有了最终解决的良好前景；而且，除了航海的要求，国内电报和铁路服务也有必要统一显示时间”。这封信清楚地表明，赫希已经对本初子午线有了自己的看法，他在瑞典与同事和大地测量协会的成员交谈时形成了自己的观点：“从纯粹的科学角度，首子午线的位置无关紧要，只要它是由一家主要天文台测得即可。我们支持格林尼治享有优先地位，认为它得到最终采用的概率最大。”

赫希的意图并不是提醒西门子注意这些主张，而是请西门子帮忙确保英国人参与即将召开的罗马会议。身为国际度量衡委员会的委员，赫希知道，英国不是 1875 年米制公约的签署国。到目前为止，英国表现得“对类似的国际目标缺乏热情”（指米制公约和

1862 年由德国人领导、以米为单位的欧洲地形三角测量计划）。可是，由于经度和唯一本初子午线问题的重要性，英国的参与对罗马会议至关重要。赫希希望西门子帮忙“把两个问题合二为一”（采用米制和采用格林尼治）：“首子午线毕竟要在伦敦、巴黎和华盛顿之间做出选择，如果能够劝说法国支持格林尼治，将会收获颇多。依我看，如果把英国接受米制、加入米制公约作为对等的让步，这是可以实现的。你认为能否在英国的官方和科学圈内找到这笔科学交易的拥趸？”[49] 虽然没有证据表明西门子充当了这件事的中间人，但是人们认为，以采用格林尼治为抵偿是英国人关切的问题。

出席罗马会议的英国代表是皇家天文学家威廉·克里斯蒂（William Christie，乔治·比德尔·艾里于 1881 年退休）和亚历山大·克拉克，克拉克一度担任国家测绘局局长亨利·詹姆斯的副手。管理印度的行政人员、测量员理查德·斯特雷奇（Richard Strachey）介入但是没有赴罗马开会。选派他们是由财政大臣约翰·唐纳利（John Donnelly）上校代表政府的科学艺术部加以协调的。1883 年 8 月，唐纳利向克里斯蒂介绍基本情况时，把英国政府的立场表述得十分清楚：“可以看到，宣布展开讨论的特别问题是从科学角度看待共同的首子午线。据推测，大会的决策都将‘有待进一步审核’。但明智的做法是，你要清楚地表明，本国政府虽然愿意考虑会上可能表达的一切意见，但是如若改变我国目前使用的首子午线，那么我国将不以任何方式受到大会多数决策的约束。”要把相关的米制问题视为科学和礼仪事务加以处理：“有人建议把采用公制度量衡问题带到大会上。如果发生这种情况，我必须指出，邀请函并未提及这个问题，你没有收到相关指示，你对政府将会采取措施在本国普遍实行公制不抱希望。所以，你可以参与讨论的一切问题，都应当视为纯属科学问题。”[50] 至少英国人是在规定条件下参加罗马会议的：和赫希一样，尚未动身就打定了主意。

身为罗马会议的报告人，赫希强调说明，在座的科学家拥有代表本国政府讨论这些问题的权威。虽然达成的决议不可能具有约束力，但未来的会议——比如美国提议的会议——可以把这些问题继续推进。赫希以其“用唯一的首子午线统一经度和实行世界时的报告”组织了讨论。赫希的文章含有四个要点：统一经度；世界唯一的本初子午线必须以观测的本初子午线——也就是以天文台为依据；满足这个标准的几条本初子午线的相对优点；统一的世界时体系取决于民用日与天文日的统一。代表们也知道，这些关切背后是计量统一事宜。

赫希认识到，如果大家能够达成一个共同的体系，从商定的起始本初子午线起表示经度，那么就必须对印制的天文星历表和地理地图做出修改。在他看来，这个困难并非无法克服。最迫切的是这条本初子午线应当设在哪里的问题：他声称，1871 年以来，历届国际地理大会都只是重申这个问题而已。赫希虽然强调准确性在科学、大地测量学和天文测量中的重要性，但他最重要的标准（当年 1 月他曾向西门子说明，并在 1882 年年底向其他人透露）却是，世界的本初子午线应当设在天文台。这种对精确性、对著名天文台所享有的威望的诉求，实质上把几条本初子午线排除在外不予考虑。费鲁岛遭到排除：费鲁岛没有天文台，使用一座岛屿不能保证准确性（特内里费岛峰顶同样遭到排除），历史先例不能作数。白令海峡选项——事实上，作为欧洲著名天文台的对照或近似对照，把本初子午线设在海上的所有建议——很成问题。他的同胞亨利·布迪里耶·德博蒙的建议遭到否决：为了服务于这个方案，要在哪里建立天文台？赫希以类似的理由驳回了吉萨大金字塔和耶路撒冷提案。

赫希排除了这些选项，强调了准确性的要求，科学要求高于政治中立。在科学基础上坚持唯一的标准，这一点很重要——而不是中立性的要求，这里再次引用桑福德·弗莱明的话，忽略中立性也许会“触犯地方成见或民族虚荣心”。同样，经度问题原则上很容易解决：经度应当只从一个方向计算，从首子午线的 0 度开始，向东绕地球一圈增加到 360 度（回到首子午线）。赫希排除了海上本初子午线和没有天文台的地方以后，剩下四条主要的本初子午线：格林尼治、巴黎、柏林和华盛顿。在科学基础上，这四种可能性之间无法做出选择。于是，赫希接下来在实践基础上展开论述，这种做法与弗莱明很像：哪条本初子午线在本国以外使用最为广泛，用于什么目的？选择哪条线，在制作地形图、海图、航海天文历和地理学文献时要求做出的改动最小？弗莱明以中立为由选择了格林尼治的对向子午线，赫希与弗莱明和斯特鲁维 1875 年的做法不同，他选择格林尼治，反映了航海图和贸易活动中最常使用的本初子午线，也是畅销的航海天文历使用最广泛的本初子午线——英国《航海天文历和天文星历表》的销量显著地好于《天文历书》或《美国星历表和航海天文历》。1883 年赫希在罗马对本初子午线的建议与 1870 年斯特鲁维的建议不谋而合，虽然他并未在二者之间建立联系。

在世界时问题上，赫希推论认为，如果星历表和天文历都依据唯一的首子午线，那么这条经线的时间就是全世界唯一的标准时间的依据。保留各国的时间不是一种选择。在赫希看来，弗莱明把地方时与国际时结合起来，原则上是可以接受的（弗莱明主张，这 24 个区域各有一个标准区时，这个观点则不可接受）。全球时间必须是唯一的，它要与地方时或国家时间并存。为了这个目的，赫希论述道，他所谓的“世界时”应当从 0 时数到 24 时，地方时则继续把一天分成两个 12 小时，分别用 a. m. 和 p. m. 表示。民用日从子夜开始，天文日从第二天正午开始。世界时和世界日从哪里开始的问题，由于民用日和天文日的这个差别而变得复杂。赫希知道，要说服天文学家把天文日的起点从正午改为子夜，说服公民社会把民用日从子夜改到正午，都不会容易。他建议世界时从格林尼治 180 度子午线起加以规范，即弗莱明 1879 年提出的“共用的建议本初子午线”（图 4.5），世界日在这条子午线的子夜开始。这样世界日和天文日就重合了。选择这个世界时，反映了航海家在实践中跨过 180 度经线时变更日期的做法。经过一番辩论，在集体同意（不同于国际地理大会）之后，国际大地测量协会把这些主张作为“关于统一经度和时间……的决议”提出（表 4.4）。

与讨论的依据相同，这些决议是科学建议和外交斡旋相混合的反映。瑞典代表团由天文学家胡戈·吉尔当（Hugo Gyldén）率领，他们提出了另一个世界时方案，却没有找到支持者。比利时代表力主接受全部决议。法国人不同意格林尼治的建议方案。威廉·克里斯蒂在汇报罗马会议的情况时指出，这是法国代表的个人决策，不是法国政府的观点，法国政府“倾向于接受大地测量协会大会的主张”。其实，政府和个人对这个问题的观点存在细微的差别：克里斯蒂接着指出，法国代表埃尔韦·法耶（Hervé Faye）“投票赞成采用格林尼治时间，却反对选择格林尼治子午线用于经度计算”。

反过来，克里斯蒂和他的同事们赞同统一度量衡的观点，他们意识到英国的“许多科学分支和制造门类”已经广泛地建立了公制。克里斯蒂劝告英国政府，虽然罗马决议第 8 条“意味着绝无义务扩大公制度量衡的使用范围，除非认为它有利于大不列颠的利益”，但其他国家因为接受格林尼治的相关建议（决议第 3 条和第 4 条），已经放弃了很多。“必须记住，”克里斯蒂评论道，“要欧洲各国采用格林尼治子午线和格林尼治时间，放弃许多国家长久以来理所当然地认为关乎其民族独立和民族威望的事务，这是多么大的妥协。”[51]

罗马会议的建议（表 4.4）预示并明显地影响了华盛顿 1884 年的辩论。但是，一定要理解，在罗马提出的建议不仅由 1883 年罗马会议而且也由 1881 年威尼斯会议（表 4.1）构建。在 1883 年国际地理大会的决议中，人们认为本初子午线问题的解决方案在于科

表 4.4　国际大地测量协会 1883 年罗马会议关于统一经度和时间的决议

决议	会上提出的建议内容
1	统一经度和时间是可取之举……向感兴趣的各国政府建议……今后，研究院和大地测量局一律使用相同的经度体系
2	尽管优点甚多……十进制除法……协调……与时间划分对应……把问题略过是适当的
3	大会主张各国政府选择通过格林尼治的经线为首子午线……（它）满足科学所要求具备的一切条件……并且……具有普遍接受的最大概率
4	建议经度一律从格林尼治子午线算起，只以由西到东的方向计算
5	大会认识到，为了通信线路上各主要行政机关的科学需求和内部服务……实行世界时的用途，连同地方时或国家时
6	大会建议，以格林尼治平正午为世界时或国际日的起点，它与……从格林尼治算起 12 小时或 180 度子午线的民用日的起点重合。协议世界时从 0 时到 24 时进行计时
7	各国……如果认为有必要改变子午线，应当尽快实行新的经度和时间体系
8	大会希望全世界……（同意）格林尼治子午线……大不列颠将会发现，这个事实……同意加入 1875 年 5 月 20 日米制公约（Convention du Mètre），是支持统一度量衡的新举措
9	请各国政府知悉这些决议，建议予以考虑和支持

来源：Philosophical Society of Washington, “Resolutions of the International Geodetic Association,” *Bulletin of the Philosophical Society of Washington* 6（1884）, 107–109; Ian R. Bartky, *One Time Fits All: The Campaigns for Global Uniformity*（Stanford, CA: Stanford University Press, 2007）, table 6.IA, 88。

学和准确性等问题。正如斯特鲁维和弗莱明考虑的那样，政治中立本身不能决定世界共用的首子午线。巴特基注意到，1883 年罗马会议以后，“格林尼治以外的其他首子午线被采用的概率几乎为零”。[52] 但是，罗马会议留下“米的问题”悬而未决。有些人（尤其是法国人）认为，如果格林尼治在 1884 年华盛顿会议上统领世界，那么英国可能会同意加入米制公约。

* * *

在 1870 年到 1883 年间，世界唯一的本初子午线问题成为一个明确的国际问题；各国纷纷认识到并共同讨论这个问题。国际论坛为之展开辩论。人们认为其解决方案将对各国有益。这个时期始于 1870 年一位俄国天文学家在圣彼得堡提出观点，直到 1883 年一位瑞典天文学家和计量学家在罗马会议上表明观点。顶尖的科学家纷纷提出论点：世界的首子午线应该是格林尼治子午线。但他们这样做的理由不尽相同。另外提出几条本初子午线作为备选的世界基准线：耶路撒冷、费鲁岛、堪察加半岛、大西洋中部、白令海峡和格林尼治的对向子午线。

在这个时期，本初子午线并非不再具有国家重要性。虽然这个问题呈现出跨越国界的维度，但许多国家继续把一条或多条本初子午线用于不同目的。人们提出一条通用的首子午线供各国常规使用，面对近在眼前的威胁，有些国家加强了对本国子午线的捍卫，除非他们本国的本初子午线恰好是提议全球共用的那条线。有些国家的提案声称世界的首子午线应该政治中立，不属于任何国家。1883 年在罗马，围绕中立性标准的争论（由桑福德·弗莱明有力地推动）——被科学原则推翻。

世界唯一的本初子午线和世界时问题成为国际问题，原因有几点。这些问题的解决方案要求跨越国界的政治协议。具有国际影响力的科研机构把这些问题看作本机构的立身之本，看作其科研具有全球视角的组成部分。有几个人物对本初子午线的国际化发挥了影响，并在特殊的科学空间予以表达——但他们心目中的首子午线并不相同。从 1870 年的斯特鲁维、1876 年的德博蒙、1879 年的弗莱明到 1883 年的赫希，这条路——从圣彼得堡、巴黎、威尼斯、罗马到格林尼治——并不是一条坦途。

从北美洲的角度，可以说，世界时问题的重要性超过唯一的本初子午线：毕竟美国有两条本初子午线。对于桑福德·弗莱明，国际时的计算取决于本初子午线的选择。从巴黎的角度考虑，有时把几个提案勉强地归到一起，比如 1883 年在罗马会议上寄希望于放弃本国长久建立的国家子午线，促使别国接受另一套计量单位。关于耶路撒冷或费鲁岛的争论由于缺乏科学依据而不了了之。在英国，也就是皇家地理学会、海军部、皇家天文台、皇家学会，以及政府的科学与艺术部看来，格林尼治是唯一的选择。

第 5 章

格林尼治冉冉升起

1884 年的华盛顿与科学的政治学

组织召开国际子午线会议，是“为了在全球设定一条适合用作共同的 0 度经线和时间计算标准的子午线”，此次会议于 1884 年 10 月 1 日中午在华盛顿特区美国国务院外交厅开幕。[1]35 名代表——有外交官，也有科学家——代表 21 个国家出席了会议。另外 6 个国家的 7 名代表尚未抵达（几位本应参会的代表始终不曾露面，包括瑞士的阿道夫·赫希）。最终，44 名代表出席了会议，代表 25 个国家。一个月后，即 1884 年 11 月，会议圆满闭幕，议事经过——“并非没有困难”，大会主席如是说——体现了“极大的礼貌、善意与和解精神”。[2]

本章认真研究 1884 年华盛顿会议的运作与会上达成的唯一本初子午线和世界时的相关决议。我没有只着眼于发言内容和协商达成的决议，而是探讨了诸位代表的讲话口吻和所提论点的实质，思考了讲话的原因和方式。本章在探讨诸位发言者的意图时，延续第 4 章的特征，提炼并凝聚焦点。我们在第 4 章研究了跨越大洲的几个国家在国际会议上长达 14 年的辩论；这里我们要研究在一个月内的 7 场会议上，围绕 7 项决议的性质、措辞和意义展开的辩论。

其他人主要着眼于华盛顿达成的决议的实质，我却不仅要探讨会上说了什么，还要研究发言的方式和原因，特别是美国国会国事活动厅的“话语空间”。[3]

已出版的 212 页的会议报告把标题定为《议程议定书》（*Protocols of the Proceedings*），我认为并非偶然。场所——国务院外交厅——和由美国总统发出邀请的事实共同营造了一个准司法空间，供人们提出和讨论权威观点。在这里，代表们第一次拥有了根据别人的发言代表祖国进行投票的权威。这种政治化的场合营造了科学文化史家托马斯·吉林（Thomas Gieryn）所谓的“真相现场”（truth-spot）——好比法庭上的证人席，人们在这个地点给出权威说法，展开争论，根据所提交的证据达成一致意见。[4]

当然，凭借口头证据的打印记录开展研究会存在一些问题，比如容易相信记录完整无缺，可能从停顿和空白处得出自己的推论等。会议记录不可能捕捉到每个例子、每句话。每场会议中间都穿插着休息时间；次要的程序性事务采用了口头表决，没有正式列入目录。在华盛顿，几场会议中间存在几天的空档期——代表们讨论手头的事务，我们无从知晓讨论了什么内容，谁发了言。尽管如此，印制的《议程议定书》仍然是丰富的参考资料，作为口头讲话的书面记录可供细致阅读，并辅以其他参考资料对它加以分析。

要想了解谁以何种方式解决了什么问题，必须首先关注诸位代表。如同 1883 年罗马会议，1884 年华盛顿会议的代表们前来就本初子午线和世界时问题展开辩论——也许本着和解的精神——但他们本人、他们所代表的政府已经打定了主意。[5]

同意继续推进：代表们与指示

1883 年 10 月，《泰晤士报》（伦敦）在报道罗马国际大地测量协会会议时认为，此次会议值得纪念，因为它“为简化一个重要的科学门类做出了贡献”。文章也认识到，会议“无权实施其建议，因为这是一次科学人士而非全权代表召开的会议。要留待国际公约正式批准其建议，并落实其所建议的切合实际的改革”。《泰晤士报》这位记者明白，人们也更加广泛地认识到，罗马会议提出的决议事实上为华盛顿会议提供了理论基础和议事日程：议事日程将拥有对罗马会议的建议作出决定的权力（见表 4.4）。《泰晤士报》的报道写道：“也许没有理由怀疑国际公约将批准此次会议的一切事项，同时我们可以为这种期待提供了取得进展的证据而自我庆贺。”他也许过于乐观。事实是有相当多的理由在不止一种情况下让人怀疑华盛顿将批准罗马会议提出的关于格林尼治的主张。

巴黎、伦敦和其他地方获悉，华盛顿会议可能确认罗马会议的决议，这就牵涉各方相关人士的重大利益。科研机构、各国政府和媒体都表达了关切，他们不仅关心应该派谁作代表，还关心要允许代表说什么，代表应该怎样投票。

在俄国，由战争部和海军部的代表组成的委员会、帝国科学院和帝国地理学会共聚一堂，仔细研究罗马决议，以选派人员代表俄国出席华盛顿会议，“提交并起草引导他们的指示”。奥托·斯特鲁维不在选定的 3 名俄国代表之列，他的亲戚、俄国驻美大臣卡尔·冯·斯特鲁维（Carl von Struve）由于曾在中亚开展地理学工作而被选为代表。这个委员会起草了指示，规定派往华盛顿的俄国代表应当遵守罗马 1883 年会议的决议。[6]

在巴黎，埃尔韦·法耶 1883 年 12 月在科学院的会议上汇报了他在罗马的所作所为，他当时支持格林尼治和世界时的提案，但是拒绝接受以格林尼治为通用的本初子午线的可能性。在伦敦，皇家天文学会理事会简略地记下法国的决定，法国投票反对“涉及采用格林尼治子午线”的条文。[7]

在美国科学促进会的刊物《科学》（*Science*）杂志的编辑看来，

美国必须由“最高权威人士”担任代表。两名人选已经确定：弗雷德里克·A. P. 巴纳德和指挥官、海军天文台台长的助手威廉·T. 桑普森（William T. Sampson）。桑普森在海军天文台以外籍籍无名，却没有引起争议。人们质疑的人选是巴纳德，不是怀疑他的科学信誉，而是因为他失了聪。我们已经看到，至少早在 1850 年，巴纳德在加入美国科学促进会的相关委员会之后，就介入了本初子午线问题。近年来，他在 1883 年 12 月有力地驳斥了皮亚兹·史密斯和其他金字塔神秘学家对吉萨大金字塔的说法（见第 2 章）。巴纳德最终未能把他的专业造诣带到华盛顿：一个多星期后，大会如期开幕前，他在哥伦比亚以工作压力太大为由辞去了职务。他的位置由美国海军学院（Naval Academy）前校长、少将克里斯托弗·R. P. 罗杰斯（Christopher R. P. Rodgers）取代：罗杰斯将担任国际子午线会议主席。另外几名美国代表是威廉·F. 艾伦（William F. Allen）和克利夫兰·阿贝，两人都介入了美国的铁路时间标准化（阿贝与桑福德·弗莱明保持书信往来），还有业余天文学家刘易斯·M. 拉瑟弗德（Lewis M. Rutherfurd）。

英国派了四位代表，其中三人均为杰出的科学家。约翰·C. 亚当斯（John C. Adams）是天文学家、剑桥天文台台长。爵士弗雷德里克·J. O. 埃文斯（Frederick J. O. Evans）上尉是皇家海军的水文学家，1879 到 1881 年间担任皇家地理学会副主席，与勒弗罗伊和艾里讨论过本初子午线。第三位代表是中将理查德·斯特雷奇，他筹划了英国参与 1883 年罗马国际大地测量协会会议。斯特雷奇的加入是因为他担任印度理事会（Council of India）的理事，而且他曾参与大三角测量计划：他可以凭借相当丰富的“实地”经验讲话，维护英帝国的利益。斯特雷奇受命“代表印度”，桑福德·弗莱明则受命代表加拿大自治领（Dominion of Canada）。澳大利亚殖民地派一名代表出席华盛顿会议的可能性始终不曾兑现。

从加拿大政府与英国外交部（Foreign Office）和殖民部的往

来信函判断，弗莱明的名字最先提到。早在 1883 年 5 月，加拿大当局就指定弗莱明代表加拿大政府，出席提议召开的“国际共同的本初子午线会议”——也就是说，在意大利政府及其地理学会发出邀请后，立即指定了弗莱明。殖民地这个冒昧之举在伦敦引起了困惑。殖民部的官员与加拿大人和他们在白厅（Whitehall）的同事互致信函，询问“加拿大自治领渴望出席的是罗马还是华盛顿会议，若是华盛顿会议，加拿大政府是否已经收到通知，获悉了大会即将召开的日期”。英帝国的利益中心位于都会城市伦敦，殖民地官员则在渥太华和多伦多鼓励弗莱明发展兴趣并分发他的出版物，两地的往来信件流露出的紧张关系将在弗莱明与同为代表的英国同胞在会场上交锋时暴露无遗。[8]

财政大臣约翰·唐纳利代表政府的科学与艺术部，负责协调选派英国代表出席华盛顿会议——与选派英国代表赴罗马开会一样。这个机构听从教育委员会理事会（Committee of Council on Education）、财政部、英国外交大臣格兰维尔·莱韦森–高尔（Granville Leveson-Gower）的指示。由于多个政府部门介入并受到加拿大当局的干涉，唐纳利发现自己在选派英国代表时，搞不清楚谁在做什么事。1884 年 2 月，他写信给皇家天文学家威廉·克里斯蒂：“通过外交部请财政部知悉的行动，在他们告诉我们（科学与艺术部），他们期待我们执行此事之后，出现了令人愉快的混乱局面——我想解开这种混乱，搞清楚谁该采取下一步举措，着手选派代表等。”克里斯蒂在回信中建议科学与艺术部和印度方面接洽，“派人代表印度去华盛顿参会”，由此导致了斯特雷奇的介入。到 1884 年 3 月底，混乱局面并未减轻，因为皇家学会参与了进来，虽然皇家学会不确定是否要选派代表。此时，克里斯蒂已经认定弗雷德里克·埃文斯爵士和约翰·亚当斯是“好人”，并把他们推荐给了唐纳利。英国人在认真地为华盛顿做准备，至少就选派代表而言，只是他们的做法过于迂回。[9]

他们对本初子午线问题理解得很充分。1884 年 7 月，唐纳利交给斯特雷奇一份指示，指点斯特雷奇和他的同事届时该如何行事，这份指示与 11 个月前威廉·克里斯蒂为罗马会议发出的指令相互呼应：

> 诸位勋爵明白，宣布展开讨论的唯一问题是共同的首子午线。据推测，会议的决策都将“有待进一步审核”。明智的做法是，你要清楚地表明，我国政府虽然愿意考虑会上可能表达的一切意见，但是如若改变我国目前使用的首子午线，那么我国将不以任何方式受到大会多数决策的约束。
>
> 有人建议把采用公制度量衡问题带到大会上。如果发生这种情况，我要请你们指出，邀请函并未提及这个问题，你没有收到相关指示，你对政府将会采取措施在本国普遍实行公制不抱希望。所以，你可以参与讨论的一切问题，都应当视为纯属科学问题。[10]

如同在罗马以及更早的会议上一样，英国在华盛顿会议召开前的官方立场毫不含糊：与其他与会者互动，但是坚决维护格林尼治；如果某些国家也许必须接受非本国原来的本初子午线，那么不得以实行公制作为补偿。

对于法国人，由于在罗马提出的决议，英国所述及的这几个问题十分重要。法国的立场在科学院由天文学、地理学和航海等各部门经过初步讨论，他们共同撰写了一份建议报告。法国负责公共教育和美术的国务部长借鉴了这份报告，成立了一个专家委员会——统一经度和时间委员会（La Commission de l’Unification des Longitudes et Des Heures）——为派往华盛顿会议的法国代表提供指引。埃尔韦·法耶出席过 1883 年罗马会议，他受命担任这个 21 人小组的主席。其他有过本初子午线辩论经验的成员包括地理学家安托万·达巴迪（Antoine d’Abbadie），此前 30 年，他曾与巴黎地理学会的其他同僚一道，呼吁对本初子午线问题给出全球政治解决方案；还有法国矿业总管亚历山大·埃米尔·贝吉耶·德·尚古尔多阿，1875 年和 1881 年他连续两次在国际地理大会上就这个问题发言。其他成员由科学家、法国海军人员和一名铁路公司董事组成——唯一的本初子午线和世界时问题如何处理，他们都是利益相关方。该委员会就这个问题提交的报告由海军的水文学家爱德华·卡斯帕里（Édouard Caspari）撰写，于 1884 年 8 月发布。[11]

法国的委员会明白，在华盛顿要讨论四个问题：采纳一条与地理经度相关的首子午线的用途；从科学和实务角度使用“d’une heure universelle”——即世界时；出于同样的角度，选择格林尼治子午线为世界首子午线的便利性；还有在地球的大地测量学和时间测量中实行十进制的可能性。在卡斯帕里的报告《统一经度和时间委员会报告》（*Rapport fait au nom de la Commission de l’Unification des Longitudes et des Heures*）中，对格林尼治的措辞——“选择格林尼治子午线”颇具暗示性，报告只字未提与这个选择相关的主张或决议（关于汇报罗马会议时所使用的语言，参见表 4.4，决议第 3 条）。法国人知道，他们必须抵制一种情况，即在他们看来，未经深入辩论便仓促作出决定是很危险的。事实证明，在这方面，法国人对罗马提案的态度——不仅对格林尼治的相关决议——对华盛顿会议的组织方式十分重要。

该委员会提出四项决议，实际上是对法国代表在内容和外交礼节方面的指示要点。关于主要的本初子午线问题，法国人认为，它最重要的属性是真正的国际性和中立性。这意味着它不应该从一块重要大洲（欧洲或者美洲）中间穿过。他们提出两条可能的备选本初子午线：一条经过白令海峡，一条经过费鲁岛（尽管 1883 年赫希在罗马会议上摈弃了费鲁岛的提议）。法国人认为，即使达成协议，各国也应当有权从国家当务之急的角度评判这条唯一本初子午线的益处。如巴特基所言，这无疑是“一种允许选择性违约的对冲手段”：万一法国的巴黎本初子午线被另一条线取代，这是一条“退出条款”。该委员会对世界时的决议很不屑，表示它不反对实行世界时，如果世界时满足同样的中立性条件，如果电报消息同时显示世界时和地方时。相反，法国人认为“这次高级别会议的契机”是一次敦促实行十进制的机会。如果十进制问题在华盛顿未能解决，可以再召开一次会议对此展开辩论。遵照这番指示，他们任命了赴华盛顿的两位法国代表：天文学家、默东天文台（Meudon Observatory）台长、卡斯帕里报告幕后的委员朱尔·让森（Jules Janssen）和外交官、总领事艾伯特·勒费夫尔（Albert Lefaivre）。[12]

实际上，华盛顿会议提请辩论的问题已经由 1881 年威尼斯国际地理大会的提案初步确定，1883 年罗马会议在赫希的引导下正式批准的议案又做出了更加强有力的决定。正因为这些问题预先发出了信号——在一定程度上甚至做了排演——25 国正式出席华盛顿会议的代表们才提前得到了本国政府的指示，指点他们赴会后应当如何行事。华盛顿会议的代表们可以获取在罗马起草的决议，它们几乎呈现为正式的议程，这显然让部分代表感到束手束脚。如奥托·斯特鲁维所述：

> 相当数量的代表并未收到对具体问题的特别指示，只是作为行为规范收到了恪守罗马大会决议的指示……在华盛顿会议的讨论过程中，按照公共使用和满足情况要求的理由，即使他们的个人观点使他们相当赞同会上所提决议的大方向，这些代表也显然不认为自己有权违背在罗马做出的决议。[13]

跟在罗马的情况一样，华盛顿会议的代表无权代表国家对所提议的决策做出承诺。各国选派的代表数量不同，这个事实无关紧要：在罗马时，投票是个人行为；与此不同，在华盛顿，投票是国家行为。要想理解华盛顿会议，我们必须认识到，斯特鲁维的评论很精辟：在美国首都发生的事情在很大程度上取决于代表们自觉受到约束的程度，而不是一年前在罗马商定的事项。对于代表人数超过三人的国家——英国和美国正是这种特例——成员之间就议程安排和发言内容的分歧使事态更加复杂。[14]

走向协议：1884 年华盛顿会议的运作

正式开会之前，必须处理程序事宜。现代的评论人员大多倾向于忽略这些问题，即使提到，也只是作为此次会议的“预备工作”一笔带过。然而，只有从一开始对必须遵守的礼仪、要任命的秘书长、是否把额外的专业知识包括在内、要落实到位的讨论程序等诸多事项达成共识，才可能在会议的话语空间发言。

1884 年 10 月 1 日，代表们受到美国国务卿弗雷德里克 · T. 弗里林海森（Frederick T. Frelinghuysen）的正式欢迎。在讨论具体安排之前，海军少将罗杰斯以会议主席身份做了两点说明。第一，他简单介绍了世界主义的宗旨和目标：“我们乐意抛开国家偏好和倾向，只为人类谋求共同的福祉，以尽可能小的不便为科学和商业找到一条各国均可接受的本初子午线。”第二，他宣布了美国客观公正的立场——也就是说，美国虽然覆盖 100 度经线，由铁路和电报线贯通，国内“遍布天文台”，美国代表“却无意敦促在本国境内设定一条本初子午线”。

罗杰斯的开场白反映了世界共同福祉的学术和政治语言，本初子午线的讨论通常使用的正是这两种语言。他宣布的第二条，即美国对本初子午线问题的立场，我们可以用不同的方式解读。一方面，它是立场中立的表达：这个东道国声明，它不期待受到偏爱。选择一条美国本初子午线即使可能性微乎其微，也仍然具有可能性：赫希等人在罗马以科学依据回顾本初子午线时，认可了华盛顿子午线的候选资格。另一方面，罗杰斯的话语是变相而深刻的非中立宣言——美国此前 30 年间正式使用两条本初子午线，过去一年又添加了长期使用的格林尼治用于航海目的，确认格林尼治为美国铁路时间的基准线。以格林尼治为准的日常生活和工作经验，再加上 1881 年威尼斯国际地理大会和 1883 年罗马国际大地测量协会会议的决议要领，意味着美国把世界的本初子午线设在本国境内将一无收获——当然，条件是华盛顿会议正式批准罗马会议提出的决议。

除了委任罗杰斯为会议主席，前两场会议还商议了其他筹备事宜：委任秘书；对用英法两种语言做会议记录的意见；讨论会议是否向公众开放；“邀请杰出科学家参会的正当性，部分科学家目前在华盛顿，也许有意出席此次会议并参与待决议题的讨论”；在必要的情况下，怎样以最佳方式考虑外部人士所提交的对当前议题的书面论述，并将其收入会议记录。

有些事项迅速得到解决。几位秘书的任命得到了全体通过：巴西帝国天文台台长路易斯·克鲁尔斯（Luis Cruls）、法国的朱尔·让森和中将理查德·斯特雷奇。会议记录使用英语和法语，第二天可拿到双语记录以供查阅。会议不向公众开放。吸收外界科学意见的问题不太容易解决。指挥官桑普森提议，邀请几位此时正在华盛顿的人物出席此次会议：航海天文历编制局局长西蒙·纽科姆教授；美国海岸与大地测量局（U.S. Coast and Geodetic Surveys）局长朱利叶斯·希尔加德（Julius Hilgard）教授；美国海军学院数学家、天文学家阿萨夫·霍尔（Asaph Hall）教授；卡尔斯鲁厄（Karlsruhe）天文台台长卡尔·W. 瓦伦蒂纳（Karl W. Valentiner）教授；英国工程师、物理学家威廉·汤姆森（William Thomson）爵士等。讨论围绕他们参会的性质展开：他们只出席会议，不提供意见？提交书面观点？是否允许他们代表各自的政府？对最后一个问题举行了投票，遭到否决。桑普森提议，允许会议主席“请应邀出席此次大会的诸位先生就一切议题发表意见，他们的意见也许十分宝贵”，斯特雷奇对这个提案的修改意见得到全体一致的采纳。阿贝建议，会议承认收到了外部人士发来的信息，但“避免就它们各自的利弊发表意见”，这个建议遭到否决。罗杰斯在议程正式开始前已经收到部分来函，一份来函认为，应该以耶路撒冷为世界的本初子午线。大家商定，在会议期间适当的时刻审查这些建议。上述预备工作表明，此次会议是可渗透的：除代表之外的声音得到了倾听；由未出席者书面提交的材料得到了考虑。报社记者发布了几场会议的消息。随着会议推进，这些事项将变得十分重要。[15]

格林尼治、中立性与原则问题

1884 年 10 月 2 日下午，由美国代表刘易斯·拉瑟弗德提出的第一条重要事项是：“会议向派出代表的各国政府提议，采用经过格林尼治天文台中星仪中心的格林尼治子午线为标准子午线。”代表们立刻明白，这意味着批准罗马会议第 3 条决议（表 4.4）。法国方面的艾伯特·勒费夫尔马上认为，这个提议“违反了规程”。他这样做，是因为他以为此次会议应当只表达所提交的“供我们各国政府批准”的“共同愿望”——用他的原话，他们的使命是“具有国际重要性的高尚”使命，但不是做出决策的使命。他们的权力在于提出日后将由各国政府批准的建议。勒费夫尔秉持的观点是，华盛顿的代表们不受 1883 年罗马会议提案的约束：“我们丝毫不受罗马召开的会议决策的约束。”他强调指出，这个问题具有一定的重要性：“我要多说几句：委派我们赴会的政府绝不认为罗马会议的结果具有官方权威；如果把那些结果视为起点，就没有我们召开此次会议的契机，罗马国际大地测量协会大会通过了一些决议，我们的政府只需决定接受或拒绝那些决议即可。”

朱尔·让森接起这位法国同事的话头提出两点。在他看来，拉瑟弗德的提议十分冒昧：“一个性质如此严重的提议……要投票表决是完全不可取的，我们这次会议几乎没有进行安排，而且我们尚未就待考虑问题的真正利弊展开讨论。”必须考虑这个问题背后的原则，而不是具体提案：“在讨论为世界各国选择一条子午线充当共同的 0 度经线之前,(如果此次大会认为讨论这个要点是适宜的，)很显然，我们必须首先明确制约我们所有议程的原则问题；换句话说，为各国设定一条共同的 0 度经线是否可取。”[16]

会议尚未正式开始，法国就似乎要以原则立场为由使之脱离正轨。斯特雷奇、拉瑟弗德和弗莱明做出回应，提到了 1882 年 10 月美国总统切斯特·阿瑟转给弗里林海森的第一封信，还有切斯特·阿瑟 1883 年 12 月 1 日关于此次华盛顿会议的邀请函。他们强调指出，这些信函清楚地表明，此次会议的目的是商定一条本初子午线和世界时。但法国人却一味闪烁其词，无视邀请函的要旨，并且对在罗马提出的决议的实践意义给华盛顿会议提供的指引置若罔闻。让森依旧重申他的反对意见：“勒费夫尔先生，我尊敬的同事，依我的意见，此次大会的使命主要是仔细考察原则问题。我认为如果我们宣布采用一条各国共用的子午线的原则，就做了一件重要的事。”让森竟然提到了再开一次大会的可能性：“这个原则一旦确立，我们的政府随后将召集一次比此次会议更具技术性的会议，落实问题将在会上得到更加彻底的考察。”拉瑟弗德再次强调了当初邀请函的措辞——“此次会议的目标不是确立原则，说明一条本初子午线值得拥有，而是设定一条本初子午线。”

遵照外交礼节的要求，他们虽然对法国的原则立场感到不安，遣词用句却必须十分谨慎。在拉瑟弗德看来，似乎“法国方面几位博学的先生想必存在一些误会，以为此次会议无权设定一条本初子午线”。他本以为诸位代表在前来华盛顿参会前都研究过这个问题（他承认，法国代表收到了政府的指示，他却没有）。意大利、西班牙、瑞典、俄国、德国、墨西哥、巴西等国代表的答复和代表英国的斯特雷奇佐证了他的观点。在斯特雷奇看来：代表们要为所提出的决议展开辩论并投票表决，再向各自的政府提出建议。一方坚持原则问题，另一方强调，当初邀请函的措辞具有明确的实践含义，双方的意见分歧导致 10 月 2 日的会议休会。没有做出任何决策。[17]《泰晤士报》通过电报收到消息并报道了最新进展，对本初子午线的重要性做了报道，宣布迄今为止尚未就确立本初子午线的目的取得进展。《纽约时报》的记者似乎掌握了内幕消息，知道将会发生什么："美国航海局（United States Bureau of Navigation）的官员表达了观点：会议将要么采用格林尼治子午线，要么达不成任何协议，因为大不列颠和美国都不赞同其他子午线。"[18]

会议于10月6日再次召开。拉瑟弗德最初的建议在添加了"作为附加的经度子午线（指格林尼治）"几个字作为修正后保留了下来。此时，他已在正式会场外与法国代表，可能也跟其他代表交换过意见。拉瑟弗德暂时撤回了动议，为了让法国人提交进一步的动议："首子午线应当具备绝对的中立性。应该专门加以选择，保障对科学和国际贸易一切可能的好处，尤其不该从大块陆地——欧洲或美洲中间穿过。"让森和勒费夫尔提到，法国的委员会给身为代表的他们下达了初步指示，由此引发了关于中立性及如何理解中立性的冗长讨论。在这种情况下，他们似乎要颠覆早先在罗马和其他地方展开讨论所依据的科学理由，并且驳回巴黎、格林尼治、华盛顿和柏林的备选资格。

在英国的弗雷德里克·埃文斯看来，这是个大问题。千万不能无视科学理由，在罗马正是以科学理由确认了几条可能的本初子午线。科学应当居于首位——这是他的关键原则。只有几个备选地点一律平等，代表们才可能考虑具体标准："此次会议应当格外谨慎地从科学角度看待这个问题，不要违反罗马会议设定的条件。"美国代表团的桑普森表示同意。桑普森的话语流露出大家对法国代表的立场越来越不耐烦的态度："如果说我们一致认为，设定唯一的本初子午线是可取之举，如果说我们得到了做出选择的充分授权，换一种说法，也就是我们各自受到政府的指示，可以做出选择（这里指当初邀请函的措辞和它明确的实际含义），那么，我们可以直接着手履行这项职责。”桑普森接着指出，世界的本初子午线应当经过天文台，这一点至关重要：“如果采用大金字塔子午线，就无法获得任何科学或实践优势。”在他看来，杂七杂八实践方面的事项和“额外的经济考量”——如果商定的首子午线并非各国原有的首子午线，将牵涉重印地图和航海图的成本——意味着这条子午线必须是格林尼治。民族自豪感导致各国把“自己的本初子午线设在本国境内”。三十多年前，美国犯了“这个错误”（暗示 1850 年采用华盛顿和格林尼治的决策），现在到了抛开民族成见和惯例的时候。[19]

法国人反驳说，他们不是在为维护巴黎子午线争论。如果是，巴黎“（与格林尼治）相比也不会输”。让森在为自己的说法辩护时，援引了“电（电报）得出经度差的最新观测”“给出了高度准确的惊人结果”。事实是，测定巴黎和格林尼治天文台的经度依然是个难题（如第 6 章所示），与较早时期一样，但让森绝不会公开承认这一点。对于法国人，关键问题既不是巴黎子午线，也不是宣称的经度测定的准确性。重要的是所选的本初子午线的全球中立性。让森警告说，如果没有对中立性的承诺，就没有继续探讨的意义：“我们要求在第二场会议关于共同本初子午线用途的总宣言之后，大会要讨论为选择这条子午线提供指引的原则问题。诸位先生此前曾负责维护本初子午线的中立性原则，很显然，如果大会摈弃了这个原则，我们参加讨论并选择一条子午线用作经度起算点，就将毫无用处。”

让森捍卫“中立性”的长篇大论的说辞涵盖了几个问题。他分析道，本初子午线的科学依据和道德依据是存在差别的。前者的问题是长期不精确，并且纠结于本初子午线事实上设在何处、应当设在何处。后者关系到国家偏好。法国人认识到，地理和观测的本初子午线之间存在差别。如果选择了巴黎以外的本初子午线，他们当然为必须修改法国的地图、海图和《天文历书》感到着急。重要的还有，他们认为中立性是个地理学问题。让森面向广大代表，特别针对桑普森和拉瑟弗德，评论了何以“我们（法国人）不倡导任何一条具体的子午线”。这是一个存在争议的要点。法国人想要的——并希望其他人作为确定的原则加以接受的——是采用一条世界本初子午线，它不以科学依据为首要的决定因素，而是以天然的地理设置为依据：“在地球上，大自然把大陆截然分开，伟大的美国冉冉升起，从地理角度只有两个可能的解决方案，二者都是天造地设。第一个解决方案是回归古人的解决方案，只需微小的修正，把我们的子午线设在亚速尔群岛附近；第二个是把它抛回隔开亚洲和美洲的浩瀚洋面，设在新世界与旧世界毗邻的北部海岸（白令海峡）。”

这番把中立性视为地理结论的宣言——大自然提供了位置最佳的地球本初子午线，它不属于任何一个国家——否定了长久以来的观点，至少否定了近代早期人们的理解，也就是《按真正的海图航行》的作者所述的观点：“（我们不认为）地球上任何事物本质上……迫使我们把首子午线设在一处而不是另一处。”但法国人既不是否认科学逻辑，也不是反驳准确性的重要性（科学取决于准确性）。在罗马，代表们认为，获知本初子午线精确位置的关键，在于把它设在备选的四个天文台的其中一处。在华盛顿，让森和勒费夫尔却主张，科学使准确地定位一条中立的本初子午线成为可能，其方式不是把它设在现有的天文台，而是努力计算本初子午线相对于这些天文台的位置：“由此得到的位置与某几个大天文台相关，选择这几个大天文台是因为它们准确无误地相互关联，可以用以这种方式确定的相对位置来设定首子午线。”究竟该怎么做，应该采用两个方案中的哪个——亚速尔群岛附近还是白令海峡——让森认为并不重要：“我不建议思考设定这样一条子午线的具体事宜。我们只需在你们面前为它的原则辩护。我们收到指示，如果大会批准这个原则，我们可以说，你们找到了与法国人达成协议的基础。”[20]

法国人的论点引发了各种各样的反应。约翰·亚当斯认为，让森的言论“几乎完全出于情感考虑”，而不是为了“广大世界的共同便利”。如果像法国人主张的那样设定一条中立的子午线，那么，在选定的地点要有一个天文台——1883 年，赫希已经否定了费鲁岛、吉萨、亚速尔群岛和耶路撒冷。亚当斯指出，否则，“我们只有一个法律虚拟的 0 度经线，根本不是真正的 0 度”。亚当斯接着发言，说到法国人在“中立”模式下提出的两条本初子午线，假如“他们以巴黎以西 20 度的一个点为 0 度，当然事实上就是以巴黎为本初子午线；这个点不该只是个名义，但事实上它就只是个名义。”克利夫兰·阿贝催促法国人说明什么是中立的子午线：“大会要以什么原则设定一条中立的子午线，中立的子午线是什么样？它是历史的、地理的、科学的，还是算术的？要怎么设定？”阿贝评论说，毕竟，法国人给了世界一个“中立的度量衡体系”，其实公制并不是一个中立的体系，而是一个法国体系。同样，“‘中立的经度体系’这种表述是神话，是幻想，是诗文，除非你能严格地说出怎么做到中立。”让森重申了中立原理的地理依据：“现有的几条本初子午线由大天文台设定，它们因此附有国家的名称，而且由于长期使用而与该国联系在一起；如果我们只根据地理考量、只根据用途提出采用一条子午线的建议，我们这条子午线就具有中立性。”[21]

这时候，罗杰斯请西蒙·纽科姆发言——他是首位发表意见的非会议代表。纽科姆在航海天文历编制局的职务和他的声名鹊起为他的发言赋予了权威性，虽然我们看到他特别维护美国的利益，完全不支持弗莱明对世界时的建议。纽科姆承认，以确定的天文台为本初子午线的依据其实没有必要（由此驳斥了在场的桑普森和不在场的赫希），他对法国人的原则立场抱有同情。但实用主义做出了恰好相反的决定。在他看来，“在任何情况下，拥有绝对中立的本初子午线都是不切实际的；本初子午线的设定必须取决于务实的次要考虑，不管它可能在什么地方”。由于科学对观测和记录的准确性要求，中立是根本不可能的。可行性（现有天文台的事实）打败了原则性（天文学家等有能力新设一条与天文台相关的本初子午线）。根据其在印度和喜马拉雅开展地形测量的经历，斯特雷奇表示同意：“为了测定经度而设定一条首子午线是绝对必要的，它应该设在天文台，可以由天文台用电报线与其他地方相互关联；设定一条中立的子午线，无非是想确立一条理想的子午线，真正以天文台所在地的某个点为依据。”纽科姆似乎认可法国人的原则立场，亚当斯对此提出异议，但他同意纽科姆的观点，即应当在实践基础上选择首子午线。[22]

这一天，会议一直在考虑原则和中立性问题，最后为了审阅具体的讨论内容（打印稿）而休会。这时候遇到一个小问题：没有现成的法语速记员。用法语发言的让森担心他不能完整准确地表达自己的意图，要求推迟为中立原则投票。一周后，即 1884 年 10 月 13 日第 4 次会议再次开始时，10 月 6 日所讨论内容的法语版仍未整理完成。没有证据表明法国代表对这种状况表示关切，但一个事实始终不变：关于中立的本初子午线的相关争论，他们能够参阅法语版的时间比英语版晚了很久。对原则的争论由于翻译和打印的实际条件遭到延迟。

记者报道了会议的消息，代表们也写信给亲朋好友谈论自己在其中的角色。《泰晤士报》简短地报道了让森冗长的讲话和他对经过白令海峡或亚速尔群岛的中立子午线的呼声，文章对会议能否得出结果表示怀疑。斯特雷奇在会议间隙写信给美国的朋友们。一个朋友回了信，表示希望“我们急躁的法国兄弟也许会提出更加合理的要求，同意以格林尼治为唯一适当的共同的子午线，让你能在返回英国前参观一下我们这个国家”。让森写信给留在巴黎的妻子，他说，他发表了中立本初子午线的讲话，那是“一次着实可怕的会议……他们攻击我，一个接一个，力图用一切可能的论据摧毁我的子午线”。他暗示几位当事人居然存在预谋：“他们早已计划要一个接一个攻击我，每人给出不同的理由。我一个人对抗四十个人，其中不乏英国和美国的重要科学家，但是战斗激发了我的斗志，我思如泉涌，侃侃而谈。”如果这番话暗示让森在讲话时存在即兴发挥的因素，那么，回想自己的讲话又给他提供了思考现场反应和他本人成就感的机会，他私下对最终结果表达了一种无法公开表达的无奈：“而且，大家几乎全都对我表示祝贺，他们相当友善（尤其是大批听众）地说，会议很精彩，看到一位科学家同时又是演说家，他们都入了迷。法国取得了道义上的胜利。我们只能希望是这样，因为每个人都得到了精确而正式的指示，要投票支持格林尼治。但我们的态度必须是高尚的，也确实是高尚的。”他写道，他在拥挤闷热的外交厅里卖力，衬衫都湿透了：“晾了两天才干。”[23]

大会的第 4 场会议在 10 月 13 日 1 点钟开始。除了 10 月 2 日达成的一致意见，即应当设定唯一的本初子午线，此时尚未商定任何事项。没有就法国前一周的决议投票。公众对会议反应冷淡。在伦敦，《泰晤士报》注意到，美国的报纸报道称，法国代表迄今为止的行为“幼稚而愚蠢”。10 月 13 日，第一个发言的是桑福德·弗莱明。弗莱明参照自己对世界时和本初子午线的书面叙述，强调了世界的共同福祉，敦促同行代表们“抛开我们所抱持的一切国家或个人成见，从共同体的成员——也就是世界公民的视角看待这个问题”。弗莱明提醒与会代表，法国的决议“无疑牵涉选择一条全新的子午线”，他说明了三个要点。他断言，中立本初子午线的原则没有错，“但我确信，企图设定这样一条线将不会产生好结果。中立的子午线理论上很美妙，我只担心它完全超出了可行的范畴”。他认为，世界的本初子午线应当与使用中的多条而不是其中一条首子午线相关，为了支持这个论点，他朗读了自己五年前发表的与这些子午线相关的相对吨位表格（表 4.3）。这些表格指向了以格林尼治为备选子午线——“但格林尼治是一条国家子午线，以它为国际零点会唤起民族的脆弱感情”。这一切是为了引出他本人在《经度与计时》中提出的方案，即应当以格林尼治的对向子午线为世界的首子午线（图 4.4）：弗莱明再次引用奥托·斯特鲁维 1880 年的论文支持自己的论述。简而言之，没必要根据法国人简要说明的原则设一条中立的子午线：“人们很快就会认识到，这条太平洋子午线的中立性不亚于任何一条可能的子午线。”[24]

在关于中立性的冗长讨论中，弗莱明的发言是最后的有效陈词。会议秘书之一路易斯·克鲁尔斯对当前的问题做了总结，然后，罗杰斯复述了法国关于本初子午线“绝对中立性”的决议并付诸投票。只有巴西、法国和多米尼加（San Domingo）投了赞成票，其余 21 国都投了反对票。原则问题显然遭到了摈弃，至少法国人这样认为。关于本初子午线的具体位置，此时尚未作出决定。拉瑟弗德获准回到早先的决议，回到在罗马商定的事宜为华盛顿会议设定的议事日程。但是在继续推动拉瑟弗德关于“以格林尼治天文台中星仪的中心为经度的首子午线”的决议之前，桑福德·弗莱明提出一个修正案，子午线应当“位于经过两极和格林尼治天文台中星仪中心的大圈上”。也就是说，弗莱明正式修改并提出了他本人 1879 年关于格林尼治对向子午线的方案（也是奥托·斯特鲁维 1880 年的方案）。这样一来，弗莱明就暴露了英国代表团内部重大的意见分歧，并且违背了英国政府在这个问题上的立场。约翰·亚当斯立刻站起来，表示他的英国同事不同意弗莱明的观点，并声明他们要投反对票：“在他们看来，以格林尼治子午线 180 度的一个点为计算经度的起点，这样的主张没有丝毫优点……如果以国家属性为由反对格林尼治子午线，那么，格林尼治 180 度的子午线同样会遭到反对。这条线和那条线的国家属性完全相同。”会议没有对弗莱明的修改意见付诸口头表决，修正案遭到失败。

这时候，英国政府担心的事情出现了——即公制问题与可能采用格林尼治的关系。来自西班牙的胡安·巴莱拉（Juan Valera）告知代表们，他和同事收到政府的指示："接受格林尼治子午线为国际经度子午线……希望英国和美国方面像它（西班牙）一样接受公制。"罗杰斯插话进来，维护议事日程："度量衡问题不在此次会议的范畴。"理查德·斯特雷奇报告称，虽然公制问题不在华盛顿会议的议事日程上，但他可以向会议报告，大不列颠决心加入米制公约："我出国时，已经完成或即将完成对这项事务的安排，所以，事实是就度量衡问题而言，大不列颠的立场今后将与美国完全一致"（英国于 1884 年 9 月 11 日正式加入）。艾伯特·勒费夫尔做出回应——如同多数代表，他也看到为格林尼治正式投票迫在眉睫——他提醒代表们别忘了赫希在罗马表达的观点：如果接下来采用格林尼治——"牺牲法国"——那么，英国应当以"支持实行公制"做出回应。勒费夫尔坚持认为，格林尼治子午线"不是一条科学的子午线……采用它并不意味着天文学、大地测量学或者航海取得了进步；也就是说，并不意味着人类活动的任何相关分支和追求取得了进步，而我们在积极谋求把这些分支统一起来"。法国的原则立场失败了，采用公制也许可以减轻法国的不安。"我怀着巨大的愉悦听到来自英国的同事宣布，英国政府准备加入国际米制公约，但我遗憾地注意到，我们的处境不如在罗马时有利，因为会议提议彻底放弃我们的子午线，没有任何补偿。"[25]

另外两位代表发了言，之后，罗杰斯把会议引向拉瑟弗德的耽搁了很久的决议。威廉·汤姆森敦促法国以务实的理由接受该决议。弗雷德里克·埃文斯提出了以格林尼治为基础的英国海军表格在全世界的销售情况，还有《航海天文历和天文星历表》销售情况的具体统计数据（过去 7 年的年销量远远超过 15 000 份）。与弗莱明的吨位和子午线统计数据一样，格林尼治在世界制图和航海中的主导地位不容否认。[26]

罗杰斯重申了拉瑟弗德提出的决议："会议向派出代表的各国政

府提议，采用经过格林尼治天文台中星仪中心的格林尼治子午线为经度的首子午线。”代表们知道，拉瑟弗德的决议至关重要。整整开了三场会议讨论这个问题，没有达成共识。打印的会议记录占到华盛顿会议《议程议定书》的近一半篇幅。在正式投票时，21 国赞成，一国（多米尼加）反对，两个国家（法国和巴西）弃权，萨尔瓦多代表在投票时因病缺席。以多数票决定了格林尼治为世界经度的本初子午线，但不是全体通过（表 5.1，决议第 2 条）。《泰晤士报》只是一知半解地关注真相，它想当然地报道称：“除了极端敏感的民族情感，没有什么曾经挡在路上，阻止采用地图制作者长期普遍使用的英国子午线。”话虽如此，这位记者也承认：“事实证明，这个问题并不像它乍看上去那么简单。”[27]

以格林尼治为世界本初子午线的决议的幕后详情至关重要，不仅说明了所探讨的问题，还说明了探讨这个问题的原因和方式。在一切严格的意义上，华盛顿会议都不是几条互不相让的本初子午线展开角逐的场所。在华盛顿，格林尼治的备选资格最早是由美国代表而不是英国代表提出，会议坚持了 1883 年在罗马确立的议事日程，罗马的议事日程又是 1881 年在威尼斯构建的。罗杰斯的开场宣言排除了把世界的本初子午线设在美国境内的可能性，其目的是排除多方角逐（华盛顿天文台属于罗马以科学依据确认的四个可能性选项之列）。罗杰斯的宣言还起到了限制讨论多种可能性的额外效果。

法国人之所以抵制罗马决议，抵制拉瑟弗德的提案和格林尼治的候选资格，不是为了抬高巴黎的地位。英国人内部对实践中的多条本初子午线存在分歧，法国人则全体在为中立性和科学的原则事宜争论。刚开始，中立性意味否定召集此次会议的基础（也就是说，1884 年华盛顿会议不应当受 1883 年罗马会议约束）。中立性还意味着以其与国家相关为由，舍弃既有的观测本初子午线。法国对中立性多了一层理解，认为中立性是一个地理问题：本初子午线

表 5.1 在华盛顿举办的旨在确定本初子午线和世界日的国际子午线会议决议

决议	决议内容	决议的投票模式
1	大会认为，各国采用一条本初子午线取代现存的多条首子午线，是可取之举	全体通过
2	会议向派出代表的各国政府提议，采用经过格林尼治天文台中星仪中心的子午线为经度的首子午线	赞成 =22[a] 反对 =1 弃权 =2
3	经度从这条子午线算起，从两个方向计算，各 180 度，东经为正，西经为负	赞成 =14 反对 =5 弃权 =6
4	会议提议把世界日用于可能存在便利的一切目的，不干涉在适宜的情况下使用地方时或其他标准时间	赞成 =23 弃权 =2
5	世界日为平太阳日：在全世界，它从首子午线的子夜 0 时开始，与民用日的起点和这条子午线的日期相吻合；从 0 时到 24 时计时	赞成 =14[b] 反对 =3 弃权 =7
6	会议表示，希望在可行的情况下尽早安排天文日和航海日，使之一律从平子夜开始	未分组表决获得通过
7	会议表示，希望重启技术研究，旨在规范并把十进制推广应用于角度空间和时间的划分，允许推广应用于体现其真正优势的一切领域	赞成 =21 弃权 =3

来源：*International Conference Held at Washington for the Purpose of Fixing a Prime Meridian and a Universal Day. October, 1884. Protocols of the Proceedings*（Washington, DC: George Brothers, 1884），199–203。

a. 萨尔瓦多代表安东尼奥·巴特雷斯（Antonio Batres）先生在1884 年10 月13 日投票当天生病。第二天开会时，会议接受了他支持格林尼治的选票，并补充到“议程的适当条目”——由速记员保存的打印记录——使支持格林尼治的总票数达到22 票。

b. 最初为这个决议投票时，土耳其代表拉斯特姆·埃芬迪（Rustum Effendi）投了赞成票。在1884 年11 月1 日此次会议的最后一场会议上，拉斯特姆·埃芬迪表示，他想把投票改为反对票。会议代表接受了他的请求，没有提出异议，但是如这里所示，打印记录没有更正。

的位置与自然界的地理情况相关，它不是位于哪个天文台，而要通过准确地测量几条线加以确定。商业实践的经验证据——弗莱明的吨位统计数据和不同的首子午线，埃文斯的地图、海图和《航海天文历和天文星历表》的销量——共同作用，否决了法国人关于原则的争论。多国代表早在抵达华盛顿之前就得到指示，要投票赞成格林尼治。在《科学》杂志的编辑看来，此次会议的政治性高于科学性："时间多半被政治外交和情感占用。"[28]

计算经度

华盛顿会议对经度决议的措辞——再次由拉瑟弗德提议——有效地声明，经度要"从两个方向计算，各 180 度（从选定的本初子午线算起），东经为正，西经为负"。这违背了在罗马商定的决议，当时建议"经度一律从格林尼治子午线算起，只以由西到东的方向计算"（表 4.4，决议第 4 条）。部分代表认为，这只是个细节问题。其他人则认为，这个细节很重要。瑞典代表团的卡尔·莱文豪普特（Carl Lewenhaupt）伯爵提议修正拉瑟弗德的决议，华盛顿会议应当采用罗马会议的建议。这个主张大家都不喜欢。在桑普森看来，拉瑟弗德提出的初步决议"与世界的习惯完全一致"。弗雷德里克·埃文斯强调说，真正重要的是海员的习惯。埃文斯认为，"只从一个方向计算经度的提议与海员的方法脱节"——也就是说，如果接受罗马决议而不是拉瑟弗德的提案——将造成"极大的不便"，尽管他毫不讳言地承认，罗马决议"是比较简单的方法"。他的两位英国同胞代表跟他想法一样。根据斯特雷奇的观点，代表们应该舍弃在罗马提出的建议，他担心事后造成社会混乱："在罗马提出的体系将在格林尼治的正午时刻造成日期中断的结果，民用日的上午与下午会分属不同的世界日，整个欧洲都会出现这种情况。如果世界日与格林尼治民用日对应，经度从东西两个方向计算，各 180 度，就能克服这些难题，一个完美的简单法则便足以把地方时转换为世界时。”在亚当斯看来，表示世界经度的不同方法——从格林尼治起由东向西，还是由西向东 0 度到 360 度——无关紧要：“从数学角度看都是一回事。”[29]

但桑福德·弗莱明认为这个问题很重要：真正受影响的是世界时问题。华盛顿会议又为他提供了一个思考时代的现代性的机会。弗莱明论述道，过去不需要共同的计时和经度体系，现代世界则要求采用全新的通用方案。在他看来，“移动手段、思想和话语即刻传输的科学应用逐渐收缩了空间，消除了距离”。这个方案应当定义并创建一个全世界共同的世界日，在相同的基础上确立世界时，生成“一套扎实而理性的计时体系，它最终也许将在各地用于民用目的，并保证世界范围内的一致性和准确性”。这是个计时和测算经度的问题：它们可以用共同的符号表示。弗莱明在为他的分析辩护时，提出了题为“规范时间和测算经度的建议”的几个提案。打印的议事记录其实是这些提议的总结。弗莱明以小册子形式把篇幅较长的论述加以综合。从标有“敬呈”字样的扉页判断，会议期间代表们可以看到这些小册子。[30]他的核心建议是“宇宙日”和“宇宙时”概念，二者都不是从格林尼治算起，而是“从本初子午线起 12 小时的子午线”算起。弗莱明建议，经度应当“向西连续计算，以对向本初子午线为零点，与格林尼治相差 12 小时”。[31]

弗莱明执意重回他 1879 年在《经度与计时》中提出的计划，这种执着源自用心良苦的世界主义原则，却与既定的做法和英国同胞代表的观点相左。“它背离了现存的用法和习惯，”亚当斯指出，“在我看来，这是个无法逾越的严重缺陷，我看不到任何优点能抵消这个缺陷。”埃文斯对弗莱明的发言表示“失望”。斯特雷奇只是指出，目前的体系是“理性而对称的方法”。没有对弗莱明的建议正式投票或口头表决，讨论又回到了拉瑟弗德的初步决议。经度应当怎么测量，英国代表团内部对此存在分歧，但是与分歧本身相比，背后的理由更加意义重大：维护现状，坚持既定的海运实践，拒绝罗马会议的决议。

然而，适合水手的经度测算法未必适合其他人。随着投票临近，桑普森讲到了这个问题："据我所知，在场的许多代表收到了支持罗马会议决议的指示。"（表 4.4，决议第 4 条）但他接着说："我的看法是，按照罗马会议的建议，从本初子午线起由西向东连续计算经度，比不上现在摆在我们面前的提议（拉瑟弗德的决议，大意是从格林尼治起从两个方向计算经度）。"可是，这与他本人偏好的天文实践相矛盾："就我个人而言，我喜欢看到经度由东向西连续计算，更多地与天文学家目前的用法保持一致。"他知道这种可能性很小，如同罗马会议的建议获得通过的可能性很小一样："许多代表似乎收到了政府的指示，赞成反方向计算。如果大会通过了不同于罗马会议提案的其他计划，代表们将不得不把与罗马会议的建议相反的方案作为大会结果呈交给本国政府。鉴于两个建议方案自相矛盾，相互抵触，所以我支持此刻摆在我们面前的提案，它是最妥当的。"[32]

拉瑟弗德的经度决议得到 14 票支持，5 票反对。6 个国家弃权（表 5.1，决议第 3 条）。对这条经度相关决议的投票反映了莱文豪普特和桑普森等人看到的情况，代表们就这个问题存在"巨大的观点分歧"。这些不同意见体现了海员和天文学家的实践差异，而不是国家之间的区别。在华盛顿提出的决议违反了罗马会议的建议，让一个团体即海员的习惯做法相对于天文学家和制图师等享有了优势地位。这个决议是出于便利，但它并非对所有人便利，这一点不该被掩盖。

规范时间

在印发给代表们的通告上，第三条决议与世界时有关："会议提议把世界日用于可能存在便利的一切目的，不干涉在适宜的情况下使用地方时或其他标准时间。世界日为平太阳日；在全世界，它从首子午线的子夜 0 时开始，与民用日的起点和这条子午线的日期相吻合，从 0 时到 24 时计时。”[33]

大家认为这条单独的决议过于复杂，于是依照其构成，把它分成两条，先表述采用世界日。克利夫兰·阿贝根据他把美国铁路时间标准化的经验，详尽地讲述了世界日和世界时的优点：重要的是实际的便利。在这个语境下，来自意大利的艾伯特·德·弗雷斯塔（Albert de Foresta）指出，大家正在讨论的这些内容与罗马的第 5 条决议几乎没有不同（表 4.4）。他提议采用罗马措辞的修正案遭到失败，但他和另外几个人的插话促使修改了第 1 条，添加了“或其他标准”（关于地方时）几个字。这条决议以 23 票支持、两国弃权获得通过（表 5.1，决议第 4 条）。

于是剩下这条决议的其余部分悬而未决：世界时问题和它是否应当与民用日重合，怎样计时。来自西班牙的胡安·巴莱拉认为，这个问题“相当重要”，但他承认，他没有权力或能力对这个问题做出判断：“我承认，我的使命已经完成。西班牙政府指示我承认一条共同本初子午线的必要性和有效性，并接受格林尼治子午线为通用的子午线。我已经履行了这些指示。”对于这个问题，其他国家的代表在评估自己的能力和责任时，都不像他这么坦白。这说明对于能够参与决议的具体内容的程度、做出决策所牵涉的科学知识、可能产生影响的性质等，代表们的感受各不相同。这时候又出现了一些其他问题，它们共同作用，把事情拖延下去。对这个问题的讨论在一天将要结束之际才开始，没有留下时间充分展开辩论。法国人对议程的参与受到阻碍，如让森的报告所述：“草案的准备工作相当滞后，让大会成员充分知晓所有讨论内容是可取之举。”会议延期到 10 月 20 日。[34]

第 6 场会议的第一件事是处理书面交流材料，罗杰斯共收到 17 份非参会人员提交的材料，由一个委员会在亚当斯的主持下予以审查。有的材料马上遭到摈弃：计时器的专利提案、对测量体系的声明、采用伯利恒为首子午线的提案等。其他材料引起了更多关注。早在会议之前，贝吉耶·德·尚古尔多阿就从巴黎写信来，力陈他把首子午线设在大西洋中间的理由（最早由他在 1875 年巴黎国际地理大会上提出），并给每位代表寄了一份提案副本（见图 4.2）。这些提案“与让森教授在会场上据理力争但未能获得赞同的内容几乎一模一样”，它们遭到否决，不是因为它们倡导设定这样一条子午线——它们其实与法国代表团提出的选项十分雷同——而是因为它们不在“我们各自收到的政府指示所限定的范围之内”。这不完全属实，因为法国人对原则的争论已经提出了以亚速尔群岛为“中立”本初子午线的可能性。希尔加德教授出席了会议，但不是会议代表，几封探讨大金字塔计量学的信件经他之手提交，会议给予关注之后把它们搁置一边。

没有人为这些书面意见采取集体行动。重要的不是所提的观点，而是与会人员认为，这些从他们的权威言论空间以外收到的书面证据不可采纳（当初的声明恰好相反），他们对审核这些证据的时机也有看法。如果早些审核这些提案，在做出重要的决策之前加以审核，有些提案可能会对讨论产生影响——例如贝吉耶·德·尚古尔多阿的来信。

就这样，这个由代表组成的集体低估了其他人提交的证据，再次确认了自己的知识权威和政治权威（尽管就瓦莱拉的情况而言，他承认自己可能出错），把注意力转向了六天前所提决议的其余部分。这条决议称，标准日应当是平太阳日，开始于“全世界在首子午线的子夜时刻，与民用日的起点和起始经线的日期重合”，计时从 0 时到 24 时。瑞典的莱文豪普特伯爵马上提出了修改意见，大意是“世界时和宇宙日”的起点应当是格林尼治平正午，不是平子夜。这一点尚未讨论，西班牙的鲁伊兹·德尔·阿尔伯尔（Ruiz del Arbol）就又提出修改意见，认为已经有了一条用来计算世界时的子午线。这里要再说一遍，一定要理解华盛顿会议的草案。罗杰斯指出："主席必须遵照这次会议到目前为止所遵照的原则，按照先后顺序考虑每条修改意见，再按照相反的顺序把它们交给大会处理。"除了以格林尼治子午线为世界首子午线的多数票决策，这条关于世界时的决议的达成方式不是由代表们共同考察这条决议的固有优点，而是通过排除其他意见，在这一点上，这条决议比华盛顿会议的其他决议体现得更为明显。

鲁伊兹·德尔·阿尔伯尔插话进来，主要谈了两点。一是他相当混乱地论证指出，世界其实已经有了一条用于计时的通用子午线——即罗马的对向子午线。他认为，当基督教世界把儒略历和格里高利历（Julian and the Gregorian）放在一起，把计算天数的两个体系合二为一时，罗马已经成为商定的原点。现在是个契机，现代世界可以以罗马的对向子午线，即经过从罗马算起 180 度的点的经线为计时的首子午线。二是他请求不要选择与世界时相关的首子午线，把这个问题留给铁路和电报公司、邮政当局和各国政府决定。亚当斯简短的答复暗示了满腔愤怒："我不同意这个主张。在我看来，它完全缺乏简洁，简洁应当是此次会议的主要目标。"印发的《议程议定书》的措辞——"主席礼貌地建议"，指罗杰斯对这位西班牙代表说话的态度——说明，这个问题造成了略微紧张的气氛。罗杰斯提醒道，大家正在讨论的是莱文豪普特的修改意见，即采用罗马会议提出的建议，让世界时从格林尼治正午开始（决议第 6 条，表 4.4）。鲁伊兹·德尔·阿尔伯尔坚持自己的立场，提出再开一次会讨论这个问题，像早先让森代表法国提出的建议一样："我建议，我们不要采用任何一条子午线，把这个问题留给下次会议，留给为规范这个问题特别筹备的会议。"[35]

这个西班牙人的论证与其说是拒绝一切子午线（这个问题已经经过讨论并达成了共识），不如说是对尚未投票的问题笨嘴拙舌地发表意见，即世界日应当从哪里开始。德尔·阿尔伯尔的西班牙同胞代表胡安·帕斯托林指出，这个提案是关于世界时和从一条著名的本初子午线算起 180 度的对向子午线，不管它是罗马、巴黎还是格林尼治的对向子午线。帕斯托林评论道，这个问题不是个新问题，“尽管我们在会议过程中对它做了修改”，他引述了下列内容以支持自己的论点：

> 我们杰出的同事、不知疲倦的宣传家桑福德·弗莱明先生的工作，罗马会议的决议，法耶、奥托·斯特鲁维、布迪里耶·德博蒙、胡戈·吉尔当等诸位先生的观点，尚古尔多阿先生的科研工作，加斯帕里先生刚刚提交给巴黎科学院的报告等，这些文本是我解决这个问题的简单实用方法的依据，即在靠近我们变更日期的点，采用一条本初子午线用于宇宙时和经度，按照与地球运动相反的方向，向西从 0 时到 24 时计算经度。[36]

这里，重要的是诉诸了华盛顿会议前夕流传的知识，诉诸代表们抵达前夕对他们的投票模式造成影响甚至约束的文件。有些知识和文件，比如指引法国人如何行事的卡斯帕里报告，别国代表无法看到。其他材料自国际地理大会之后就在供人传阅，弗莱明和尚古尔多阿的著作最为明显；就尚古尔多阿的情况而言，作者给华盛顿的每位代表寄了一份副本。简而言之，代表们提前获悉了问题——罗马会议的决议——但有些代表对华盛顿会议的决议和罗马会议的建议做出了不同的判断。他们对本初子午线问题具有了洞察力，因为他们曾经出席国际地理大会或 1883 年罗马国际大地测量协会会议，或者本人对这个问题做过科学研究。会上分别对鲁伊兹·德尔·阿尔伯尔和胡安·帕斯托林的提议进行了口头表决。两个提案都遭到否决。我们不应该这样认为：他们的提案未能获得通过，在某种意义上是对获得通过的各条决议的“背离”。这正是在华盛顿外交厅内达成协议的方式。要研究这些议程，就要揭开这些问题如何由会议的偶然性和草案构建，代表们在会上发言，但印发的佐证材料并不能平等地获取或者得到理解。

罗杰斯引导代表们回到莱文豪普特的修正案，世界日和宇宙时应该从格林尼治正午开始（在罗马提出的决议），而不是莱文豪普特提议的平子夜。亚当斯发言反对这个修正案，他强调指出，世界日“在首子午线的平子夜时刻开始和结束”是“极其自然的”。他承认，一个难题是天文学家用另一种方法测量时间：“天文学家不像世界上的其他人那样使用民用日，而是习惯于使用从正午开始的所谓天文日。”亚当斯在辩论本初子午线和世界时问题时，强调指出各界的习惯用法不同，他直截了当地宣布了解决方案：“很明显，天文学家必须让步。”为了支持他的观点，他引用了瓦伦蒂纳教授的一封来信，后者出席了华盛顿会议的开幕会，随后便退出会议，离开了华盛顿市。瓦伦蒂纳同样简明扼要：“我的意见是，天文学家必须让步。在社会生活的方方面面，一天都不可能从正午开始——换句话说，不能在一天的工作做到一半时开始。”斯特雷奇请希尔加德教授发表意见，后者也支持以格林尼治子夜为世界日的开始。埃文斯和桑普森进一步以航海日为理由支持这个观点。

面对这些对实际便利的表述，天文学家也明显愿意接受这个计算世界日的全新依据，莱文豪普特的修正案被正式付诸投票并被否决：14 个国家反对，6 个国家赞成，4 个国家弃权。就世界时和地方计时的实践进行了简短的交流之后，代表们转而对拉瑟弗德的决议投票。起初，这个决议以 15 票赞成、2 票反对和 7 票弃权获得了通过：后来一名代表改变了决定（表 5.1，决议第 5 条）。然后马上转向“在可行的情况下尽早”统一天文日和航海日的问题，这个问题获得全票通过（表 5.1，决议第 6 条）。[37]

规范空间：计量学统一

华盛顿会议为世界时投了票，并且打算把天文日和航海日标准化，会议的议事日程已经完成——正如当初的邀请函计划的那样。

可是，在让森看来，有一个遗留问题——“希望重启技术研究，旨在规范并把十进制推广应用于角度空间和时间的划分，允许推广应用于体现其真正优势的一切领域。”让森和勒费夫尔早先曾经反对这个观点：罗马会议提出的决议理应引导华盛顿的辩论。此时，他们转向了 1883 年的建议：除了在线性和体积测量中更加广泛地应用十进制以外，天文计算和测量也应该使用十进制。罗杰斯认为，这“超出了此次会议的范畴”，这个问题应当作罢。但是他询问让森是否愿意为这个决定提出呼吁，“以表明此次会议对它的态度？”让森回答说他正有此意：多数投票表示支持，让森的呼吁得到了支持。

华盛顿会议只此一次撤销了罗杰斯的提示——使让森能够趁机强调最终目的的重要性：在无人指明解决方案的情况下推广使用公制。没有人投票反对这个决议，这条最后也是最开放的决议以 21 票赞成和 3 票弃权达成了协议（表 5.1，决议第 7 条），虽然它根本不是华盛顿会议所讨论提案的正式组成部分。

会议又提出两个决议，都是斯特雷奇提出的。第一个关于通过间隔为十分钟的连续经线计算地方民用时的可能性。莱文豪普特伯爵评论道，这大致是早先由他的同胞胡戈·吉尔当提出的方案；后来为了供代表们参阅，印发了吉尔当的论文并收入正式的《议程议定书》。第二条决议建议把安排世界日的事宜留给国际电报会议（International Telegraph Congress）考虑。会议没有对这两条决议进行投票。在 10 月 22 日的会议上，斯特雷奇撤回了决议：他和拉瑟弗德指出，它们再不可能提供益处。桑福德·弗莱明试图“在采取行动”前向大会讲话，但是罗杰斯指出，既然斯特雷奇收回了决议，就没什么事可做了。10 月 31 日晚上，罗杰斯在家里约见了克鲁尔斯和让桑，筹备闭幕会。1884 年 11 月 1 日，国际子午线会议的“最后一幕戏”是正式批准所提议的 7 条决议（表 5.1）。[38]

* * *

在华盛顿达成的以格林尼治为世界本初子午线的“解决方案”，既不是事出必然，也不是公认的统领世界的决策。

从 1884 年 10 月 1 日起一个月内在华盛顿发生的情况，在很大程度上由 1883 年 9 月在罗马发生的事件构建。国际大地测量协会会议之后，各国政府纷纷下达指示，或者对其选派的代表抵达华盛顿以后怎么投票给出建议。对华盛顿会议印发的《议程议定书》的分析表明，选择格林尼治的过程比坚持早先的决议更为复杂。尤其是对法国人而言，研究表明，法国人对华盛顿会议的期待截然不同，罗马会议的决议设定了议事日程，他们或承认、或排斥这些决议的斡旋能力也截然不同。在华盛顿达成的决定既不是争论的结果（关于观测的本初子午线的国家要务），也不是科学考量的结果（此前认识到，基于巴黎、柏林、华盛顿和格林尼治天文台的子午线是平等的竞争者）。这些决定建立在实际便利的基础上，会议最终驳回了法国人对世界首子午线中立性的原则问题的争辩。

法国代表没有坚持巴黎本初子午线的备选资格。他们争论的是原则事宜。法国人认为，本初子午线的选择应当受一些原则指引——朱尔·让森认为，原则是本初子午线问题的“道义基础”——这些原则由法国科学院委员会和卡斯帕里报告在让森和勒费夫尔在华盛顿的外交厅发言前两个月确立。在对这些原则的冗长表述中，让森表明，它们是许多事物的杂糅综合。最重要的不是强调世界本初子午线的天然属性，并且通过巧妙的手腕，也许把这条基准线设在白令海峡或亚速尔群岛。也不是要抬高巴黎的地位，排除别国的备选资格。相反，最重要的是，他们强调指出，他们赞成根据其与几个现存天文台相关的科学定位，新设一条全球本初子午线：只要足够准确，天文学、大地测量学和地理学能够设定一条全新的首子午线。英国和美国代表知道并表达得很清楚，这公然违反了罗马会议的决议，否认了务实的常识。一旦建议以格林尼治为世界的经度本初子午线，关于世界日、关于天文日与航海日重合的决议很容易就达成了。显而易见的还有，这两条决议——关于计算经度、统一天文日和航海日——是以对天文学家和务实的航海家这两个用户群所做的假设为基础：假设他们准备好了弥合差异（二者各自计算日期的方法不同），水手也愿意从格林尼治起由东西两个方向计算经度。

华盛顿会议商定的决议仅仅是——建议。它们对代表们所属的各国政府、对其他国家、对全世界的公民不具有约束力——因为做不到。会议之后，这个事实将在各个地理区域产生特殊的不均衡的后果。

第三部分

地理学的余波

GEOGRAPHICAL
AFTERLIVES

第 6 章

华盛顿会议的“余波”

本初子午线与世界时，1884—1925 年

前几章思考了 1884 年在华盛顿特区召开的国际子午线会议协商了什么、如何协商，本章考虑此次会议的反响——“那又怎样？”论证围绕两个相关主题来组织结构。第一个主题涉及决议第 6 条，即提议统一天文日和航海日（及民用日）。这个决议似乎不存在问题。1884 年 10 月 20 日立刻对它展开辩论并全票通过。可是，科学各界对它的意见分歧将持续几十年。特别是美国顶尖的海军天文学家拒绝对它采取行动。美国竟然在事后近 5 年间未能采用华盛顿会议的建议，针对这条决议的异议是原因之一——只是原因之一。桑福德·弗莱明也不同意会议提出的建议，因为决议未能明确世界时究竟怎样在地方上测量，并相对于 24 小时计时制在全球应用。华盛顿会议在这一点上得出两条建议：应当采用世界日，但世界日不应当干涉地方时的使用（决议第 4 条）；全世界的世界日应当从首子午线的平子夜（格林尼治）开始，计时从 0 时到 24 时（决议第 5 条）（表 5.1）。从 1886 年到 1897 年间，弗莱明继续鼓动落实把天文日和民用日进行统一的建议，这反映了他对决议第 6 条及其与本初子午线相关性的特殊关注，也反映了他对时间改革和现代性

的长久兴趣。

第二个主题涉及继续呼吁以格林尼治以外的本初子午线为世界时的基准。多个国家已然把格林尼治用于地形、航海或者天文目的，华盛顿会议之后，它们继续这样做。其他国家比如日本首次把格林尼治用于这些目的——但没有把它用于计时。还有些国家比如法国根本没有做出改变。世界各地许多科学家等一直在为测量时间的目的争论不休：应当使用格林尼治以外的本初子午线，这条线应当更适合电报通信和铁路计时，而不是满足规范全球计量学的要求。从 1889 年起，这种观点主要在国际地理学会议和其他科研机构表述，它让我们回到了第 4 章讨论过的科学辩论空间。1888 年和 1891 年为耶路撒冷方案给出的理由毫不含糊地证明，在华盛顿外交厅提出的以格林尼治为世界本初子午线的建议，并没有立即得到所有人不假思索的接受。

最后，本章让我们回到了前面两个问题。19 世纪后期，时间标准化不仅在美国，在欧洲各国也炙手可热。这种发展变化——我们可以视为民用时的国际规范——基本上与华盛顿会议无关，虽然华盛顿会议推动了计时国际化，并体现了艾伦和多德以格林尼治为依据给美国铁路设立时区的工作（见图 4.4）。从 19 世纪 80 年代起，随着欧洲各国越来越多地使用同步的铁路和民用时体系，现代性的其他机制也在发挥作用，把世界在计时上统一起来：电报就是其中的一种机制。在华盛顿会议之后，电报将成为人们为以耶路撒冷为世界本初子午线（与世界时相关）的提案寻找的理由。

20 世纪初，无线电时号（无线电报）的问世是计时的一种新手段。但是，由不同台站发出的无线电时号会相差几秒钟。当天文计算和地形测量把这些台站的位置用作计量准确的原点时，就会存在问题。在持续努力地“测定”格林尼治和巴黎天文台位置的过程中，这是个重要问题。我们会看到，19 世纪末 20 世纪初，人们在用电报测量巴黎和格林尼治天文台之间的距离时遇到了久已存在的困难，这对世界本初子午线的“确定性”造成了影响。

“余波”的地理学

德里克·豪斯（Derek Howse）写道，华盛顿会议所提建议的落实情况因国而异，因决议而异：“会议结束后，在地图和海图上以格林尼治为经度零点得到了缓慢而确凿的推进，世界时相关建议的采纳过程要缓慢得多，角度和时间采用十进制则根本没有实行。华盛顿会议对普通人的主要影响是，各国先后接受了基于格林尼治的时区制。”[1]

这段评论掩盖了相当复杂的实情。除了反应不一、实施迟缓，除了国家层面做出的反应，华盛顿会议的“余波”还可以换个角度解读，尤其是牵涉格林尼治和世界时的决议。例如，我们也许可以把公众与科学界的反应加以区别。会议结束仅三周后，隔着半个地球，《澳大利亚城乡杂志》（*Australian Town and Country Journal*）的编辑就针对此次会议及其结果开宗明义地宣布：“此类大会无关紧要……大会不可能为各国设计一套统一的体系……按照以往的先例，此次会议必败无疑。”在英国，公众对在地图和“地面上”以格林尼治为世界基准线的建议做出的反应是沉默不语：格林尼治已经在广泛使用，没有一位居于科学或政治权威地位的人士考虑过选择另一条本初子午线的可能性。公众和科学界对计时问题的反应较为热烈。1885 年 1 月 1 日，皇家天文学家威廉·克里斯蒂调整了格林尼治皇家天文台外面的公共时钟的指针，让它遵守华盛顿会议通过的决议，即传统上从正午开始的天文日应当与从子夜开始的民用日保持一致。这也符合决议第 5 条世界日的性质。他这个举动并非出于政府的督促：华盛顿会议的决议只是建议而已。在英国，克里斯蒂接受建议、改变计时方法的举动成了报纸大肆报道的主题。在美国，1885 年 1 月 2 日，《费城问询报》报道了克里斯蒂的举动和从 1 到 24 连续计时的计时制。“毋庸置疑，”文章写道，“启用新的计时制达到了可能的最佳效果。格林尼治可谓世界精密计时的极点，如果连格林尼治都坚持它，那么，全世界的海员早晚将不得不采用它，它将逐渐从海上传到陆地。”[2]

我们也许还可以想一想华盛顿会议的主要参会人员有何反应，他们对此次会议的意义有何看法。在巴黎，朱尔·让森向科学院报告称，结果“相当可观”。他接着说——把他早先的评价又说了一遍——“其意义主要在于会议所阐明的原则，而不是会上通过的解决方案。”在剑桥，1884 年 11 月，约翰·亚当斯在写给友人的信中表达了对此次会议的感受：“我对华盛顿会议的结果完全满意，我在会上发挥了比预期更为突出的作用。”在渥太华，1884 年 12 月 31 日，桑福德·弗莱明向加拿大官员汇报时，长篇大论地讲述了会议的情况和他在会上的作用：“本初子午线问题的解决并非没有争执和意见分歧。在这个问题上，确实要考虑某些国家的感受……格林尼治子午线脱颖而出被选中，不是出于国家原因。而是因为它很便利，多数海船普遍使用它。”弗莱明也扼要地复述了他本人、亚当斯和其他英国代表在华盛顿关于经度和世界时的意见分歧：“我来自大不列颠的同事们意见不一。”

在华盛顿，几乎没有什么事值得报告。1885 年 6 月，惠勒告诉弗莱明：“到目前为止，没有一国政府正式落实华盛顿会议的举措，不过也许寄予期望为时尚早。”两年后，作为华盛顿会议的结果，日本成为首个正式以格林尼治为世界本初子午线的国家，美国却依然没有对所提决议采取行动。到 1887 年 12 月 15 日，前会议主席、海军少将罗杰斯向弗莱明吐露心迹，他“为我国政府未能落实会议举措深感苦恼”。到 1889 年 3 月，罗杰斯“无法用语言形容我过去和现在的苦恼”，因为美国依然未能落实会议决议。[3]

公众和科学界存在分歧，代表们反应不一。知晓这些内情固然有趣，却无法解释各国为什么、怎样接受或拒绝华盛顿会议提出的决议。为了明白这一点，我们必须记住，华盛顿会议不是以一份单独的提案掀起高潮，而是以多条决议，它们具有独特而相关的历史，可能产生独特而不同的结果。对华盛顿会议的反应既不是单纯表现在国家层面，也不是给这次会议下一个笼统的结论——像那份澳大利亚刊物所言，会议取得了“成功”或遭到“失败”——而是指向了各项决议对各个科研群体所产生的效果。

实际事务：对决议第 6 条的处理，1884—1925 年

考察决议第 6 条的相关证据时，在回顾针对这个问题的国际交流之前，对美国、欧洲和英国的科学家、海员和政府官员辩论这个问题时的答复加以区别是大有助益的。还有一点必须澄清。决议第 6 条的具体措辞提到了天文日和航海日；其他决议提到了民用日（见表 5.1）。民用日从子夜开始，持续 24 小时。民用日通常分成两部分，各 12 小时。24 小时的天文日始于正午，在民用日开始之后。英国从 1805 年起，美国从 1848 年起，船舶日志的记录就使用民用日：事实上，航海日和民用日分别来自各自对应的日期。就这一点而言，遗憾的是，决议第 6 条的措辞很不精确，甚至毫无必要，因为与建议世界日的起点相关的是民用日。于是，采取行动的责任落在了天文学家身上——如弗雷德里克·埃文斯 1884 年在华盛顿所言——天文学家的计时体系与其他人不一致。但科学界内部的界限从来都不是绝对的。毕竟，海员使用的航海星历表的预测基础是天文学家建立的。科学界内部的差别在国家和国际层面一目了然：有些天文学家认为，完全有理由把两种时间体系加以统一，像代表们在华盛顿提议的那样。其他人同样有力地申辩称，他们无须做出改变，在他们看来，不同的时间体系可以并存无碍。

美国犹豫不决，1884 年 12 月至 1885 年 4 月

1884 年 12 月，通过来自总统切斯特·阿瑟的讯息，华盛顿会议的《议程议定书》引起了美国政治家的注意。1885 年 2 月，阿瑟总统通过副国务卿弗里林海森告知大家，他“已采取一切必要措施，把这个问题再次纳入国会（发起该项目的机构）管辖，国会可以开诚布公地表明它是否愿意让本届政府把此次会议达成的决定正式告知他国政府，为此目的通过一般性国际公约的方式邀请各国普遍予以实行”。当初，出席国际子午线会议的邀请函正是阿瑟发出的。他抱持的观点是，在美国国内展开讨论和与他国政府接洽这两个方面，针对会议的决议采取行动的责任都在美国政府的几个部门身上。

但他也认为，为了讨论统一采用华盛顿决议的方法，还要签署一份国际公约。于是，抱着这个目的，人们提出了几个相关提案。参议院通过一项决议，“授权总统就国际子午线会议采用的决议与各国政府沟通，并邀请其正式加入”。同时起草提案，废除 1850 年美国正式使用两条本初子午线的法案：规定采用格林尼治子午线“用于一切航海和天文目的”。[4] 为了采纳 1884 年华盛顿会议的建议，取代美国的两条本初子午线，一切都已经准备就绪。

结果却什么也没有发生。政治事务横生枝节。1885 年 3 月，切斯特·阿瑟的总统职位由格罗弗·克利夫兰（Grover Cleveland）接替。第 48 届国会第二次会议忙于磋商其他事务，没有对华盛顿决议采取行动。克利夫兰政府对推进这些建议不感兴趣。罗杰斯 1887 年 12 月向弗莱明叙述道：“新政府入主后，我没有发现本届政府对上届政府发起的事务兴趣浓厚，全新的事务压力重重，不容易对原先的事务引起关注。”罗杰斯报告称，虽然参议院批准了提案，但是“由于众议院外交委员会主席（Chairman of the House Committee on Foreign Relations）的失职”（一位布莱恩先生），国会整体上却犹豫不决。罗杰斯向克利夫兰建议，身为即将就任的总

统，他应该请新一届国会关注罗杰斯所谓“我们对各国的义务，各国曾应我们之邀选派代表出席了华盛顿会议”，但罗杰斯告诉弗莱明：“我没有得到答复。”[5]

美国的相关权力机构未能推进华盛顿决议，我们在这里得出了一系列相关的原因：个人无能、政治环境和行政惰性。但这只说明了华盛顿会后最初几个月未能采纳决议的原因。更为重要和持久的原因是巴特基所谓的天文学家之间、天文学家与其他人之间对决议第 6 条的“争议风暴”。

切斯特·阿瑟把官方的《议程议定书》交给众议院，同一天，美国海军天文台台长萨缪尔·富兰克林（Samuel Franklin）——1884 年会议美国代表团成员——发布了第三道一般命令。这道命令要求“从 1885 年 1 月 1 日起，天文日要从子夜开始，与民用日一致”。这个单方面的宣言是富兰克林亲身参与并期待统一计时方法的直接后果，却遭到美国几位顶尖天文学家的反对。威斯康星大学麦迪逊分校的沃什伯恩天文台（Washburn Observatory）台长爱德华·霍尔登（Edward Holden）认为，富兰克林的举动十分草率。按照霍尔登的理解，“子午线会议的最终决定”——其建议——“对各国甚至美国是否落实其条款并不具有约束力”。霍尔登接着说，部分国家是否会在十年左右落实某条决议令人怀疑：他推论认为，必须等到“派代表出席会议的多数国家至少要把民用日的起点合法化，然后在官方出版物中使用”。[6]

另一位主要的反对者是美国航海天文历编制局局长西蒙·纽科姆。我们应该记得，纽科姆是华盛顿会议的非正式参与者。纽科姆的反对意见基于三方面的关切：天文学家有无必要接受这个改变，因为他们并无这样做的正式义务；这个改变是否将长期影响美国海军的《美国星历表和航海天文历》的印制；在时间计算和日期变更达成国际协议之前，是否要对航海天文历进行修改。由于政府更迭，缺乏立法指引，富兰克林的第三道一般命令无法正式生效。富兰克林给美国顶尖的天文学家寄出信函，征求他们的意见。11 人回了信，大多支持修改，也赞成富兰克林提出的正式修改日期。但也有几个人指出，1885 年、1886 年和 1887 年《美国星历表和航海天文历》已经印行，如同一切航海天文历，它们也是预测性文本。

1885 年初，纽科姆重申了他对建议统一计时体系的反对意见，尽管他称赞这个提议创造了世界日，世界日与格林尼治民用时相关。眼下的问题即决议第 6 条并不是“过去的麻烦或混乱”的源头——他的意思是，天文时和民用时方案彼此并不冲突。如果认为这个举措是必要的，那么，天文学家应当达成国际共识，并商定在未来某个足够遥远的日期对可控范围内的航海天文历进行必要的修改。[7]

1885 年 4 月，美国海军部长威廉·惠特尼（William Whitney）委托国家科学院及其院长奥塞内尔·马什（Othniel Marsh）教授对修改《美国星历表和航海天文历》中天文日起点的影响提交报告。马什的委员会对这个问题做出了有利的报告，即建议实施决议第 6 条，并倡导达成国际共识：“应当在文明世界的一流天文学家和天文机构能够采取充分的一致行动时，尽早做出修改。”马什和他的科学院委员做出这个声明，只是重申了萨缪尔·富兰克林的观点，对纽科姆的权威地位不予理会。不管怎样，他们缺乏实现这个共识的手段。而且我们应该记得，虽然纽科姆没有正式参加 1884 年华盛顿会议，但美国海军天文台顶尖的海军天文学家阿萨夫·霍尔是正式的会议代表。霍尔对国家科学院的报告发表了尖锐的批评，理由是其建议只反映了委员会而不是整个科学院的意见，科学院内部的天文学家大多反对决议第 6 条，如果有人向他们征求意见，他们会实话实说。马什和科学院的委员会成员，也许还有萨缪尔·富兰克林，自觉对广大的政界和科学界负有义务：马什指出，“有人说，既然子午线会议的召开是由美国召集的，所以我方立即默然接受此次会议所提出的建议是恰当适宜的”。纽科姆和霍尔也自觉肩负责任，只不过针对另一群选民——美国和别处的部分天文学家，他们认为没有理由实施决议第 6 条。美国科学家对这条决议出现了意见分歧，双方的态度都很坚决。[8]

欧洲观点不一，1884—1885 年

和美国一样，欧洲天文学家也意见纷纭。在柏林天文台，曾经出席 1883 年罗马国际大地测量协会会议的代表威廉·福尔斯特（Wilhelm Foerster）认为，天文日和民用日应当重合，但世界日要从正午开始，像罗马会议提出的建议那样（见表 4.4，决议第 6 条）。在他看来，在日常计时的时候，广大公众不关心世界日：习惯使用的“地方时”不会受到影响；天文学家本身也无须关心民间的用法。在维也纳，天文学家西奥多·冯·奥波尔策（Theodor von Oppolzer）曾和阿道夫·赫希共同指导罗马国际大地测量协会会议，并在罗马会议上为统一世界日和天文日投过票，他强烈支持华盛顿的决议：世界日应当从平子夜开始，遵照格林尼治子午线的民用日。1885 年，在圣彼得堡附近的普尔科沃帝国天文台，奥托·斯特鲁维把本初子午线问题放在历史背景下进行了长篇大论的分析——他提到，由于使用多条国家首子午线而导致了“积极的恶”（positive evil）——然后，他回顾了华盛顿会议和会上提出的 7 条决议。

斯特鲁维认识到，第一条决议——应当设定唯一的全球本初子午线——“明显纯属形式”。面对在务实基础上投票支持格林尼治（决议第 2 条），法国维护起首子午线中立性的观点遭到挫败。斯特鲁维注意到，决议第 3 条、第 4 条和第 5 条相互关联（与决议第 2 条也相互关联），他把注意力转向了决议第 6 条。他支持这条决议（顺便把矛头对准了福尔斯特关于天文学家和天文时的精英主义立场）：“当今时代，一切事物都倾向于互惠关系的简化，对我们来说，想必令人满意的是，天文学家也必须放弃使用不同于全世界的

日期计算方法；出于更深层次的理由，在现代社会，许多天文台的使命不仅是促进科学发展，还要把科学发展与实践应用相结合。”这位世界顶级的天文学家清晰地声明：天文学界应当接受决议第 6 条。

如果做不到这一点，也许会威胁到华盛顿会议的一切成果。斯特鲁维写道：“现在，大家在问，是否存在把华盛顿决议付诸实行的前景，可以用什么方式取得这个结果？”他的回答是肯定的。他建议采用的方法很简单：“因此，这当然是部分人士义不容辞的职责，他们在各国内部处在朝着这个方向施加影响的地位，要潜移默化地在其工作领域发挥这种影响。”他指出，在各相关国家中，大不列颠“最有理由对华盛顿决议感到满足，因为它以最小的牺牲和不适在最大程度上实现了愿望。英国整个王国及其殖民地的制图学已经以格林尼治子午线为依据，英格兰和苏格兰的日常生活中，商务活动的时间标记也由格林尼治标准时间确定，因此，格林尼治标准时间也将成为公认的世界时”。英国受到的干扰最小，也意味着它的责任最大。斯特鲁维谈道，英国负有“道义责任，应当勉力而为，积极履行华盛顿会议所表达的愿望，也就是在普通的天文时和航海时的标记法之间达成一致”。[9] 事实证明，这件事说起来容易做起来难。

英国的观点和反应，1885 年 4 月至 1886 年 2 月

和美国一样，在英国，迥乎不同的意见给落实决议第 6 条造成了障碍。把斯特鲁维眼中义不容辞的责任变成世界的计量学结果，殊非易事。几封信表明，在剑桥，约翰·亚当斯支持改变天文时的提议。1884 年 12 月的一封信表达了歉意，作者在短暂拜访剑桥时未能与亚当斯谋面：“我原本特别希望向您探听一点消息，问一问英国对此次会议的决议有何举措。”亚当斯的通信对象似乎认为，随着时间推移，为决议第 6 条展开辩论的主要人物的意识提升，华

盛顿的决议似乎将得到采纳：“我想，它们当然会得到接受，但我从皇家天文学家口中听说，福尔斯特教授和纽科姆反对改变天文日，所以他（克里斯蒂）要推迟公开采取行动，但他会在天文台做出这一改变。您能再告知我一些消息吗？您会在剑桥做出改变吗？海军会接受改变航海日吗？”这里暗示，1885 年 1 月 1 日，克里斯蒂在格林尼治调整天文台钟表的举动既不是应广大公众的请求，也没有得到政府批准。它还证明，虽然这些顶尖的科学家支持改变天文日，英国海军当局却未必如此。[10]

1885 年 4 月，英国成立了一个委员会，为政府和相关部门针对华盛顿会议提出的决议出谋划策。5 位活跃的成员中有 3 位（亚当斯、埃文斯和斯特雷奇）曾代表英国出席华盛顿会议。这个始终不曾正式命名的委员会由少将约翰·唐纳利主管，唐纳利自 1881 年起一直在协调英国政府和各个机构对本初子午线问题给出答复。现在，唐纳利是教育和科学部（Department of Education and Science）的常任秘书，外交部次官 G. F. 邓库姆（G. F. Duncombe）担任他的助理。委员会的第五位成员是皇家天文学会主席约翰·拉塞尔·欣德（John Russell Hind）博士，他还负责筹备出版海军部的《航海天文历和天文星历表》。

唐纳利和邓库姆下达指令，向电报公司、学术团体和政府部门征求对决议的意见，主要是关于世界日和修改天文日的提议。伦敦旧宽街（Old Broad Street）上的大东电报公司（Eastern Telegraph Company）即时报告称，公司早已在使用 24 小时制。1885 年 6 月，在弗雷德里克·埃文斯爵士担任主席的本初子午线委员会会议上，皇家学会辩论了这个问题；唐纳利找到埃文斯，建议他修改天文日。皇家学会建议落实决议第 6 条，前提是别国在方便的时候也将这么做：“如果各国修改 1890 年航海天文历的计时方法，委员会建议我国也在同年进行修改。”这个观点——连同它提出的修改时间——是皇家天文学会的共同观点。英国邮政大臣的意见是，实行 24 小时计时制“应当在很大程度上取决于公众对这件事的情感”。据报道，在英属印度的偏远地区，印度事务大臣金伯利（Kimberley）“对这个问题不予评论……只表示他相信印度政府欣然接受大不列颠可能做出的一切决定”。[11]

1886 年 1 月，委员会汇报了多方征询的结果，大意是“华盛顿会议的前 5 条决议得到一致赞同”。这些决议不要求“我国采取行动”。报告中没有提及决议第 7 条，即可能把十进制推广到角度和时间测量中。在委员会看来，这个问题完全取决于决议第 6 条，即建议“在可行的情况下尽早”统一天文日和航海日，如《议程议定书》所述。“至于第 6 条决议……英国的意见似乎总体上支持改变计算天文时的方式；海军各个委员会的勋爵们表示，愿意采取必要举措实施会议的这条决议，把民间算法引入英国的航海天文历，如果其他海洋国家准备采用所建议的方法计算天文时。”[12]

最后一条的措辞很重要。采用这个决议不是取决于单个国家的决定，像美国人那样，而是取决于国际共识。为了实现国际共识，委员会指示英国外交部通过英国驻华盛顿大使向美国询问，身为华盛顿会议的召集人，美国人准备怎样保障让“其他海洋国家坚决实行会议的第 6 条决议”。[13]

跨大西洋科学交流和分歧，1886—1889 年

从 1886 年 2 月中旬起，尽管英美两国长期存在科学和政治分歧，两国官员还是开始磋商如何应对华盛顿决议，尤其是决议第 6 条。英国提出磋商的请求，美国的答复由乔治·贝尔纳普（George Belknap）和航海天文历编制局的西蒙·纽科姆负责监管，贝尔纳普取代萨缪尔·富兰克林担任了美国海军天文台台长。贝尔纳普对这个问题的处理更具包容性，很少表现出前任的专制作风。纽科姆已经清楚地表明了自己的观点。阿萨夫·霍尔也一样，他以美国海军天文台的同事和安纳波利斯（Annapolis）海军学院的哈克

尼斯（Harkness）、伊斯门（Eastman）、弗里斯比（Frisby）和布朗（Brown）等多位教授的观点为证据，反对改变天文日的起点。

贝尔纳普和纽科姆层层递进地为拒绝接受决议第 6 条提出了几点理由。其中一个理由是存在一种广泛但并非全体持有的意见：原则上天文日没必要与民用日一致。他们进一步指出，决议第 6 条与前面一条决议并不直接相关——世界日以格林尼治子午线的民用日为准——而是与“地方天文（时）和航海日（相关），像天文学家在天文台、船舶在海上的用法”。如果采纳这条决议，那么“华盛顿的天文学家要从华盛顿的子夜起计算日期，柏林天文学家从柏林的子夜起，以此类推……这个改变无助于以任何方式统一多条子午线上的时间计算”。采用决议第 6 条非但不能促进共同的标准，即世界时，反而会助长奇怪的地方计时法。另一条反对意见涉及以下这个事实：航海天文学的原理必须重新撰写，天文和航海文本必须重新编制——不只是《美国星历表和航海天文历》和英国的《航海天文历和天文星历表》等星历表。此外，贝尔纳普和纽科姆对各条决议进行了语义区分。他们把决议第 1 条到第 5 条叫作“提案”，把决议第 6 条和第 7 条叫作“简单表述的希望”，指出其利弊应当分别做出判断。至少在谈及第 7 条时，他们呼应了英国皇家学会本初子午线委员会的观点，认为决议第 7 条是“希望的表述，这个题目可以深入研究，对深入研究当然不可能表示反对”。

与此同时，作为对富兰克林 1884 年 12 月征询意见的答复，部分美国天文学家支持采用决议第 6 条，但他们的意见遭到驳回：“这里给出的意见是未经讨论和磋商的表述。”马什提交的国家科学院报告同样遭到摈弃：“该报告从未摆在科学院面前予以审查，为采用或摈弃展开讨论。”不仅华盛顿会议的议程受到怀疑，代表们的专业造诣也受到怀疑，代表们没有讨论用电报测定经度的优点，凭借电报测量可以直接计算得出与几个大天文台相关的世界时：格林尼治、巴黎、华盛顿和柏林。用贝尔纳普和纽科姆的措辞，给天文学家造成的“不便”本质上体现在两个方面。首先，他们强烈地感到，考虑到现存关于这个论题的文献，无法轻松地做出所提议的改变，同时代和后代的天文学家都要查阅文献。结果将是这群人不得不用两种不同的方法计算时间。其次，他们认为找不到简易的方法在全球有效地做出改变，并且“保证对采取行动做出改变达成普遍的共识”。

这份贝尔纳普-纽科姆报告并没有呼吁摈弃15个月前华盛顿会议做出的全部决议：“我们本身并不想建议采取行动，反对子午线会议所提出的建议。”相反，这份报告小心地把这些建议的措辞变成了选择性异议的合理解释：“就世界日而言……会议并未建议在航海天文历中采用它，而是明智地把它限制在可能存在便利的情况当中。我们不认为目前把它引入天文学是方便的。”1884年华盛顿会议的语言被用来反对会议的决议。但是，在结尾处，贝尔纳普和纽科姆似乎为日后可能实施这条决议留下了空间：“虽然这里表达了意见和考虑，但是身为本初子午线会议的召集人，如果本届政府认为最好采用和遵守此次会议第6条决议所提出的建议，那么请允许签名人建议，把实施的日期设定在1900年。”[14]

这份报告事实上禁止美国正式实施决议第6条，至少把事情拖延到世纪末；与此同时，桑福德·弗莱明继续加紧向加拿大政治家、欧洲天文学家和英国船长传播自己对这条决议的想法。

桑福德·弗莱明，现代性与世界时，1884—1896年

1884年国际子午线会议后，出于若干条理由，桑福德·弗莱明着手解决所提议的修改天文日的问题。1884年12月，弗莱明在向加拿大国务卿约瑟夫-阿道夫·查普洛（Joseph-Adolphe Chapleau）汇报华盛顿会议时着重指出，格林尼治的相关决议获得通过，“建立世界时体系成为可能”。弗莱明迫不及待地指出，早在几年前他就初步确立了在华盛顿得到认可的世界时原则（在《计时

与选择各国共用的本初子午线》和《经度与计时》中）。弗莱明进行汇报的目的也是让加拿大官方感到，加拿大为辩论作出了贡献：“我相信，我这样想没有不妥：加拿大在建立世界时和给世界确定起始的本初子午线方面发挥了重要作用。”当然，他含蓄地称赞了自己在这方面做出的努力。所以当弗莱明在新作《20 世纪的计时》（*Time-Reckoning for the Twentieth Century*）中再次转向呼吁世界时的时候，他利用加拿大政治家、科学家的大力支持和他本人对华盛顿会议的解读，唤醒了原有的个人使命感，他相信自己的部分观点遭到忽视，不是因为它们固有的瑕疵，而是因为他的同胞英国代表提出反对意见。[15]

《20 世纪的计时》与弗莱明早先的论述一脉相承，在迅速现代化的世界上为计算世界时的价值大声疾呼，书中大幅添加了他对华盛顿会议的思考。弗莱明间接提到 1885 年克里斯蒂在格林尼治调整了公共时钟，美国土木工程学会委员会早期也为标准时间开展过工作。他强调指出，“纯粹非地方性的新计时法”很重要，它要以格林尼治为准。但是对于世界时——他使用的术语是“宇宙时”——要想真正具有全球性，天文日和民用日就必须一致。也就是说，一切地方都必须接受决议第 6 条。

弗莱明借鉴他人的权威，支持自己的论证。他引用了威廉·克里斯蒂 1885 年 10 月的讲话，讲话称格林尼治皇家天文台监事会主席托马斯·亨利·赫胥黎（Thomas Henry Huxley）不顾海军部的异议和美国的反对，建议采用决议第 6 条，修改英国 1891 年的《航海天文历和天文星历表》。奥托·斯特鲁维的证言再次被引用——“全世界的天文学家都应当时放弃天文时，使其标记法与民间计时法和谐一致。”在弗莱明看来，现在没有人“能够质疑世纪之交是落实时间完全统一的适当时期，消除我们目前计算方法的一切错误……华盛顿会议的事项为这场运动注入了巨大的动力”。[16]

考虑到所陈述的证据，最后一句话与其说是事实陈述，不如说是希望的表达。虽然这种怀疑想必依旧存在——弗莱明在推销自己对世界时的长期兴趣，而不是推进决议第 6 条，但他继续在为推动修改天文日努力。1889 年 11 月，他起草了“论以科学为依据的计时运动备忘录”。备忘录以《20 世纪的计时》为基础，但补充提到了多家公司和学术机构寄给唐纳利的委员会的信件，那些公司和机构曾在 1885 年到 1886 年间宣布赞成这个决议，也赞成全球采用 24 小时计时方案。1890 年 1 月，这份备忘录从多伦多的加拿大研究所寄给了渥太华的总督，又从渥太华寄给了英国殖民部，以及科学与艺术部的唐纳利。1890 年 7 月，唐纳利指示把这份备忘录寄给英国的殖民机构征求意见。唐纳利的指示只谈到可能“把时区制普遍用于计时，把 24 小时标记法用于铁路时刻表”：它没有具体提及改变天文日，也没有提及为此征求意见。这个选择性遗漏倘若不是简单的疏忽，个中原因不得而知。

有一个确凿的事实：从 1890 年 7 月起，唐纳利和他的科学与艺术部就把注意力转向了别处。此时他们在与殖民部打交道。外交部通知他们，意大利驻伦敦大使来函，为“计划在罗马召开会议讨论本初子午线问题询问女王陛下的政府是否有意派代表出席”。[17] 这次提议召开的会议有待审查。看起来，世界时和决议第 6 条的相关辩论对英国的利益和格林尼治子午线权威的重要性想必比不上这条新消息所构成的威胁，有人在采取行动，继华盛顿会议之后考虑一条替代的本初子午线。

回到加拿大。1892 年末，弗莱明成立了加拿大研究所和加拿大天文物理学会的联合委员会，自己担任主席。他做这件事，是在与克里斯蒂为决议第 6 条沟通交流过，约见了前海军水文学家沃顿船长，并且在 1892 年 7 月访问伦敦并与唐纳利见过面以后。有趣的是，虽然沃顿本人不支持此时改变天文日，但“他相当愿意支持这个修改，还说海军部也愿意支持这个改变，条件是天文学家表示赞成”。这句话模棱两可。弗莱明问：“我们怎么才能与天文学家取得接洽？”[18]

回想起弗莱明先前推广世界时方案的做法，1893 年 4 月联合委员会向世界天文学界发出通告，向他们征求对改变天文日的意见。通告只为一个问题征求答复：“在考虑各方利益的条件下，从 1901 年 1 月 1 日起，全世界的天文日从平子夜开始算起是否可取？”发出近 1000 份通告，只收到 171 份回复，结果进一步表明，国际社会对这个藏在决议第 6 条中的问题意见不一。回复率很低，尤其是某些国家，这提醒我们不要过于注重这个结果，并把它视为各国对决议第 6 条的确凿无疑的情感态度。但是可以得出一个要点。这些观点更多地出自民间天文界——感兴趣的个人、私人天文台和部分国家机构——而不是官方或海军天文学家。这并不是“天文学家对是否应当改变天文日的占绝大多数的意见”，1894 年 5 月弗莱明在拜访加拿大总督以便把结果转给英国当局时如是说。但它给了弗莱明足够的理由展开论证，称贝尔纳普－纽科姆报告不能代表整个美国：“全部事实摆在面前，我们不可能认为这份由三位美国海军天文台官员签字的反对报告公正地代表了美国政府、国会和美国人民。”[19]

弗莱明对美国海军天文学家的权威地位做出了错误的判断。考虑到先前的证据，他似乎也不明白英国海军部和唐纳利的科学与艺术部会给出什么答复。海军部以证据缺乏权威性为由驳回了加拿大委员会的报告：在他们看来，这份问卷调查“几乎把世界顶级天文学家的名字全部遗漏”。他们重申了最早在 1886 年表达过的观点：在发布航海星历表的其他国家（法国、德国、美国、奥地利、西班牙、葡萄牙、巴西和墨西哥）就此事项及生效时间达成一致意见之前，海军部不会采取行动。唐纳利的科学与艺术部给出的答复同样令人沮丧，这个结果出人意料，因为 5 名委员中有 3 人同意华盛顿会议提出的决议。不过，他们通过外交部提出建议，英国应当向所涉及的各国政府提出这个议题，“目的在于确认就这个议题是否存

表 6.1　1893 年桑福德·弗莱明提议在 1901 年 1 月正式改变天文日，世界天文学家对问卷的回复

国家	总回复	是	否	多数
奥地利	12	7	5	支持
澳大利亚	2	2	0	支持
比利时	6	6	0	支持
加拿大	5	5	0	支持
哥伦比亚	1	1	0	支持
英国	20	16	4	支持
法国	4	4	0	支持
德国	38	7	31	反对
希腊	1	1	0	支持
荷兰	1	0	1	反对
意大利	11	8	3	支持
爱尔兰	4	4	0	支持
牙买加	1	1	0	支持
马达加斯加	1	1	0	支持
墨西哥	5	5	0	支持
挪威	1	0	1	反对
葡萄牙	1	0	1	反对
罗马尼亚	1	1	0	支持
俄国	11	6	5	支持
苏格兰	1	1	0	支持
西班牙	2	2	0	支持
瑞士	4	2	2	持平
美国	38	28	10	支持
总计	171	108	63	

来源："Proposed Reform in Time Reckoning," *Forty-Second Report of the Department of Art and Science of the Committee of Council on Education, with Appendices*（London: Her Majesty's Stationery Office, 1895）, app. A, 20。

在总体的协议，即在下世纪初实施华盛顿会议第 6 条决议所提议的改变时，各国可能采取一致行动”。这里，国际主义对决议第 6 条的实施起到了抑制作用。国际主义精神是大家围绕唯一的本初子午线展开辩论时所怀抱的共同目的，但是，要想达成共识，国际主义精神本身却不足以确保这个议题得以实施。[20]

国际共识的方向已经明确，却始终未能实现。对协议的呼吁只是表明，各国对是否采纳决议第 6 条存在差别，如果采纳，要在什么时候采纳并对各自的星历表予以必要的修改。所表述的含义至多只是：除非别国采取行动，本国才准备采取行动。没有足够的动机促使任何人落实这件事。德国和葡萄牙当局没有答复。奥地利设在维也纳的科学院（Academy of Sciences）不认为这个提议“格外适宜，它几乎不会产生实际结果”，奥地利皇家海军和商船倒不反对这个提议。西班牙和巴西都认识到了从 1901 年起采用新办法的优点，如西班牙所言，“大多数定期发布航海星历表的星历表编制局都表示赞成”。墨西哥政府漫不经心地以为别国的天文学家已经批准了决议第 6 条。美国坦率地宣布“坚决反对对现有计算天文时的方法做出任何改变，因此建议不要违背目前的体系”。[21]

在华盛顿，克利夫兰 · 阿贝——对弗莱明 1893 年的通告投了赞成票——理解美国坚决拒绝采用决议第 6 条的含义。他在 1895 年 5 月 21 日写信给弗莱明：“如果这是美国的最终决定，无疑意味着世界范围内绝不会做出改革。但我不敢相信一个像美国这样在各方面都很先进的国家，会在这个问题上阻挠由美国代表在会上提出的改革。”在三天后的一封信中，阿贝告诫弗莱明，在美国或英国，胁迫海军和航海天文历权力机构的企图不太可能成功：

> 我怀疑花大量时间逼迫美国的航海天文历推行这种时间改革是不是最佳办法，也就是企图用更高的权威逼迫它。你致函海军天文台、水文局或海军部长，对方的答复当然出自海军

> 天文历编制局的建议，天文历编制局隶属于海军部。
>
> ……现在真正的问题是，世界各地的航海家在多大程度上渴望废除天文日，在海上和陆地只用民用日和民用日期。真正的天文学家和航海天文历的制作者本身对用两种体系不嫌计算麻烦；如果他们愿意在观测活动、星历表和天文表格中保留这种做法，我们局外人几乎无法阻拦。[22]

弗莱明认为，阿贝的指点是在督促自己再次行动起来。1895年7月和8月，他再次发出通告，不是发给"世界各地的航海家"，而是发给使用英国港口的船长。通告提出4个问题。在收到的243份答复中，对4个问题的回答都非常积极，回答"是"的分别为237、234、233和223个，"'否'为5、8、7和19个，对问题1、2、3和4怀有疑问的回答分别为1、1、3和1个。"[23]

1895年这份通告应该从几个方面理解。弗莱明设法用第一个问题征求海事界一个重要群体——英国船长对格林尼治相关决议的意见，该决议事实上已经落实（决议第2条）。华盛顿会议已过去近11年，这是为了敦促对迟迟未能落实的一条决议采取行动（决议第6条）。弗莱明已经知道或自以为知道会收到什么答复。早在1879年他就已经表明，格林尼治本初子午线是世界——和英国——商业界使用最为广泛的首子午线（表4.2和4.3），《经度与计时》中也做了说明。在此期间，航海家在实践中并未改变既定做法。弗莱明了解这种情况。当然，他在收集证据以支持他对世界时、"宇宙时"或"国际时"的工作。他希望以海员的实践为证据，反驳他所看到的天文学家的偏见。

1895年10月，他寄给威廉·克里斯蒂——"请您私人知悉"——一份加拿大联合委员会1894年10月份报告的样本，这份报告不久后由加拿大官员寄给唐纳利在伦敦的委员会。"这份报告的内容不言自明，"弗莱明写道，"你会注意到，我们只能暗示华盛顿一位人所共知的先生（纽科姆）总是持敌对态度，不巧此人目前正处在阻挡进步车轮的官方职位（如果他的意见得到倾听），除非拆除官僚壁垒，进步的车轮才能前进。这份报告的主要目的不是揭露我们这位朋友的荒唐，只是为了我们长久奋斗的目标促进科学改革。”克里斯蒂和科学与艺术部关系密切，他本人又是卓有影响的天文学家；在这份报告由官方渠道转交之际，弗莱明希望克里斯蒂有时间仔细研究这条证据，以“支持我提到的并认为无可辩驳的理由，同意美国是对此表示赞同的国家”。1896 年 3 月，威廉·克里斯蒂在给弗莱明的回信中表达了自己在这件事上的挫折感：“很遗憾，纽科姆教授抱持这样的立场，他的阻挠造成了严重的困难。在这方面我们也遇到了障碍，但是我相信，这里的天文学家拥有足够强烈的感情支持做出改变，突破‘官方’障碍。”弗莱明回信认为——鉴于我们所看到的纽科姆的态度，他的想法有一定的合理性——纽科姆“从一开始就与改革时间的总体趋势为敌”。弗莱明接着写道，真正令人担忧的是“担心……站在他的官方立场，他（纽科姆）的声音也许在英国会被误以为是美国的声音，这个错误将导致期待中的变化再次搁置一个世纪”。[24]

这一切意味着什么？巴特基在《全球时间统一运动》中评论道，在华盛顿会议一年内，如果说在美国，决议第 6 条和改变天文日的起点事实上是一个丧失了生命的议题，那么，为它撰写“官方讣告”的是美国的海军天文学家。对美国而言，这个判断是正确的，对英国则不大合适。考虑到贝尔纳普－纽科姆报告的权威分量以及资深海军天文学家如阿萨夫·霍尔等对它给予的支持，美国官方采纳决议第 6 条的可能性微乎其微，尽管富兰克林早先做过先发制人的努力，美国天文学界也存在一些支持意见。1887 年和 1889 年，罗杰斯为本国未能采纳华盛顿会议的建议感到不悦，美国故意拖延时间，无疑反映了他个人受到轻视、遭到挫败的感觉。但根本原因却在美国海军界几位顶尖的天文学家身上，他们能言善辩地说服别人，称他们并非斩钉截铁地反对这条决议，却总是设法把落实决议第 6 条的可能性推向不确定的将来，并且只有在进一步达成国际协议的条件下才可能落实。决议第 6 条之所以未能实施，并不是由于全体天文学家意见分歧、政客拖沓或政府更迭的缘故。[25]

在英国，后来在法国，把天文日改为（在首子午线上）从子夜开始的问题依旧是一个科学和政治关注的话题。在美国、加拿大和英国，五花八门的国家委员会从1884年12月起就在辩论这个问题。弗莱明在 1886 年到 1897 年间一直在从事世界时的工作。凡此种种只是表明，决议第 6 条的“余波”何其复杂。呈现出来的是持续很久的“临终圣礼”，而不是笼统的死亡宣告。在英国，对这个问题的协商以唐纳利的科学与艺术部为中心。1885 年到 1896 年间，该委员会是与英国海军部、英国公司和船长、弗莱明的联合委员会、英国殖民地政府和外国政府进行协调的枢纽。在英国，对决议第 6 条的共同反应——海军部、皇家学会和其他机构——并不是绝对排斥改变天文日的提案，而是准备承认这个改变合乎逻辑，但是以别国也做出改变为条件。在缺乏用商定的方法协调这个举措的情况下，未能采纳决议第 6 条是不可避免的——却并非绝对不可避免。克里斯蒂给唐纳利的委员会出谋划策，他的意见是接受这个提案，亚当斯也一样；欣德意见不同。桑福德·弗莱明表明，至少让他本人满意的是，许多私人天文学家准备采纳决议第 6 条。英国船长对于弗莱明 1895 年问卷的答复证实，国家层面、科学界和其他用户界，甚至政府委员会内部对决议第 6 条的态度都各不相同。

弗莱明的方案也许未能促使人们就决议第 6 条达成一致意见。但他担心这个问题会再搁置一百年，却是没有根据的。1909 年纽科姆去世，实施决议第 6 条的一个障碍得以排除。法国人早先曾经采取过有助于达成协议的举措。1896 年 11 月，法国原则上同意“在法国正式以格林尼治子午线取代巴黎子午线”并实施决议第 6 条，在回答唐纳利委员会的进一步征询时给出了一般性答复——法国同意改革，如果别国也进行改革。事实则是，法国到 1911 年才采用格林尼治标准时间。在英国，海军大臣 1917 年 12 月写信给皇家天文学家和皇家天文学会，同年 6 月在海上召开过一次计时会议。他建议把天文日的计算从正午改为子夜（决议第 6 条）。一年之内，学会就报告称支持这种做法（它曾在 1885 年原则上支持这种做法）。1919 年 6 月，海军部下达指示，要把这个改变纳入英国的《航海天文历和天文星历表》，于 1925 年生效。我们认为，英国正式实施决议第 6 条可以从这一天算起。旷日持久的天文日与民用日统一问题终于得以解决，同时，人们继续为格林尼治以外的本初子午线的可能性发起辩论，这些都是迈向标准时间的国际趋势的组成部分。[26]

不是格林尼治：华盛顿会议后另一条全球本初子午线？

1885 年，奥托·斯特鲁维在概述华盛顿会议时认为，主要工作已经完成：“因此，我们也许可以认为，华盛顿会议的主要目标，即确立起始子午线，得到了圆满解决；其余问题将迎刃而解。”[27] 真相远非如此。

1884 年之后，并没有仅仅因为华盛顿的代表们建议以格林尼治子午线为世界的首子午线，现存除格林尼治以外的本初子午线就停止了使用。因为会议提出的决议是建议，不是要求，人们继续使用多条国家本初子午线：格林尼治被多数海洋国家用于航海目的；格林尼治和比如巴黎等其他国家本初子午线用于地理出版——例如地图集；数不清的国家本初子午线用于各国国内的地形测量和天文研究。华盛顿会议提议，以格林尼治子午线为世界的首子午线，与世界时相关。但是世界时迟迟未能实行——我们会在下一节看到，桑福德·弗莱明在 1884 年前后的活动清楚地表明了这种情况。除格林尼治以外的多条本初子午线继续使用，至少原则上人们可以使用一条与世界时相关的首子午线，把另一条经线，即格林尼治子午线，用于经度、天文计算、地图制作或海上航行。华盛顿会议之后，使用两条经线的提案出现了不止一次，而是两次：在日内瓦提出了以白令海峡为全球子午线的想法；在博洛尼亚和罗马，还有一些人为耶路撒冷据理力争。

重提白令海峡

1888 年 4 月，亨利・布迪里耶・德博蒙在一篇提交给日内瓦地理学会的论文中提议，把本初子午线设在白令海峡东部海岸威尔士王子角（Cape Prince of Wales）。在一种意义上，这是老调重弹——重申早先与他人意见相同的关切，只不过略有改动。德博蒙在 1876 年提出过这个主张，他的论证受到了纽约地理学会的查尔斯・戴利等人的赞许（见第 4 章）。在另一种意义上，这又是一项新工作。与 1876 年论文不同，德博蒙在 1888 年明确地把威尔士王子角 / 白令海峡本初子午线的主张与世界时和地图投影的要求联系起来。在他看来，这样就可以清楚地呈现环绕地球、基于小时的子午线。每 15 度对应一小时。1888 年 8 月，德博蒙在瑞士地理学家会议上讲话时重申了他的观点。他的论证得到“高度赞同和热烈的鼓掌”。[28]

德博蒙重新为格林尼治以外的本初子午线争辩，他受到热烈欢迎的原因无从知晓：也许因为他在地理学会身为资深人士的地位，也许因为他提议的地图投影的用途或性质，也许只是因为他在十几年甚至更久的时间内锲而不舍地发表这些观点。毋庸置疑，在华盛顿会议四年后，他呼吁在格林尼治以外另设一条本初子午线，这公然违背了华盛顿会议实现全球计量统一的企图。然而，德博蒙提出替代格林尼治的子午线，却并不是在单打独斗。

博洛尼亚提案和耶路撒冷方案

也在 1888 年 8 月，英国科学促进会数学分会（分会 A）在巴斯开会，意大利学者切萨雷·通迪尼·德·夸伦吉（Cesare Tondini de Quarenghi）在会上讲了话。德·夸伦吉的职业是天主教传教士（在克罗地亚），他著有几部论述礼拜日历、宗教和俄国现状的著作。他代表博洛尼亚研究所科学院（Academy of Sciences of the Institute of Bologna）出席了此次会议。“他的”论文——出自学院多位数学家之手，该院在 1887 年 6 月举行了建院八百年庆典——题目是《博洛尼亚科学院对用于世界时的首子午线协议的建议》。

德·夸伦吉提出新设一条本初子午线的建议，它不是格林尼治，其使用与世界时相关。他引用艾里 1879 年关于本初子午线和世界时的评论作为证据，艾里当时并没有像接受公理一般认可格林尼治的全球首要地位：“一切航海几乎都以航海天文历为依据，航海天文历以格林尼治的观测为依据，且参照格林尼治子午线……但我身为格林尼治天文台的负责人，坚决拒绝有人就此提出任何主张。”（见第 4 章）德·夸伦吉请大家注意，美国政府依旧未能批准华盛顿决议，他引用美国国会 1888 年 1 月 9 日的公开记录，其中，国会建议美国政府“采取行动批准 1884 年通过的决议，并邀请列强加入”。他指出，这些决议“尚未获得批准，列强（其他强国）也并未加入”。德·夸伦吉援引了斯特鲁维和弗莱明的著作，用弗莱明对世界时的兴趣来强调这个问题的“紧迫性”。最后，他争论说，卡斯帕里 1884 年 8 月交给统一经度和时间委员会的报告为同时使用不止一条本初子午线提出了理由。所有这些都为博洛尼亚科学院关于世界首子午线的建议提供了合理性：“航海家和天文学家拥有继续使用各自的首子午线的自由，所以，应当另选一条真正国际性的子午线，用于一切其他要求统一时间的事务。此外，因为耶路撒冷子午线已经具备科学权威的资格，所以应当认真地考虑以它为世界首子午线的适当性。”[29]

这个提案表明，华盛顿会议真正解决了的问题何其之少。人们没有为赞成格林尼治的决议第 2 条采取行动，异议在不同的地方具有了不同的特点。博洛尼亚的科学家们充分意识到这种状况，所以他们才能够引用美国国会的会议记录、艾里的通信、桑福德·弗莱明和奥托·斯特鲁维的著作以及法国政府的报告。严格说来，意大利人这样陈述是对的：虽然华盛顿会议提出了建议，虽然 1884 年前格林尼治是居于主导地位的全球本初子午线（表 4.2 和表 4.3），但航海家和天文学家却可以自由地继续使用各自的本初子午线。耶路撒冷对基督徒具有特殊的意义，但是以耶路撒冷为世界本初子午线的提案是中立的，以前就曾提出过，最早提出是 1875 年在巴黎的国际地理大会上。不过，1883 年在罗马会议上，考虑到耶路撒冷没有天文台，阿道夫·赫希否认了这个可能性。1884 年在华盛顿，代表们在开会时注意到了建议以耶路撒冷为本初子午线的来函，但华盛顿会议始终不曾正式讨论耶路撒冷的可能性。

1888 年博洛尼亚提案的新颖之处在于，它把耶路撒冷子午线与世界时联系起来。既然世界时——以子夜为公认的 0 时，以 24 小时计时制为形式——尚未全面实行，那么，拥有一条格林尼治（或当时使用的其他本初子午线）以外的基准本初子午线用于计时是可能的。耶路撒冷提案尽管早先缺乏支持，但是，在意大利人看来，人们还在继续倡导耶路撒冷子午线（虽然并未取得成功），这是宣称耶路撒冷拥有“科学权威资格”的充分证据。至少严格说来，他们又说对了：世界时可以从任何一条首子午线进行测量。简而言之，虽然人们在实用基础上确立了格林尼治的首要地位，但是博洛尼亚提案具有合理性。

德·夸伦吉的讲话所面对的人群英国科学促进会是英国 19 世纪在民用领域讨论科学问题的一流机构。它在若干场合讨论过与本初子午线和计量学相关的问题，尤其是依照英国科学促进会委员会的建议，讨论过公制对科学的益处（见第 3 章）。作为与之相对应的科学协会，博洛尼亚的学者收到英国科学促进会印发的年度报告，知晓这家机构的作用和影响力。英国科学促进会委员会曾在 19 世纪 60 年代初宣布，为了科学的利益支持公制，到了 19 世纪 70 年代，围绕公制和英制的辩论变得激烈时，包括艾里在内的委员又重申过它的建议。1876 年，桑福德·弗莱明向英国科学促进会在格拉斯哥召开的年度会议提交了一篇论文，这篇论文与他讨论现代性和世界时的其他著作一脉相承，强调“全球的铁路和轮船采用公共时间的可取性”，但没有证据表明他本人发表过讲话。十年后——此时，他论述世界时的著作已经广为人知——弗莱明收到了顶级地理学家恩斯特·乔格·雷文斯坦（Ernst Georg Ravenstein）代表英国科学促进会地理分会（E 分会）发来的邀请函：“我得到 E 分会委员会的指示……请您在伯明翰（1886 年英国科学促进会召开会议的地点）宣读论文，探讨由您最早提出并适用于加拿大和美国铁路的世界时体系。这个主题也许不是严格的地理学课题，但它是一个地理学家理所当然地发生兴趣的主题。”弗莱明无法接受雷文斯坦的邀请，他收到邀请函时，正在从利物浦前往加拿大的途中，但他感到“十分满意”，因为他“强烈渴望通过您所代表的有影响力的协会，把我的观点呈现在英国公众面前”。弗莱明认为，这次邀请表明，“现在，这家英国协会的权威人物认为，这个问题的重要性足以占用各次会议的时间”。同样，雷文斯坦也很了解当前的问题：他提交给 1887 年曼彻斯特会议的论文题目为《为公制呼吁》，文章清清楚楚地表明了他对计量统一问题的立场。[30]

由于英国科学促进会内部这些活动，德·夸伦吉和他的博洛尼亚同事们有十足的理由与这家机构接洽，并期待耶路撒冷提案受到认真对待。英国科学促进会的回应是成立了一个委员会——或者试图成立一个委员会。有四个人应邀考虑博洛尼亚提案，其中皇家天文学家威廉·克里斯蒂和数学家朗斯塔夫（Longstaff）博士都不曾出席 1888 年巴斯会议。二人后来都拒绝出任委员。一年以后，1889 年 9 月，在纽卡斯尔（Newcastle）会议上，英国科学促进会的二人委员会——一位格雷舍尔（Glaisher）先生和爱尔兰皇家天文学家罗伯特·斯托沃尔·鲍尔（Robert Stowall Ball）爵士——提交了对博洛尼亚提案的报告。他们的观点斩钉截铁："目前，英国协会的委员会无法对世界本初子午线问题给予有益的思考。"[31]

很可惜，英国科学促进会的记录只字未提做出这个判断的理由。当然，对于英国人，世界本初子午线问题已有定论，并成为了事实——它过去是，将来也会是格林尼治。这里的问题是把不同的本初子午线用于不同的目的，而不是把唯一的本初子午线用于全球计量学。可是，英国科学促进会的顽固态度并没有给博洛尼亚提案画上句号。德·夸伦吉在等待英国科学促进会的委员会从纽卡斯尔发回报告之际，又请其他人仔细审查耶路撒冷选项，这一次，他把提案交给了 1889 年 8 月巴黎第四届国际地理大会的第一组"数理地理学"的代表们。

巴黎国际地理大会的组委会包括几个对本初子午线长期发生兴趣的人物：地理学家安托万·达巴迪（他曾在 1851 年敦促就这个问题达成国际共识）、亨利·布迪里耶·德博蒙、查尔斯·戴利和朱尔·让森，让森的职务是巴黎科学院主席和巴黎地理学会副主席。第一组的主席是埃尔韦·法耶，他参加过 1883 年罗马国际大地测量协会会议，1884 年还主持过法国统一经度和时间委员会。切萨雷·通迪尼·德·夸伦吉的论文是 1889 年 8 月 10 日星期六上午长篇大论展开辩论的主题。会上还讨论了华盛顿会议决议第 7 条，但耶路撒冷选项是主要议题。

会议强调指出，支持耶路撒冷的理由是，与格林尼治相比，它对世界时和电报通信具有作用。与布迪里耶·德博蒙的威尔士王子角方案相比，耶路撒冷的优点在于它靠近欧洲的人口中心。会议认为，华盛顿会议不是一次客观公正的会议，始终偏向英国人和美国人。为了支持这个观点，会议提到了西班牙代表团成员鲁伊兹·德尔·阿尔伯尔在华盛顿的发言，他评论了本初子午线、世界时、铁路和电报公司的作用——这是博洛尼亚提案的核心要点。阿尔伯尔的意见遭到约翰·亚当斯和罗杰斯少将驳回。“在 1884 年华盛顿会议上或许成立，”德·夸伦吉向第一组代表陈述时得出结论，“但现在对于我们不再成立。承认一个人没有权利——不管科学权利还是历史权利——投票支持从格林尼治子夜而不是耶路撒冷子夜开始算起的世界日，永远都不会太晚。”[32]

进行投票时，12 名代表支持这个提案，12 名代表反对。由于未能实现必要的一致意见，法耶和第一组不能把耶路撒冷提案上交给巴黎大会全体会议审议。耶路撒冷问题没有继续推进。[33]

但是，这份以耶路撒冷为世界本初子午线的意大利提案虽然在 1889 年英国科学促进会纽卡斯尔会议和巴黎国际地理大会上遭到驳回，却并未寿终正寝。1890 年 6 月，德·夸伦吉在巴黎国际电报会议上再次讲到这个问题，他还利用此次机会向巴黎地理学会发表了讲话。到 1890 年 7 月，意大利当局对这个提案的优点深信不疑，竟然要求他们的驻伦敦大使朱塞佩·托尔尼利（Giuseppe Tornielli）致函英国政府，商讨再召开一次国际会议的前景。这次的邀请函送到唐纳利桌上时，他正在为弗莱明的“论以科学为依据的计时运动备忘录”与殖民部联络。

托尔尼利写给英国外交大臣索尔兹伯里侯爵（Marquis of Salisbury）的信坦白直接：“博洛尼亚科学院经过准确的研究，找到了一个解决方案，它也许能够得到世界各国的接受：设定一条首子午线供计时之用，让全世界使用统一的时间。”他在此基础上继续写道：“我受我国政府指示，我国政府决定支持这些提案并召集一次会议在罗马召开，请感兴趣的国家派代表出席。”英国人让科学与艺术部来做决定。1890 年 10 月初，邓库姆写给外交部再转交意大利方面的回信同样直接：“我收到指示，针对索尔兹伯里大人的讯息发表声明，教育代表委员会（Committee of Council of Education）的各位大人请教了皇家天文学家，他们同意皇家天文学家表达的观点：会议不太可能产生切实的结果，选择本初子午线的问题已经在 1883 年罗马和 1884 年华盛顿会议上经过了充分讨论。”邓库姆接着写道，在这种情况下，“各位大人认为，他们没有理由向财政部申请资金，支付派代表出席会议的开销。他们获悉，会议将探讨是否要在电报和铁路上采纳耶路撒冷子午线用于计时，探讨这些问题的人士却不是天文学家、水手和大地测量学家”。[34]

1890 年 10 月末，托尔尼利再次尝试。他的口吻是外交式、字斟句酌的，与其他人围绕本初子午线、现代性和科学的请求保持一致。华盛顿会议的结果不具有约束力，他认为这是提出耶路撒冷方案的理由：

> 在罗马收到了消息，很遗憾，鉴于本初子午线问题已在 1883 年和 1884 年讨论过，并未取得满意的结果，女王陛下的政府无意派代表出席一次新的负责重新审查此事的会议。这个主题既出自巨大的科学兴趣，它的部分直接应用又具有实际用途。如果科学进步果真是延续的，如果不同国家的相互关系正在日益发展，那么必须承认，这些对不同国家之间的关系产生影响的问题不仅出自科学兴趣，也具有实际用途，绝对不该不再把它们视为合适的研究课题，即使此前的审查并未达成协议，而为了解决这些问题，达成协议也许被认为是可取的……我国政府采取主动，不是要以任何方式侵犯现有的权利，因为这个提案不会以任何方式对航海、天文学、地形学或地方制图学领域使用国家子午线造成干扰。

到 1890 年 11 月末，唐纳利和克里斯蒂等已经审核过托尔尼利的信。克里斯蒂的答复犀利地指出，耶路撒冷提案在历史上有过先例，它们存在固有的不足：

> 我看不到有任何理由要对拒绝出席拟召开的会议加以重新考虑。把本初子午线选在一个没有天文台也不太可能有效地建立天文台的地方，这种做法与科学进步相悖。耶路撒冷子午线将成为一条纯属虚设的子午线，好比费鲁岛子午线。欧洲几国规定以费鲁岛为本初子午线以后，只好把它设定在巴黎以西 20 度，无形中把费鲁岛子午线变成了形式上很不方便的巴黎子午线。我认为，这个采用耶路撒冷子午线的提案完全不具有科学性，意大利大使竭力主张在本初子午线问题上促进科学进步和科学兴趣，这恰恰是反对这个意大利提案的有力理由。
>
> 选择一条不能用于天文学、大地测量学或航海的本初子午线，几乎不会促进计时的统一，因为它没有把最重要的科学应用考虑在内。[35]

英国人对意大利人 1891 年初的再三恳求置若罔闻。唐纳利指出，意大利提案“在具有代表性尤其是有资格给出判断的国际机构没有受到青睐”。托尔尼利给英国人写信的同时，意大利人也在与国际大地测量协会接洽，征求对于提案的意见，探讨再召开一次国际会议讨论本初子午线的益处。国际大地测量协会看不到提案和再开一次国际会议的价值，认为本初子午线问题的“要旨”已经在 1883 年罗马会议和 1884 年华盛顿会议上得到解决。德·夸伦吉并不气馁，他再次转向国际地理大会。这一次，国际地理大会于 1891 年 8 月在伯尔尼召开。

因此，第五届国际地理大会第一组的事务由亨利·布迪里耶·德博蒙和切萨雷·通迪尼·德·夸伦吉主导。德博蒙提出了他所建议的威尔士王子角的一个变体。德博蒙认为，国家子午线在现代世界没有立足之地——却只字不提格林尼治或华盛顿会议——他回到了自己 1876 年以全球的本初子午线为“调停者”的设想。德博蒙没有像早先那样，大力提倡威尔士王子角或距格林尼治 180 度的“对向子午线”，现在，他提出以罗马为用于世界时的本初子午线。德·夸伦吉则力陈选择耶路撒冷的理由。如果把耶路撒冷子午线用于计时，另外保留一条本初子午线用于天文学、大地测量学和航海，他看不到二者有何冲突。他虽然没有指名道姓，却反驳了1883年赫希和1890年克里斯蒂的论证；他评论指出，耶路撒冷有一家电报局，它能够与各大天文台通信，也能够充当世界范围内的计时基准。两个提案都没有提交伯尔尼全体大会批准。1891年秋，英国科学促进会在利兹开会时，德·夸伦吉跻身提案宣讲人的名单，却没有发表演讲。[36]

博洛尼亚的耶路撒冷提案清楚地表明，1884年华盛顿会议并未解决全球唯一的本初子午线问题。格林尼治的广泛使用在这次国际会议上得到了代表们的认可——在四条备选子午线的名单上，它事实上居于首位（即使如意大利人暗示，华盛顿会议达成的建议也许过于仓促，日后可能遭到推翻）。耶路撒冷本初子午线的备选资格是一个特定主题——其用途与民用计时相关，用于铁路和电报，如克里斯蒂指出的那样，不用于天文学、大地测量学或航海。耶路撒冷提案的意义在于，人们普遍认识到，用主题本初子午线取代国家本初子午线是一种可能性。时人探讨本初子午线的著述包括艾里的宣言、斯特鲁维的讲座、弗莱明论世界时的文章等，我们很难知道，对于世界各地的科学家和其他人，这些著述在多大程度上唾手可得。但耶路撒冷方案无疑得到了广泛的认真研究，数学家、天文学家和地理学家在巴斯和纽卡斯尔英国科学促进会上，地理学家在巴黎和伯尔尼，报务员在巴黎，天文学家、水文学家和职业公务员在伦敦纷纷展开思考，然后，面对纹丝不动的英国和犹豫不决的美国，这个提案终于淡出人们的视线。

持续的复杂性：地理大会上的本初子午线，1891—1904年

1891年，德博蒙和德·夸伦吉在伯尔尼发言时，会场上有一

位听众是英国军事测量员、地理学家（日后担任皇家地理学会主席）托马斯·霍尔迪奇（Thomas Holdich）。霍尔迪奇根据切身体验，知道公认的标准对地图制作的重要性：这一年，他被任命为英国的边疆勘测在阿富汗、印度和喜马拉雅地区的负责人。霍尔迪奇向皇家地理学会汇报伯尔尼会议的情况时清楚地表明，目前在本初子午线问题上人们普遍存在犹豫不决：

> 子午线问题虽然表面上远未达成解决方案，如同此前在华盛顿会议，但无疑取得了长足进步，英国地图应当拥有共同的经度起点。目前的情况并非如此，在所出版的印度地图和周边国家部分区域的地图上，经度值是根据对马德拉斯天文台位置的错误假设进行计算的，与格林尼治的真实值相差约 2.5 英里；所以，随着我们的制图工作逐步推进，向西经过波斯，向东经过缅甸，我们狼狈地陷入了偏差。我冒昧建议征求印度总测绘师的意见：将来一律采纳格林尼治子午线用于印度测绘是否适当。我完全知晓迄今未能采用格林尼治的本质原因，但是，出席此次会议后，我得出结论，如果我们希望说服别国采用格林尼治为经度起点，那么继续目前的体系就是一个严重的不利因素，这个不利因素压倒了此前的考量。[37]

除了霍尔迪奇在英帝国的地形图上看到的多条本初子午线，当然别国制作的地图上还有一些五花八门的本初子午线。1885 年，世界各地的大比例尺地形图测绘使用了 15 条国家本初子午线。到 1898 年，除一条本初子午线外，其余的本初子午线依然在国家地形测绘中使用（部分俄国地形测绘使用华沙本初子午线；在此期间，只有华沙子午线消失不见）。[38]

这个问题久拖不决，国家地形测绘中还普遍存在不同的比例尺和标准。1891 年，德国地理学家阿尔布雷希特·彭克（Albrecht

Penck）在伯尔尼着手解决这些问题，他宣布了一个比例尺为一比一百万的世界测绘计划。学者们对这项名为“百万分之一地图计划”（Millionth Map Project）的研究表明，这项计划十分重要，它进展缓慢，且很不平衡。学者们忽视了它对国际地理大会和本初子午线的意义。彭克的计划与伯尔尼会议通过的决议相互关联，即应当统一采用“英国的本初子午线”（格林尼治）（会议还表示，希望英国实行公制）。[39]

1895 年，在伦敦召开的第六届国际地理大会上，彭克重提他的计划。亨利·布迪里耶·德博蒙在缺席的情况下重回他本人的时间计划，他的论文由另一位代表宣读。其他内容包括：巴黎的 M. 德·雷伊－佩亚德（M.de Rey–Pailhade）先生论华盛顿决议第 7 条、时间和角度十进制测量的演说，意大利地理学会的恩里科·弗拉西（Enrico Frassi）论时间改革和时区制的谈话。除了弗拉西的文章，多数论文都很简短。这也许是有意为之。约翰·唐纳利是 1895 年伦敦会议的组织者，探险家爱德华·德尔玛·摩根（Edward Delmar Morgan）也是，摩根 1889 年在巴黎国际地理大会上曾代表皇家地理学会参加本初子午线的讨论。他们，尤其是唐纳利，可能限制了人们为格林尼治以外的选项展开讨论，就像杰曼曾经设法引导 1875 年巴黎国际地理大会的议事日程。1895 年，弗拉西向与会代表呼吁，有必要再召开一次国际会议（唐纳利对此想必很不热情）：“我恳求您，（大会的）主席先生，以我本人和国家的名义，向全体大会提出一个请求，指定一个国际委员会……落实罗马会议和华盛顿会议关于世界本初子午线的协议。”[40] 关于格林尼治的决议获得通过已经过了十几年，依旧没有付诸实行。

1899 年，在柏林召开的第 7 届国际地理大会没有讨论替代的本初子午线，但会议全体一致建议以格林尼治为 0 度原点，把米用于地形测量，这个建议与彭克的方案有关。实际上，这个建议首次提出是在 1895 年。在柏林，英国地理学家、气候学家休·罗伯特·米尔（Hugh Robert Mill）在论公制对地理学的优势的论文中，透露了伦敦国际地理大会的讨论内容。法国代表在伦敦会议上提议，在彭克提议的一比一百万的世界地图上，用米标注高度，以格林尼治为计算经度的本初子午线。米尔指出，这个“令人愉快的国际妥协……也许不久就会在所有地图和地理著作中推行”。毕竟，“英语国家反对公制的理由并不比法国反对接受以外国天文台的子午线为 0 度经线更加有力。统一国际标准的巨大益处应当战胜一切其他情感”。[41]

到 1904 年，国际地理大会注意到了米尔的观点。同年，华盛顿国际地理大会——在代表们为格林尼治的地位进行投票表决并达成协议 20 年以后——确认，以格林尼治为世界与时间相关的本初子午线：“考虑到世界大多数国家已经实行以格林尼治为本初子午线的标准时间体系，本次会议支持统一以格林尼治子午线为一切标准时间体系的依据。”[42]

标准时间、电报、巴黎和格林尼治子午线，1884 年前后至 1912 年

不同的国家实行以位于格林尼治的首子午线的子夜为基准的标准时间或区时（zone time）——不要与从 0 时计算到 24 时的世界时体系相混淆——在别处有详细的记录。例如，比利时和瑞士在 1892 年改为格林尼治时间。德国的中欧时间体系于 1893 年生效，即钟表和公共计时依照格林尼治设定，奥地利也一样。澳大利亚的决议在 1895 年 1 月 1 日生效，“澳大利亚只用一个时间，经度为 135 度，位于格林尼治以东 9 小时”。

在澳大利亚和别的地方，实行标准时间的过程并非一帆风顺：改变计时法前夕，《悉尼先驱晨报》注意到，本来阿德莱德（Adelaide）时间一直占据主导，除了邮政和电报局，后者实行悉

尼平时；旅馆、酒店和银行全都必须调整营业时间，会给公众造成“真切的困扰”。南非天文学家、大地测量学家戴维·吉尔（David Gill）在1892年协调改用格林尼治时间（他与开普敦当局为了答复弗莱明的世界时提案保持着联络）；要落实吉尔的主张，必须克服相当的“地方成见”。

到1905年，世界上多数国家都以格林尼治0度为本初子午线，以格林尼治平子夜为计时的依据。与这个日期保持一致的国家有法国、葡萄牙（1912年）、巴西和哥伦比亚（1914年）、希腊（1916年）、土耳其（1916年）、爱尔兰（1916年）、俄国（1924年）、阿根廷和乌拉圭（1920年），还有荷兰（1940年）。1911年，法国遵照华盛顿会议的建议，以格林尼治标准时间为准调整了巴黎时间，减去9分21秒。利比里亚到1972年才实行格林尼治标准时间。[43]

公共计时迈向更高程度的统一，是伴随着科学界对先前讨论过的天文日与民用日统一问题的争论发生的。不过大体上没有受到天文学家和航海家的顾虑的影响，他们关心的问题是航海天文历预计必须予以调整，而决议第6条要求达成国际共识。使用以格林尼治子午线和格林尼治子夜为准的标准时区，反映了统一计时对科学，主要是对公众的广泛益处。1885年2月，《悉尼先驱晨报》写道：“通过电报、铁路和极端有趣而有价值的天文研究，对天气和航海的科学观测的广泛应用全都趋向于实用方向。那些拥有科学观测和计算的普遍基础的国家的优势毋庸置疑。”[44]

认识到时人相当重视用电报建立这种孜孜以求的“科学观测和计算的普遍基础”——唯一的本初子午线既是计量统一的原因，也是结果——那么，用电报计算经度和时间是存在问题的，记住这一点就会很有用。电报是以耶路撒冷为本初子午线的提案的一个核心要点。支持者认为，在没有天文台的情况下，可以用电报“确定”起始的本初子午线。我们应该记得，这个用代替物进行定位的要点，也是让森在华盛顿会议上为本初子午线的中立性辩论的组成部分。19 世纪 50 年代末，亨利·詹姆斯发现，用电报测定经度不能导向确定性，特别是在各国使用的线性单位不同的时候。度量衡的庞杂不一不是仅有的问题。作为 1874 年金星凌日探险活动的组成部分，艾里在埃及的沙漠里督导过经度测量。他叙述了由于人为错误必须进行的计算调整：“由于发送和接收信号的观测者的人差方程，由于观测者在格林尼治和莫卡塔姆（Mokattam）确定时钟误差的不同方法，格林尼治—莫卡塔姆的经度需要修正。”[45]

这个问题不是凌日探险活动的结果，也不是地点或所用仪器的结果。它过去是——现在也是——现象测量的固有问题，经度和子午线的测量也不例外，18 世纪末期巴黎和格林尼治子午线的测量工作表明了这一点，19 世纪末期的子午线测量再次表明这一点。

1888 年 6 月，大西洋两岸为天文时和民用时的统一问题展开了辩论。罗杰斯叹息美国没有对华盛顿会议采取行动；德博蒙和德·夸伦吉在起草格林尼治的替代方案；威廉·克里斯蒂报告称，已经为“重新测定格林尼治和巴黎之间经度差的开销”做好了安排。一年以后，克里斯蒂在报告中记录了以下步骤：

> 以 4 组各 3 晚（或相当于半个晚上）进行观测。一名英国和法国观测者各自驻守在一端，每人配备单独的仪器和计时器；观测者两两互换两次，以便在工作进行期间消除人差方程的变化。法国和英国的仪器两两相似，信号和恒星过境在相似的计时器上记录。每位观测者在一个完整的夜晚记录约 40 次恒星过境，反转仪器三次，与这条线另一端的同胞交换信号两次（在夜晚即将开始和结束时），与另一名观测者交换一次……具体站点是皇家天文台前院和巴黎的军事地理服务天文台（Observatory of the Service Géographique de l’Armée），它与巴黎天文台的相对位置已经准确测定。

尽管实施了这些操作管理，结果的计算和公布却遭到推迟——结果公布以后将发表关于这两条重要的国家本初子午线相对位置的最新宣言——推迟的原因是，用克里斯蒂的说法，“在一个观测站获取的钟差出现了奇怪的不一致……两台仪器并排摆放，分别由一名法国观测者和一名英国观测者操作”。1891 年 6 月，克里斯蒂报告称：“英国的格林尼治中星仪与卡西尼子午线之间经度差的最后结果是 9 分 20 秒 86，法国的结果（尚未公布）比它多了约 0 秒 15。”虽然这个“不一致”只有过去的一半，但在克里斯蒂看来仍然太大，除了全部重新测量别无他法。这种“忧心忡忡”对于巴黎与格林尼治，以及格林尼治与当时用电报在全球建立联系的其他地方（蒙特利尔）的相互关系，或奥托·威廉·斯特鲁维开创的欧洲经度弧的组成部分（如爱尔兰的沃特维尔），都十分重要。

1892 年对步骤进行了修改，目的是减小误差，减少巴黎与格林尼治之间计算所得的差：电报线两端各放置两个而不是一个钟表，钟表全部放置在几近恒温的房间内。观测者相互调换。在格林尼治获取的结果的平均值是格林尼治与巴黎的经度差，为 9 分 20 秒 82，与 1888 年计算所得的数字 9 分 20 秒 85 略有出入。但是，在巴黎，法国观测者确认了他们此前的结果——9 分 21 秒 06。格林尼治距离巴黎似乎比巴黎距离格林尼治要远。此后几年，人们一再发现，经度测量存在差异。到了 1905 年，至少英国人评估认为，这种测量和计算的差异微不足道，于是格林尼治—巴黎问题不再有人关心。[46]

巴黎和格林尼治的这条相关证据证实了早先测定这两个天文台进而设定两条国家本初子午线的问题。1888 年后，这条证据的意义在于，它与围绕决议第 6 条和替代的本初子午线的持续讨论相关，它还揭示了华盛顿会议的复杂余波。可以说，法国天文学家对准确性、经度和巴黎作为计量权威所在地的定位表示关切，这是法国迟迟不接受格林尼治首要地位的组成部分。如果不是法国后知后觉地认识到了国际科学的重要性，认识到国际科学是全球政治的一种形式，就很难解释 20 世纪初法国处理时间统一问题的方法。法国人领导并促进了无线电报计时。1910 年，法国人在巴黎天文台经埃菲尔铁塔用电报发出无线电信号（图 6.1）。法国修改了法定时间——法国媒体戏称为“格林尼治英国时间”（l'heure anglaise de Greenwich）——于 1911 年 3 月 11 日生效。同年，首届国际天文星历表大会（International Congress on Astronomical Ephemerides）在巴黎召开，正式以格林尼治子午线为《天文历书》的基准子午线（包括“全面无保留”地使用这条子午线）。1912 年，首届国际时间会议（International Conference on Time）在巴黎召开，这次会议具有额外的重要性，它使巴黎成为时间标准化的重要的“真理现场”。[47]

法国采用格林尼治标准时间，由此接受格林尼治子午线用于计时目的的首要地位（作为比较，1896 年，法国原则上承认格林尼治为世界的本初子午线，与经度、天文学和航海文献相关），英国媒体对此进行了报道。《泰晤士报》（伦敦）的报道在结尾处表达了和解的语气，但是意识到，如今遭到取代的巴黎本初子午线要在地理和历史背景下加以理解：“然而，法国过去不止一次改变本初子午线——它在不同时期曾经分别以亚速尔群岛的圣迈克尔、特内里费岛、费鲁岛、加那利群岛最西边为测算起点——也许它欣然愿意再次让自己适应科学进步，促进民族和睦。不过，我们并不低估它由于放弃历史上的子午线而付出的民族情感的牺牲，现在赞成格林尼治比过去赞成其他子午线对它来说较为容易，想到这一点我们深感欣慰。”[48]

* * *

本章表明，采用主题性的、对决议逐条分析的方法对理解 1884 年华盛顿会议的余波十分重要。华盛顿会议提出 7 条决议，

QUATRIÈME ANNÉE. — N° 1073 LE NUMÉRO QUOTIDIEN 10 CENT. — ÉTRANGER : 20 CENT. SAMEDI 25 OCTOBRE 1913

EXCELSIOR

Journal Illustré Quotidien

DIRECTEUR : PIERRE LAFITTE

ABONNEMENTS (du 1er ou du 16 de chaque mois)

France : Un An : 35 fr. - 6 Mois : 18 fr. - 3 Mois : 10 fr.

Étranger : Un An : 70 fr. - 6 Mois : 36 fr. - 3 Mois : 20 fr.

« Le plus court croquis m'en dit plus long qu'un long rapport. » (NAPOLÉON).

Informations - Littérature - Sciences - Arts - Sports - Théâtres - Élégances

88, Avenue des Champs-Elysées, PARIS

Wagram 57-44, 57-45, 28-64, 28-66, 28-68

Adresse Télégraphique : EXCEL-PARIS

PARIS VA DONNER L'HEURE AU MONDE

DEUX FOIS PAR JOUR, LES ONDES HERTZIENNES LANCEES PAR LA TOUR EIFFEL PORTERONT L'HEURE DE PARIS SUR TOUS LES CONTINENTS

Paris va fixer l'heure du monde. Deux fois par jour, l'heure du méridien de Greenwich sera lancée sur tous les continents par la tour Eiffel. Les savants qui ont participé aux travaux de la conférence de l'heure viennent, en effet, d'adopter à l'unanimité les statuts de l'Association internationale de l'heure. Chaque jour donc, à dix heures du matin et à minuit, le poste de télégraphie sans fil de la tour Eiffel, le plus puissant du monde, lancera l'heure à travers le globe ; les postes qui l'auront reçue la transmettront à leur tour à d'autres postes, et bientôt, en un laps de temps très court, Paris aura réglé les chronomètres du monde entier. A l'aide de ce précieux renseignement, les marins et les explorateurs pourront plus aisément faire le point.

图 6.1 根据传输到格林尼治的无线电报信号，这份 1913 年的法国报纸传达了巴黎——和埃菲尔铁塔——的角色：20 世纪初世界的时间之都。

来源：*Excelsior*, October 25, 1913。

其实是 4 条决议，就其实质而言只有 2 条决议，它们是 1884 年后受到关注的课题。决议第 1 条是例行公事。决议第 3 条涉及从东西两个方向计算经度，这条决议基本上遭到忽视。决议第 7 条继续保留在科学会议上。决议第 4 条和第 5 条涉及世界日以及世界、标准和地方时，它们与围绕统一时间、以格林尼治为世界计时基准线的地位的讨论紧密相关。争议最大的是决议第 6 条，民用日和天文日的统一。决议第 2 条以格林尼治为世界的本初子午线，是关注的另一个主要焦点。在英国，决议第 6 条到 1925 年才正式商定。1904 年，国际地理学界批准了以格林尼治为与标准时间相关的世界性本初子午线。在法国，格林尼治作为世界子午线的地位在 1886 年作为“紧急事务”得到政府承认，但直到 1911 年才正式采用；这一年，法国批准在本国的航海天文历中使用格林尼治。在美国，华盛顿和格林尼治的双重法定本初子午线到 1912 年才被取代。

在英国、法国，尤其是美国，决议第 6 条迟迟未能实行，这个事实并不是一件国家大事。它在这些国家内部和国界以外造成了政界和科学界的分化。人们无从知晓假如政府更迭没有阻碍会议决议的落实，美国处理决议第 6 条的社会环境——美国多年来迟迟不接受华盛顿的所有建议——会不会有所不同。这个问题的决定权不在于政治家，也不在于顶尖的天文学家，而在于海军官员。即使事实如此，反对民用日和天文日统一的各级人士也做好了将来承认这件事的心理准备，条件是别国也要这样做。在无法再召开一次国际会议的情况下，决议第 6 条的实施情况也许可以用一再拖延来描述；几个国家的代表曾经迫切要求再召开一次国际会议，后来却不了了之。就决议第 2 条的情况来说，1884 年以后提出的取代格林尼治首要地位的唯一有分量的选项是耶路撒冷。英国外交官没有给意大利政府提供再召开一次国际会议的可能性，以便为本初子午线展开辩论，这条子午线的目的只与世界时相关，与大地测量学、天文学或航海无关。在英国人看来，华盛顿会议是对现行惯例的确认书，而不是推翻现行惯例的许可证。

我们不应当把华盛顿的外交厅和 1884 年 11 月 1 日看作计量统一问题降临于世的地点和日期，而应该把 1884 年华盛顿会议看作一个关键时刻，但不是一个决定性事件。正如第 7 章表明的那样，在世界的时间和空间以格林尼治为测量起点以后，本初子午线引发了更为多变的余波。

第 7 章

统领空间，确定时间

华盛顿会议建议以格林尼治为本初子午线 50 年后，一位澳大利亚报社记者对他看到的这条统领世界的线很是不以为然。许多年前，人们把它标记在皇家天文台附近。他在《没什么可看的》副标题下评论道，它“只是一段穿过小路的石头斜线，中间有一道沟——多数人会径直走过，不多看第二眼”。不过，表象具有欺骗性：“它其实是世界上最有趣的事物之一……旁边一块布告牌说明，它是本初子午线，全世界以它为计算经度和时间的本初子午线。”[1]

本书仔细研究了作为地理学问题的本初子午线：这个问题涉及科学的权威和准确性，涉及计量学、政治、经度和计时，尤其在 19 世纪末期还涉及现代性、国际主义和普遍的共同福祉——甚至全球需求的观念——全球需求高于单个国家和专业团体的惯常做法。本书从本初子午线问题的“解决办法”入手，接着较为细致地研究了 1884 年华盛顿国际子午线会议，并说明了此次会议未能解决这个问题的几个原因。本书探讨了 1884 年会议的“余波”，但主要关切是“本初子午线问题”——在以格林尼治 0 度为全球原点以前和以后，存在并使用着多条本初子午线。这个问题促成了华盛顿会议，并在会议之后以多种方式继续存在。

我在第一小节简短地概括了本初子午线在本书中涉及的主要时期即 1634 年到 1884 年的主要特征，但本书的最后一章却不会详尽地铺排书中研究过的证据，也不会把这个本初子午线的地理叙事带到确定的终点。我整体关注的是继续格林尼治 1884 年余波的主题，考察事后几年人们在时间和空间中纪念此次会议的一些事件和举措。第二小节叙述以几种方式纪念格林尼治和本初子午线的故事——不仅是一段石板线，还有纪念碑、邮票、千禧地图、树状图等，巴黎子午线的纪念活动则表现为漫画英雄和大规模野餐的方式。如果要以此说明这些本初子午线各不相同的表现形式，那么，最后也讲述了格林尼治本初子午线对现代性的意义。这一点在 1894 年 2 月以戏剧性的方式得到强调。在这个月当中，格林尼治皇家天文台（暗指本初子午线）成了法国无政府主义者马夏尔·布尔丹（Martial Bourdin）打算发动炸弹袭击的目标。当时的报纸称之为“格林尼治炸弹暴行”，约瑟夫·康拉德（Joseph Conrad）把这件事写进了 1907 年的小说《秘密特工》（*The Secret Agent*）中。在康拉德笔下的主人公看来，本初子午线是现代派的权威和科学无远弗届覆盖全球的象征：空间中的一条线、一个点“统领”着世界。

正如我在本章最后一节的说明，过了一百多年，世界的本初子午线竟然移动了位置。我们会看到，这件事既不是法国的无政府主义活动或英国人做事不够精准的结果，也不是通过科学共识达成的全球政治结果，而是仪器的准确性、时间流逝和世界地理学发生改变的结果。

多条本初子午线 / 那条本初子午线

到 19 世纪末期，本初子午线问题作为一个地理差异问题的核心要素已经十分清楚。在时人看来，你使用哪条本初子午线、为什么选它，影响着你在何地、你是谁。国家之间存在差别，一国内部也存在差别。用户要么使用观测的本初子午线（天文学家、航海文本和星历表的作者），要么使用测量的本初子午线（地理学家、制图师和地形测量员），二者择其一，有时二者都不用（水手在海上）。现代研究人员看待问题，不仅要理解这种地理学混乱的存在，还要认识到它的构成特征。

图书很重要。天文星历表比如法国的《天文历书》（1679）、英国的《航海年历表和天文星历表》、西班牙的《航海年历表》在航海实践、天文预测和以观测的本初子午线为各国首子午线之间建立了文本对应关系——这里分别是巴黎、格林尼治和加的斯。这些著作可能收录别国使用的经度 0 度用于比较。地理书籍和部分航海著作在阐述什么是本初子午线并记录它在实践中的用途时，引述了多条本初子午线，英语著作无疑属于这种情况。船舶日志也说明了所使用的子午线发生变化的情况，如果发生过变化的话。

地图很重要。地图说明了不同的制图师，也许还有不同的用户所选择的本初子午线。在这个意义上，有些地图具有超越实际用途的象征价值（莫尔斯认识到了这一点：见图 2.1）。出于这些原因，“地理学混乱”这个短语非常贴切，法登、吉本和他们的同时代者对此心知肚明。出于这些原因——各国之间和一国内部在用户群、物质形态和实际做法上的差异——只在国家层面考察 18 世纪末期以前的本初子午线问题，其所具有的分析价值就很有限了。

从 18 世纪末期开始，本初子午线问题要求有一个超越单个国家或科学界利益的解决方案。在 1787 年、1790 年，后来又在 1821 年，英法两国跨越海峡的三角测量项目提供了国际合作的证据，虽然其目的是更加准确地测定两条观测的本初子午线彼此间的相对位置，而不是用一条线取代另一条线。相比之下，皮埃尔 - 西蒙 · 拉普拉斯在 1806 年和本杰明 · 沃恩在 1810 年的言论则共同强调了鲜明的跨越国界的性质。统一性和普遍性在学术交流和实践交流中具有价值，他们的修辞强调了这种价值——货币、计量学、语言和制图的统一性和普遍性——还有经度的计算方法：1810 年，沃恩先知先觉地称："伟大的变革始终在望……把全球视为一个单位，全体共有一条本初子午线。"[2]

在国界内外，由共同的测量实践和数学语言所赋予的知识力量，由号称准确和今后还将更加准确而来的政治权威和机构权威，促进了对本初子午线解决方案的初步认识。大量证据表明，时人十分关注准确性的政治意义：马斯基林对卡西尼四世的说法给出答复；鲍迪奇谈论马斯基林的计算，鲍迪奇与威廉·兰伯特为了兰伯特的观测的充分性和次数发生争执；罗伊对跨国三角测量的权威抱着错误的信心；凯特对罗伊的工作进行调整；艾里相信"电流连接"；用电报定位格林尼治和巴黎天文台；在华盛顿会议期间甚至会议以后，一些人认为世界的本初子午线可以不必设在大天文台的精确位置，而是通过计算几个天文台之间的距离加以确定。在 19 世纪后期之前，对解决方案造成妨碍的，是线性测量和计时的计量不统一问题，尤其是航海界和天文界不相统一；问题也存在于普遍的市民生活中；铁路时间和电报的计量不统一问题最为迫切。

在 19 世纪，人们一边忍受着本初子午线、计时和计量学的不一致，一边表示可以针对这些问题做些什么。19 世纪 70 年代初以后，有几个因素共同作用，给寻找本初子午线解决方案的愿望赋予了目标和方向。格林尼治本初子午线此时已登上计算权威的地位。从 18 世纪 90 年代起，它就是英国用于国家和大陆测量的确定的观测首子午线、英国地理学家共同的首子午线、英国和别国航海界日益频繁使用的 0 度原点。从 1848 年起，它就是格林尼治标准时间的基础并规范着英国的民用时。《航海天文历和天文星历表》以准确性和年销量闻名，这份出版物以格林尼治本初子午线为准。格林尼治子午线获得如此地位，还因为 1850 年美国正式批准它为两条本初子午线中的一条；1867 年，格林尼治是进一步统一英国计时，并在地理和天文上使欧洲、美洲和英国及其帝国广泛交流的电报网的枢纽；占有相当大比例的世界海上贸易使用格林尼治（他们也使用其他的国家本初子午线）；从 1883 年起，格林尼治就是美国铁路时间标准化的基准线。

多条本初子午线在 1871 年成为科学和地理机构内部讨论的焦点。本初子午线问题越来越多地用跨国主义语言表达：特别是在桑福德·弗莱明论述计时的著作中，也更加广泛地用“全球”“普遍”或“世界”等术语为现代化的世界寻找共同的解决方案。1871 年到 1881 年间，国际地理大会为思考世界唯一的本初子午线并提出建议提供了关键场所。1871 年在安特卫普达成的解决方案软弱无力，只服务于航海界，未获得全体批准——但它是个起点。1875 年巴黎国际地理大会由法国地理学家阿德里安·杰曼造就，其基调中的国际合作性略少。人们认为 1881 年第三届威尼斯国际地理大会在活动范围上比此前的研究更具国际性。

威尼斯国际地理大会的不同之处在于北美代表出席了此次会议，他们共同劝说别人相信世界标准时间的优点。许多代表得到美国国内卓有影响的机构的支持，此时美国国会已经深信，美国铁路网的时间必须统一。桑福德·弗莱明得到了加拿大自治领政府和加拿大研究所的支持，他利用这些渠道分发了一系列小册子，敦促实行统一的计时制——唯一的本初子午线是关键的第一步。在威尼斯，弗莱明指向“首子午线合多为一”的决议案产生了影响，与其说是因为他和其他人关于哪条线可以充当世界唯一的本初子午线的观点，不如说是因为他们呼吁各国政府针对信息交流采取行动——世界唯一的本初子午可能是格林尼治、费鲁岛、白令海峡“调停者”或格林尼治的对向子午线。

出于几个原因，在通往本初子午线解决方案的路上，1883 年罗马国际大地测量协会会议是个深思熟虑的重要节点。会议接受了一条观测本初子午线的权威性。在这个基础上，四个主要备选地点——柏林、格林尼治、巴黎和华盛顿——的科学资质本身并无分别，所以必须考虑其他实际问题，比如每条线在世界各国的航海和地理著作中使用的多寡。会议还接受了这样的观点：全球统一的计时制应当以选定的首子午线为准。在罗马会议上，代表们以个人身份为这些原则自由地投了票。在后续的会议上，他们将代表政府采取进一步行动。1883 年罗马会议形成的结论使 1884 年华盛顿会议成为可能。

国际子午线会议不是为世界唯一的本初子午线提出建议的首次科学会议，但它是代表们有权代表国家投票的首次会议。许多国家已经以格林尼治为航海的基准线。华盛顿会议数年以后，不同的国家本初子午线继续在大比例尺地形图上使用，即使法律另有规定——1896 年，法国原则上同意以格林尼治本初子午线为世界的基准线，格林尼治优先于巴黎子午线。1904 年，国际地理大会确认格林尼治为与时间相关的世界性本初子午线。法国 1911 年予以遵守。各国采用格林尼治的时间不尽相同，几个国家围绕决议第 6 条展开了旷日持久的辩论，意大利科学家为了博洛尼亚提案苦苦祈求，还要求另设一条本初子午线用于世界时，这一切表明，各个地方的人们对于本初子午线解决方案的感受并不是完全一样。

标记本初子午线

在《帝国的宇宙时间》（*The Cosmic Time of Empire*）中，亚当·巴罗斯探讨了对格林尼治标准时间（间接地探讨了本初子午线本身）的描述和意义与几部现代派经典文本的关系。其中一部是约瑟夫·康拉德的《秘密特工》。故事发生在 1886 年（这一年，日本成为首个采纳华盛顿会议建议的国家），但核心事件取材于 1894 年 2 月发生的真实事件。格林尼治炸弹暴行背后的真相很简单：人们听到格林尼治公园传来爆炸声，发现了法国无政府主义者马夏尔·布尔丹，他错误地引爆了随身携带的炸弹，造成“严重伤残”。此举动机不明。《泰晤士报》（伦敦）的评论暗示，法国人一直对格林尼治规范世界的突出地位耿耿于怀，但是并无有力的证据表明法国人的态度对布尔丹造成了影响，刺激法国无政府主义者或天文学家对格林尼治本初子午线产生了强烈的憎恶。布尔丹在格林尼治医院不治而亡。小说里，康拉德把攻击目标写成了天文台、建筑物、天文学和本初子午线本身——全都是科学的力量和权威的象征。在书中人物“弗拉基米尔先生”口中：“炸掉首子午线一定会引起漫天叫骂。”他后来评论说：“你对中产阶级了解得没有我深。他们的情感很倦怠。首子午线。我想，没什么比它更好、更容易的目标了。”[3]

在巴罗斯看来，到 20 世纪初，格林尼治“已经作为来自远方的威权控制和驾驭各色人等的有力象征进入了现代派的意识”。格林尼治本初子午线不只是测量时间和空间的世界原点：它几乎是个典型的非政治场所，如康拉德小说中一位人物所说，与科学“神圣不可侵犯的恋物癖”联系在一起。在生命将尽之际，康拉德在散文《地理学和一些探险家》中概述了时代变迁，从他所谓“神奇的地理学”（由于缺乏确切的资讯而在地图上描绘神话里的生灵），到“好战的地理学”（Geography Militant），即探险家和各国政府征服地球，在地图和其他文件上描绘所管辖的领土，再到“胜利的地理学”（Geography Triumphant），即康拉德自己的时代，全世界包括南北极在内，几乎都在地理学家权威目光的凝视之下。

很容易这样论述：《秘密特工》所描绘的事件同样应当被视为是对“胜利的地理学”表示抗议，对格林尼治在时间、计量学和地理上的统治（在地方上具有重要意义，在全球势在必行）表示抗议。巴罗斯认为，在詹姆斯·乔伊斯的《尤利西斯》（1922）中，1904 年，主人公利奥波德·布鲁姆为都柏林地方时与格林尼治标准时间的时间差（25 分钟 22 秒）感到迷茫，这也许可以用来质疑

“格林尼治标准时间的阴谋，英帝国意图重新构建和引导被殖民的爱尔兰的空间和节奏”。桑福德·弗莱明强调说明，现代性要求唯一的全球本初子午线和商定的标准时间。但是，康拉德和乔伊斯等人已经指出，对 1884 年后格林尼治首要地位的余波所进行的研究也表明：决定采用这个世界唯一原点的意义和本初子午线后来的意义是不同的事物。考虑到康拉德后来又写了《地理学和一些探险家》，我们也许可以把《秘密特工》解读为时人对民族认同、地理差异、时间和空间的组织方式感到不安，这种不安“密谋”反对这条界定世界的线，即格林尼治本初子午线。这种解读与其他人的表述大相径庭，他们说，“1884 年华盛顿本初子午线会议是一个事件，漫长的经度故事就此达到高潮”。[4] 格林尼治的余波是其持久重要性的明证。

20 世纪用另外几种方式为格林尼治本初子午线做了标记。西基特（Higgitt）和多兰（Dolan）确认了 10 种行为，我们也许可以称之为 1910 年到 1959 年间的“本初子午线纪念仪式”。这些事件从 1910 年在天文台北部边界的一条小路上画线，到在 0 度经线经过的其他地方做类似的标记（例如林肯郡的克利索普斯和劳斯等小镇），再到东萨塞克斯郡刘易斯和皮斯黑文的方尖碑等。1934 年 11 月到 1935 年初，一段石板线——这条石板线早先的外观很不起眼，让《水星报》（*Mercury*）[塔斯马尼亚州霍巴特（Hobart, Tasmania）] 的记者在 1934 年认为，这条统领世界的线不值一看——被重新铺设，添加了一块描述性的牌匾。1953 年又改为在大石板上用青铜线条标志本初子午线。大概同一时期，儿童故事继续暗示世界仍在使用多条本初子午线，即使只在虚构作品中（如《丁丁历险记》之《红色拉克姆的宝藏》）。1984 年 6 月 26 日，英国发行了几张邮票，上面画着把世界环绕一圈的格林尼治参照线。2000 年，英国国家测绘局发行了《探险家》（*Explorer*）特别版系列地图，在地图封面上用一条绿线标记“0 度线”经过的地方。为了迎接千禧年，2000 年 7 月 14 日，法国在境内尽可能靠近巴黎子午线的地方举行了集体野餐。此次共享美食的地理事件是一个范围更大的国家项目"绿色子午线"(La Méridienne Verte ）的组成部分。1999 年在建筑师保罗·舍梅托夫（ Paul Chemotov ）的鼓动下提出了这个涉及 8 个大区的行政机关、20 个部门和 336 个社区的计划，要从敦刻尔克到佩皮尼昂（ Perpignan ）形成一条纵贯法国的南北线。按照计划，人们要在这条法国首子午线沿线种植树木，假以时日可以在太空看见：活生生地"确定"一个国家原来的参照点。[5]

一位学者认为，这条以石板、纸页、树木等标记本初子午线的证据说明了以描绘为形式的历史。我认为对作为记忆行为的地理学，这种说法同样成立——置于某种情境的纪念行为，目的是在时空中标记时空事件。人们在 20 世纪或许不曾兴致勃勃地围绕格林尼治本初子午线展开辩论，像 19 世纪在几届国际地理大会上那样，也缺乏凯撒·托恩迪尼·德·夸伦吉或桑福德·弗莱明那样的执着，但是，除了规范功能，本初子午线的遗产在这些纪念活动中保留了下来。[6]2016 年夏天，格林尼治皇家天文台竟然以本初子午线为旅游目的给它打广告——世界的 0 度，全球经度和时间测量的起点，"东西相接"的地方。

移动本初子午线

本初子午线的全球意义毋庸置疑，即使随着时光流逝，本初子午线在空间中的方位发生了改变——也就是说，这条统领世界的线如今所在的位置是对它此前庄重威严的位置的纪念。简单地说，格林尼治本初子午线不再处于它曾经的位置。

世界的本初子午线依旧设在格林尼治，但如今它位于皇家天文台 19 世纪的望远仪器艾里中星仪所在的位置以东 102.5 米（或 336 英尺 4 英寸）；根据决议第 2 条（见表 5.1），全世界曾经以"格林尼治天文台中星仪的中心为经度的首子午线”。格林尼治本初子午线现在的位置与国际地球参考框架（International Terrestrial Reference Frame，ITRF）和世界大地测量系统（World Geodetic System，WGS 84）相关。这种转变可以用测量技术的变革加以解释。过去，乔治·比德尔·艾里、威廉·克里斯蒂和其他人用望远镜指向天空所谓的校钟星，据此计算格林尼治本初子午线的位置。理想情况下，这种测量方法应当恰好垂直于地球的测量平面，事实则不然：当地的地形和地球的形状都对重力造成局部扭曲。马斯基林完成了哈里森的航海钟和迈耶的月球表的海上测试，把二者相结合，编制了《航海天文历和天文星历表》；过了十年左右，他在珀斯郡高地（Highland Perthshire）希哈利恩（Schiehallion）的斜坡上进行重力计算时，注意到了这种现象。[7] 从 1851 年起就在使用的艾里中星仪稍稍偏离了垂直线。现代研究人员表明，由于偏离了垂直线，格林尼治记录的全部经度都发生了变化。在建议以格林尼治为世界的统领权威一百年后，从 1984 年起，地球的地心测量由国际时间局（Bureau International de l'Heure，BIH）加以管理，它把通过卫星导航系统获得的结果加以协调——这种形式的天基测量不受地球引力影响。技术变革促进了高度的准确性。有了更高的准确性，科学权威的声明随之而来。纳撒尼尔·鲍迪奇、威廉·罗伊、亨利·凯特等都明白这一点。[8]

计时制无须调整。地理学家不必重新绘制地图，天文学家也不必重新计算星历表。2015 年 8 月，皇家天文台的公共天文学家马雷克·库库拉（Marek Kukula）在报纸上撰文讨论格林尼治本初子午线“移动了位置”。他指出：“子午线的伟大之处在于它其实不重要——只要大家都使用同一条线。”[9] 本书探讨的是过去大家不使用同一条线所造成的诸多问题。

谢　词

因为在不同的国家背景下有过许多条本初子午线，因为唯一的“本初子午线档案”（或“唯一的本初子午线”档案）并不存在，所以这项研究比通常情况下更多地仰赖无数档案管理员和图书馆员的帮助。本书是按图索骥从一个参考来源或背景走向另一个的产物。论点当然由我本人独自提出，但是倘若没有众人鼎力相助，本书就不可能完成。他们影响了本书的成型，如果说为了他们的善意、时间和专业造诣表示感谢是一种惯例，那么无疑我也是乐意之至。

本书缘起于利弗休姆基金会（Leverhulme Foundation）的专业研究奖学金（Major Research Fellowship）。我感谢这种支持，也感谢英国国家学术院（British Academy）和爱丁堡大学的额外资助。我深深感谢众多机构及其工作人员：这里致谢的机构按照字母顺序排列，谢意不分薄厚。我感谢密尔沃基（Milwaukee）的美国地理学会图书馆和档案室（American Geographical Society Library and Archives）工作人员［尤其是鲍勃·耶格（Bob Jaeger）和苏珊·佩歇尔（Susan Peschel）］、费城的美国哲学学会［尤其是罗伊·古德曼（Roy Goodman）和迈克尔·米勒（Michael Miller）］、法国国家图书馆、牛津大学博德利图书馆、英国国家图书馆、剑桥大学图书馆、爱丁堡大学图书馆研究文献中心、渥太华的加拿大国家图书档案馆（Library and Archives Canada）、华盛顿特区的国会图书馆（Library of Congress）、丘园的国家档案馆（National Archives,

Kew）、苏格兰国家图书馆、国家海洋博物馆（National Maritime Museum，特别是格洛丽亚·克利夫顿（Gloria Clifton）、理查德·邓恩（Richard Dunn）、吉利恩·哈钦森（Gillian Hutchinson）和凯尔德图书馆（Caird Library）的工作人员）、芝加哥的纽伯利图书馆、爱丁堡的新学院图书馆（New College Library）、巴黎天文台图书馆和档案馆（Paris Observatory, Library and Archives），[特别是阿梅利亚·洛朗索（Amélia Laurenceau）、埃米莉·卡夫唐（Emilie Kaftan）和桑德兰·马沙尔（Sandrine Marchal）]、皇家天文学会[特别是图书档案馆的沙恩·普罗瑟（Sian Prosser）]、皇家地理学会下设英国地理学家协会[特别是福伊尔阅览室（Foyle Reading Room）的尤金·雷（Eugene Rae）]、爱丁堡皇家天文台、皇家学会图书档案馆、华盛顿特区史密森学会（Smithsonian Institution）。记下我对剑桥圣约翰学院（St. John's College）档案管理员凯瑟琳·麦基（Kathryn McKee）的谢意是一件乐事。这里引自圣约翰学院图书档案馆的材料得到了剑桥圣约翰学院硕士和研究员（Master and Fellows of St. John's College）的许可。感谢日内瓦大学（University of Geneva）地理学系（Department of Geography）的莱昂内尔·高尔蒂尔（Lionel Gaulthier）、伦敦政治经济学院图书馆（London School of Economics and Political Science Library）的凯瑟琳·麦金泰尔（Catherine McIntyre）、博洛尼亚大学的马泰奥·普罗托（Matteo Proto）和圣安德鲁斯大学图书馆（University of St. Andrews Library）的海伦·罗森（Helen Rawson）为查找资料提供了额外的协助。

在贝尔法斯特、芝加哥、爱丁堡、利兹、伦敦、曼彻斯特、巴黎、布拉格和瓦伦西亚的学术会议上，研究人员对本初子午线从各国层面开展学术讨论，并提交研究报告。我为自己听到的许多有益的建议和批评表示感谢。哈佛大学出版社指定的两位读者的引导让我受益匪浅，感谢他们二人对初步提议和几近完成的手稿的精辟评论。

除了上述各位，还有一些人在不同的时候提出过建议、与原始资料相关的想法、对这部著作的反馈和忠告。我要感谢他们的善意：亚力克西·贝克（Alexi Baker）、桑迪·贝德曼（Sandy Bederman）、保罗·贝滕斯（Paul Bettens）、盖伊·博伊斯特（Guy Boistel）、罗宾·巴特林（Robin Butlin）、凯瑟琳·德拉诺·史密斯（Catherine Delano Smith）、安德鲁·达格莫尔（Andrew Dugmore）、马修·埃德尼、克里斯·弗利特（Chris Fleet）、丹尼尔·福利阿德（Daniel Foliard）、富兰克林·吉恩（Franklin Ginn）、简·德·格雷夫（Jan de Graeve）、威尔·黑斯蒂（Will Hasty）、迈克尔·赫弗曼（Michael Heffernan）、迈克尔·琼斯（Michael Jones）、鲍勃·卡洛（Bob Karrow）、英尼斯·基夫伦（Innes Keighren）、威廉·麦卡尼斯（William Mackaness）、卢兹·玛利亚·塔马约（Luz Maria Tamayo）、胡安·皮门特尔（Juan Pimentel）、乔治娜·兰纳德（Georgina Rannard）、丹尼斯·肖（Denis Shaw）、简·斯米茨（Jan Smits）、丹·斯旺顿（Dan Swanton）、彼得·范·德·克罗特（Peter van der Krogt）和伊恩·伍德豪斯（Iain Woodhouse）。不过，简单地对帮助表示感谢的话语不足以表达我对四个人的谢意。贝姬·希吉特（Becky Higgitt）此前在格林尼治皇家博物馆（Royal Museums Greenwich）工作，现任职于肯特大学（University of Kent），她阅读了大部分章节的初稿——有时不止一次——并改正我的错误，督促我理清思路，迫使我从本初子午线的故事拓展到其深远影响。安妮塔·麦康奈尔（Anita McConnell）阅读了大部分章节的初稿并提出了修改建议。我的同事弗雷泽·麦克唐纳（Fraser MacDonald）本人全身心忙于火箭技术的发展研究和美国航天的政治学，但是我向他解释自己的故事时，他总是耐心倾听。他的劝告总是很中肯，他本人的写作令人钦佩。我尤其对卡罗琳·安德森（Carolyn Anderson）不胜感激，她是一名出色的研究助理：她顽强、执着、富于想象力，她追根究底，终于把许多很难查到的资料都找到了。这些资料成为本书叙事的依据，她查到资料后，又热心地阅读了本书的初稿并提出了修改建议。

哈佛大学出版社的工作人员对我给予了鼎力支持——尤其是伊恩·马尔科姆（Ian Malcolm），他最早带着对这本书的设想来找我。他从始至终对我给予巨大的鼓励，他措辞谨慎地提出改进的建议，对我总是很有帮助。阿曼达·皮里（Amanda Peery）和后来的安妮·扎雷拉（Anne Zarella）既迷人又高效，对我有问必答；斯蒂芬妮·维斯（Stephanie Vyse）耐心地帮我处理与图例和许可相关的事宜。我在爱丁堡的同事们也纷纷鼓励我，我对本初子午线地理学的浓厚兴趣有时让他们颇为困惑：我只希望他们看到本书，认为这个结果是值得的。随着调研和写作的推进，我的妻子安妮不得不长久地听我讲述档案中的故事。本书是为她写的，她是我唯一真正的基准线和原点。

注　释

序　言

1　William Parker Snow, *An International Prime Meridian: A Circular Letter*（自费出版，1883 年前后）。斯诺两页纸的信以印刷传单的形式寄出。它开头写道，“致地理学会……主席和理事会或相关人士”，空白处想必由帕克·斯诺本人填写。事实上，他给多少人寄了这封信、分别寄给了谁，我们不得而知：皇家地理学会的记录和美国地理学会证实，至少这两家机构收到了这封信（现已遗失）。

2　帕克·斯诺拥有特异功能的说法是记者、报纸编辑 W. T. Stead 提出的，“Mr. W. Parker Snow— Sailor, Explorer, and Author,” *Review of Reviews* 7（1893）: 371–386，“第四度空间”这个短语出自这篇文章（p. 376）。帕克·斯诺长期（错误地）相信，约翰·富兰克林爵士和船员们还活着，可以在北极找到，这一点在他 1860 年在英国科学促进会牛津会议上的讲话中显而易见，讲话内容后来以小册子形式出版：W. P. Snow, *A Paper on the Lost Polar Expedition and Possible Recovery of Its Scientific Documents, Read on Thursday June 28 before the Geographical and Ethnological Section*（London: Edward Stanford, 1860）。内容摘要参见 Captain Parker Snow, “On the Lost Polar Expeditions and Possible Recovery of Its Scientific Documents,” *Report of the Thirtieth Meeting of the British Association for the Advancement of Science*（London: John Murray, 1861）, 180–181。帕克·斯诺执意认为，富兰克林依然活着，但越来越多的证据证明事实恰好相反。许多英国海员和科学家也提出相反的看法；几位科学家听了他在牛津的讲话，在他的领导下成立了“斯诺北极继续搜寻”基金会，再次发起寻找失踪船只的活动。

他在 *Voyage of the Prince Albert in Search of Sir John Franklin: A Narrative of Every-Day Life in the Arctic Seas*（London: Longman, Brown, Green, and Longmans, 1851）中叙述了这方面早先失败的探险活动。帕克·斯诺出版了论美国内战中联邦军队领袖的著作，*Southern Generals: Who They Are, and What They Have Done*（New York: C. B. Richardson, 1865），这本书后来改换书名再版。现代学者不曾长篇大论地深入研究帕克·斯诺：参见 Ian Stone, “William Parker Stone, 1817–1895,” *Polar Record*

19（1978）: 163–165; William Barr, "Searching for Franklin from Australia: William Parker Snow's Initiative of 1853," *Polar Record* 33（1985）: 145–150。1895 年，在帕克·斯诺简短的讣告中，皇家地理学会主席 Clements Markham 只字不提斯诺 1883 年对唯一的本初子午线的观点，只说他是"共赴北极的兄弟"：二人曾同乘"阿尔伯特亲王号"航行。见 Clements Markham, "Obituary: Captain William Parker Snow," *Geographical Journal* 5（1895）: 500–501。

3 "Meridian," *The London Encyclopaedia, or Universal Dictionary of Science, Art, Lit erature, and Practical Mechanics*, 22 vols.（London: Thomas Tegg, 1825）, 14, 302–303.

4 我自始至终用"英国"指代由英格兰、苏格兰、威尔士和北爱尔兰构成的大不列颠。后文提到爱尔兰，则是指作为国家的爱尔兰，不是英伦诸岛的组成部分。

5 Parker Snow, *An International Prime Meridian*, 2.

6 同上，3（原文表示强调）。

7 William Parker Snow, "Ocean Relief Depots," *Chambers's Journal of Popular Literature, Science, and Art*, Saturday, November 27, 1880, 753–755, 引自 p. 754。

引 言
一条线统领世界

1 这句引言摘自华盛顿国际子午线会议印发的会议记录。标题为 *International Conference Held at Washington for the Purpose of Fixing a Prime Meridian and a Universal Day. Protocols of the Proceedings*（Washington, DC: Gibson Brothers, 1884）。前面几句引语是大会主席、海军少将 C.R.P. 罗杰斯 1884 年 10 月 1 日的讲话，p.6。摘录的决议概要出自 p.199 和 p.201。

2 时人讨论颇多，参见 William Ellis, "The Prime Meridian Conference," *Nature* 31（1884）: 7–10。对 1884 年会议和格林尼治的主要计量作用的现代研究，参见 Ian R. Bartky, *Selling the True Time: Nineteenth-Century Timekeeping in America*（Stanford, CA: Stanford University Press, 2000）; Bartky, *One Time Fits All: The Campaign for Global Uniformity*（Stanford, CA: Stanford University Press, 2007）; Stuart R. Malin, "The International Prime Meridian Conference, Washington, October 1984 [1884]," *Journal of Navigation* 30（1985）: 203–206; Stuart Malin and Carole Stott, *The Greenwich Meridian*（London: Her Majesty's Stationery Office [HMSO], 1984）; Derek Howse, *Greenwich Time and the Longitude*（London: Philip Wilson, 1997）; Charles Jennings, *Greenwich the Place Where Days Begin and End*（London: Abacus, 2001）. *Vistas in Astronomy* 20（1986）刊载了一组为格林尼治和 1884 年百年庆典而召开的纪念大会主题论文。格林尼治 1884 是"世界试金石"的观点出自 Chet Raymo, *Walking Zero: Discovering Cosmic Space and Time along the Prime Meridian*（New York: Walker, 2006）, xi。亚当·巴罗斯探讨了格林尼治和世界时对激发英语文学中时间和现代性的新观念的重要意义，见 Adam Barrows, *The Cosmic Time of Empire: Modern Britain and*

World Literature（Berkeley: University of California Press, 2011）。

3 这是 Graham Dolan, *On the Line: The Story of the Greenwich Meridian*（London: HMSO, 2003）的基调，也是 Howse, *Greenwich Time and the Longitude* 的基调。Howse 的详细叙述虽然意识到了广阔的历史背景，但主要是格林尼治本身的故事，不是格林尼治相对于其他本初子午线或首子午线的故事。

4 这几点内容参见 Matthew Edney, "Cartographic Confusion and Nationalism: The Washington Meridian in the Early Nineteenth Century," *Mapline: The Quarterly Newsletter Published by the Hermon Dunlap Center for the History of Cartography at the Newberry Library 69–70*（*1993*）: *3–8*, 引自 p. 4。

5 Matthew Edney, "Meridians, Local and Prime," in *Cartography in the European Enlightenment: Volume 4, History of Cartography*, ed. Matthew Edney and Mary Pedley（Chicago: University of Chicago Press, forthcoming）。感谢埃德尼教授允许我为了这部即将出版的著作查阅他的稿件。

6 John Senex, *A New General Atlas containing a Geographical and Historical Account of all the Empires, Kingdoms, and other Dominions of the World*（London: 为 Daniel Browne、Thomas Taylor、John Darby、John Senex、William Taylor 和另外四人印制, 1721）, 6。

7 其中几篇文章被收入 Sandford Fleming, *Papers on Time-Reckoning and the Selection of a Prime Meridian to Be Common to All Nations*（Toronto: Wilson, 1880）, 12。关于弗莱明和世界时，参见 Clark Blaise, *Time Lord: Sandford Fleming and the Creation of Standard Time*（London: Weidenfeld and Nicholson, 2000）。

8 关于这一点，参见 Donald Janelle, "Global Interdependence and Its Consequences," in *Collapsing Space and Time: Geographic Aspects of Communications and Information*, ed. Stanley Brunn and Thomas Leinbach（London: HarperCollins, 1991）, 49–81; Barney Warf, *Time-Space Compression: Historical Geographies*（Abingdon, UK: Routledge, 2008）。关于 19 世纪的电报和全球化，参见 Roland Wenzlhuemer, *Connecting the Nineteenth-Century World: The Telegraph and Globalization*（Cambridge: Cambridge University Press, 2012）。关于本初子午线与20世纪末期后现代主义和国家空间相互关系的讨论，参见 Ronald R. Thomas, "The Home of Time: The Prime Meridian, the Dome of the Millennium, and Postnational Space," in *Nineteenth-Century Geographies: The Transformation of Space from the Victorian Age to the American Century*, ed. Helena Mitchie and Ronald R. Thomas（New Brunswick,NJ: Rutgers University Press, 2003）, 23–39。

9 Fleming, *Papers on Time-Reckoning*, 52.

10 Edney, "Meridians, Local and Prime."

11 Don Juan Pastorin, "Remarks on a Universal Prime Meridian, by Don Juan Pastorin, Lieut–Commander of the Spanish Navy," *Proceedings of the Canadian Institute* 2（1885）: 49–51, 引自 p. 49 和 p. 51。马德里地理学会提议西班牙国内再设一条本初子午线，帕斯托林对此表示难以置信："已经太多了，还要再设一条子午线！"提案未获通过。

12 关于这一点，参见 Ernst Mayer, "Die Geschichte des ersten Meridians und die Zählung

der Geographischen Länge," *Mittheilungen aus dem Gebiete des Seewesens* 6（1878）: 49–61，尤其是 Heinrich Haag, *Die Geschicht des Nullmeridians*（Mit Einer Karte）(Leipzig, Germany: Otto Wigand, 1913)。Haag 这部 1913 的著作在 1912 年曾作为博士论文呈交莱比锡的哲学系。从古典地理学家比如埃拉托色尼著作中的表述，到近代最早从 1871 年开始的几次国际地理大会上的讨论（本书第 4 章的主题），他追溯了本初子午线的使用情况。他在结尾处简短地考察了 19 世纪末期各国制图师使用的五花八门的本初子午线。经过几年的空白期，又有人把本初子午线作为史学研究的对象加以探讨：参见如 W. G. Perrin, "The Prime Meridian," *Mariner's Mirror* 13（1927）: 109–124。对这个论题的现代评论，参见 André Gotteland, *Les méridiennes du monde et leur histoire*, 2 vols.（Paris: Éditions Le Manuscrit, 2008）; Edney, "Meridians, Local and Prime."

13 Howse, *Greenwich Time and the Longitude* 从英国的角度对格林尼治皇家天文台的成立、马斯基林从 18 世纪后期起对促使以格林尼治为英国本初子午线所发挥的影响作用进行了最为全面的讨论。又见 Rebekah Higgitt and Graham Dolan, "Greenwich, Time and 'The Line,' " *Endeavour* 34（2009）: 35–39。法国本初子午线的漫长历史是 Jean–Pierre Martin 研究的课题，见 *Une histoire de la méridienne: Textes, enjeux, débats et passions autour du méridien de Paris 1666–1827*（Cherbourg, France: Editions Isoète, 2000）。本初子午线问题的国际性，尤其在英法之间，是 Jean–Pierre Martin 和 Anita McConnell 研究的课题，见 "Joining the Observatories of Paris and Greenwich," *Notes and Records of the Royal Society 62*（2008）: 355–372，还有篇幅较长的 Méridien, *méridienne: Textes, enjeux, debats et passions autour des méridiens de Paris et de Greenwich*（*1783–2000*）(Cherbourg, France: Editions Isoète, 2013)。对美国本初子午线进行概括性的探讨，参见 Joseph Hyde Pratt, "American Prime Meridians," *Geographical Review* 32（1942）: 233–244; Silvio A. Bedini, *The Jefferson Stone: Demarcation of the First United Meridian of the United States*（Frederick, MD: Professional Surveyors, 1999）; Matthew Edney, "Cartographic Culture and Nationalism in the Early United States: Benjamin Vaughan and the Choice for a Prime Meridian, 1811," *Journal of Historical Geography* 20（1994）: 384–395。

14 Elisabeth Crawford, Terry Shinn, and Sverker Sörlin, "The Nationalisation and Denationalization of the Sciences: An Introductory Essay," in *Denationalizing Science: The Contexts of International Scientific Practice*, ed. Elisabeth Crawford, Terry Shinn, and Sverker Sörlin（Dordrecht, Netherlands: Kluwer, 1993）, 1–42，引自 p. 3; Josep Simon and Néstor Harran, *Beyond Borders: Fresh Perspectives in History of Science*, Tayra Lanuza–Navarro, Pedro Luiz Castell 和 Xino–Guillem Llobat 等提供了编辑帮助（Newcastle upon Tyne, UK: Cambridge Scholars, 2008）。Allen W. Palmer, "Negotiation and Resistance in Global Networks: The 1884 International Meridian Conference," *Mass Communication and Society* 5（2002）: 7–24 等文本对 1884 年华盛顿会议进行了解读。

15 Peter Galison, *Einstein's Clocks and Poincaré's Maps: Empires of Time*（London: Hodder

and Stoughton, 2003）, 引自 p. 38; Barrows, *Cosmic Time of Empire*。令人意外的是，本初子午线没有出现在 Stephen Kern, *The Culture of Time and Space, 1880–1918*（1983; repr., Cambridge, MA: Harvard University Press, 2003）当中。

16 关于这些问题，参见 M. Norton Wise, "Introduction," in *The Values of Precision*, ed. M. Norton Wise（Prince ton, NJ: Princeton University Press, 1994）, 3–13。在探讨精确性、准确性和信任问题时，全书借鉴了 Theodore Porter, *Trust in Numbers: Objectivity in Science and Public Life*（Princeton, NJ: Princeton University Press, 1995）; Steven Shapin, *Never Pure: Historical Studies of Science as if It Was Produced by People with Bodies, Situated in Time and Space, Culture, and Society, and Struggling for Credibility and Authority*（Baltimore: Johns Hopkins University Press, 2010）。

17 关于米，参见 Ken Alder, *The Measure of All Things: The Seven-Year Odyssey That Transformed the World*（London: Little, Brown, 2002）; Alder, "A Revolution to Measure: The Political Economy of the Metric System," in *The Values of Precision*, ed. M. Norton Wise（*Princeton*, NJ: Princeton University Press, 1994）, 39–71。测量的历史和多变性是 Witold Kula, Measures and Men, trans. R. Szreter（Princeton, NJ: Princeton University Press, 1986）研究的课题。对本初子午线作为一个地球测量要素的概括性讨论，参见 Raymo, *Walking Zero*; Avraham Ariel and Nora Ariel Berger, *Plotting the Globe: Stories of Meridians, Parallels, and the International Date Line*（Westport, CN: Praeger, 2006）; Paul Murdin, *Full Meridian of Glory: Perilous Adventures in the Competition to Measure the Earth*（New York: Springer, 2009）。

18 Simon Schaffer, "Metrology, Metrication, and Victorian Values," in *Victorian Science in Context*, ed. Bernard Lightman（Chicago: University of Chicago Press, 1997）, 438–474。又见 Schaffer, "Modernity and Metrology," in *Science and Power: The Historical Foundations of Research Policies in Europe*, ed. Luca Guzzetti（Luxembourg City, Luxembourg: European Communities, 2000）, 71–91; Andrew Barry, "The History of Measurement and the Engineers of Space," *British Journal for the History of Science* 26（1993）: 459–468。

19 Elisabeth Crawford, "The Universe of International science, 1880–1939," in *Solomon's House Revisited: The Organization and Institutionalization of Science*, ed. Tore Frängsmyr（Canton, MA: Science History, 1990）, 251–269; Maurice Crosland, "Aspects of International Scientific Collaboration and Organization before 1900," in *Proceedings of the XVth International Congress of the History of Science*, ed. Eric Forbes（Edinburgh: Scottish Academic Press, 1977）, 114–125。对科学国际化的早期历史和地理的有益讨论，参见 Ken Alder, "Scientific Conventions: International Assemblies and Technical Standards from the Republic of Letters to Global Science," in *Nature Engaged: Science in Practice from the Renaissance to the Present*, ed. Mario Biagioli and Jessica Riskin（New York: Palgrave Macmillan, 2012）, 19–39。

20 Crawford, Shinn, and Sörlin, "Nationalisation and Denationalization of the Sciences," 1–42。本书引用的文章在探讨这些论题时参考了植物学、分子生物学、生态学和

物理学等学科。关于这些社会科学问题，参见 Johan Heilbron, Nicolaas Guilhot, and Laurent Jeanpierre, " Toward a Transnational History of the Human Sciences," *Journal of the History of the Behavioural Sciences* 44（2008）: 146–160; Ann Curthoys and Merilyn Lake, eds., *Connected Worlds—History in Transnational Perspective*（Canberra: Australian National University English Press, 2008）。对这些要点的详细阐述，参见 Martin Geyer and Johannes Paulman, eds., *The Mechanics of Internationalism: Culture, Society, and Politics from the 1840s to the First World War*（Oxford: Oxford University Press, 2001），引自 p. 8–9。关于科学标准问题，参见 Oliver Schlaudt 著、Lara Huber 编辑的 *Standardization in Measurement: Philosophical, Historical and Sociological Issues*（London: Pickering and Chatto, 2015）和本书第 3 章。

21 Walter Nash, *At Prime Meridian*（Shrewsbury, UK: Feather Books, 2000）是一本诗集，只字未提本初子午线。Linda Emma, *Prime Meridian*（Deadwood, OR: Wyatt–Mackenzie, 2009）是一部小说，讲述第一次海湾战争，回忆了一个名字叫子午线的小镇上的女人们，她们为在冲突中丧生的士兵悲悼。Christopher Bayly, *The Imperial Meridian: The British Empire and the World 1780–1830*（London: Longman, 1989）用这个词反映这个时期的英国帝国主义。关于法语语境下对其用途的讨论，参见 David Todd, "A French Imperial Meridian, 1814–1870," *Past and Present* 210（2011）: 155–186。

22 关于这些要点，参见 Diarmid A. Finnegan and Jonathan Jeffrey Wright, "Introduction: Placing Global Knowledge in the Nineteenth Century," in *Spaces of Global Knowledge: Exhibition, Encounter and Exchange in an Age of Empire*, ed. Diarmid A. Finnegan and Jonathan Jeffrey Wright（Farnham, UK: Ashgate, 2015）, 1–15; Simone Turchetti, Néstor Herran, and Soraya Boudia, "Introduction: Have We Ever Been 'Transnational'? Towards a History of Science across and beyond Borders," *British Society for the History of Science* 45（2012）: 319–336。由此引出一系列以科学史中的跨国视角为论题的论述。

23 在大量的文献中，可参见 David N. Livingstone, "The Spaces of Knowledge: Contributions towards a Historical Geography of Science," *Environment and Planning D: Society and Space* 13（1995）: 5–34; Crosbie Smith and Jon Agar, eds., *Making Space for Science: Territorial Themes in the Shaping of Knowledge*（Basingstoke, UK: Macmillan, 1998）; David N. Livingstone, *Putting Science in Its Place: Geographies of Scientific Knowledge*（Chicago: University of Chicago Press, 2003）; Ana Simões, Ana Carneiro, and Maria Paula Diogo, eds., *Travels of Learning: A Geography of Science in Europe*（Dordrecht, Netherlands: Kluwer, 2003）; Richard Powell, "Geographies of Science: Histories, Localities, Practices, Futures," *Progress in Human Geography* 31（2007）: 309–330; Peter Meusburger, David N. Livingstone, and Heike Jöns, eds., *Geographies of Science*（Dordrecht, Netherlands: Kluwer, 2010）; Charles W. J. Withers and David N. Livingstone, "Thinking Geographically about Nineteenth–Century Science," in *Geographies of Nineteenth-Century Science*, ed. David N. Livingstone and Charles W. J. Withers（Chicago: University of Chicago Press, 2011）, 1–19。关于本书中提到的名义和现实主义立场，参见 Robert J. Mayhew, "A Tale of Three Scales: Ways of Malthusian Worldmaking,"

in *The Uses of Space in Early Modern History*, ed. Paul Stock (New York: Palgrave Macmillan, 2015) , 197–226, 特别是 p. 197–200, 219–220。

第 1 章 “可笑的虚荣心”
约 1790 年前的全球本初子午线

1 Anton–Friedrich Büsching, *A New System of Geography*, 6 vols. (London: printed for A. Millar in the Strand, 1762) , 1:21; Ebenezer MacFait, *A New System of General Geography, in which the Principles of that Science are Explained* (Edinburgh: printed for the author, 1780) , 53; Edward Gibbon, “The Circumnavigation of Africa,” in *The English Essays of Edward Gibbon*, ed. Patricia C. Craddock (Oxford: Clarendon Press, 1972) , 375; William Faden, *Geographical Exercises; Calculated to facilitate the Study of Geography; and, by an expeditious Method, to imprint a Knowledge of the Science on the Minds of Youth* (London: printed for the proprietor, 1777) , 1.

2 关于非西方制图文化中的本初子午线，参见 Gerald R. Tibbetts, “The Beginnings of a Cartographic Tradition,” in *The History of Cartography* ,Volume Two, Book One: Cartography in the Traditional Islamic and South Asian Societies, ed. J. B. Harley and David Woodward (Chicago: University of Chicago Press, 1992) , 90–107, 特别是 pp. 100–104; David A. King and Richard P. Lorch, “Qibla Charts, Qibla Maps, and Related Instruments,” in Harley and Woodward, *History of Cartography ,Volume Two, Book One*, 189–205, 引用 pp. 196–197。在印度文化中，本初子午线自 2 世纪中叶起就设在乌贾因，参见 David Pingree, “Astronomy and Astrology in India and Iran,” *Isis* 54 (1963) : 229–246。关于日本京都，参见 Kazutaka Unno, “Cartography in Japan,” in *The History of Cartography, Volume Two, Book Two*: Cartography in the Traditional Islamic and South Asian Societies, ed. J. B. Harley and David Woodward (Chicago: University of Chicago Press, 1994) , 346–477。关于中国北京，参见 Cordell D. K. Yee, “Traditional Chinese Cartography and the Myth of Westernization,” in Harley and Woodward, *History of Cartography, Volume Two, Book Two*, 170–202。

3 此处和下面几段论述古典和近代欧洲语境下本初子午线的内容摘自 W. G. Perrin, “The Prime Meridian,” *Mariner's Mirror* 13 (1927) : 109–124。关于“改正”托勒密的地球测量，参见 Christian Marx, “Investigations of the Coordinates in Ptolemy's *Geographike Hyphegesis* Book 8,” *Archive for History of Exact Sciences* 66 (2012) : 531–555。关于 18 世纪末期对托勒密首子午线的评论，参见 William Vincent, *The Commerce and Navigation of the Ancients in the Indian Ocean* (London: T. Cadell and W. Davies, 1797)。Vincent 在这部著作再版时 (1807) 添加了简短的附录“Dissertation II: On the First Meridian of Ptolemy”, pp. 576–578。

4 第谷 · 布拉赫在汶岛上开展天文观测，这个位置与托勒密和哥白尼使用的两条本初子午线有关：参见 Hans Raeder, Elis Strömgren, and Beryl Strömgren, eds., *Tycho*

Brahe's Description of His Instruments and Scientific Works as Given in Astronomine Instauratae Mechanica（*Wandburgi*, 1598）（Copenhagen: Det Kongelige Danske Videnskabernes Skelskab, 1976）, 139。感谢 Michael Jones 教授向我提供这条信息。

5 Jerry Brotton, "Toleration: Gerard Mercator, World Map, 1569," in *A History of the World in Twelve Maps*（London: Allen Lane, 2012）, 218–259; Perrin, "Prime Meridian," 116.

6 约翰·戴维斯的引言摘自 Albert Hastings Markham, ed., *Voyages and Works of John Davis, the Navigator*, 2 vols.（London: Halkuyt Society, 1880）, 1:284。关于布伦德维尔等人的言论，参见 Horace E. Ware, "A Forgotten Prime Meridian," *Publications of the Colonial Society of Massachusetts* 12（1908–1909）: 382–398; Ware, "Supplement to a Forgotten Prime Meridian," *Publications of the Colonial Society of Massachusetts* 13（1911）: 226–234。

7 Art R. T. Jonkers, "Parallel Meridian: Diffusion and Change in Early-Modern Oceanic Reckoning," in *Noord-zuid in Oostindisch perspectief*, ed. J. Parmentier（The Hague: Walburg）, 17–42, 特别是 p. 17。Jonkers 还提供了 "The Era of the Agonic Meridian（1500–1650）," 第2–6页的历史概要。对无偏子午线和地磁学思想史更为全面的讨论，参见 Jonkers, *North by Northwest: Seafaring, Science, and the Earth's Magnetic Field 1600–1800*, 2 vols.（Göttingen, Germany: Cuvillier, 2000）; Jonkers, *Earth's Magnetism in the Age of Sail*（Baltimore: Johns Hopkins University Press, 2003）。关于不同的报告人从远方传来的消息的可信度和信任问题，无偏子午线是个极好的例子，这是 Steven Shapin 的 *A Social History of Truth: Civility and Science in Seventeenth-Century England*（Chicago: University of Chicago Press, 1994）的核心主题。为了保持一致，我通篇使用"磁变"一词，虽然有时也用"磁偏角"描述这种现象：磁变是指磁北极和真北极之间的角度。

8 Samuel E. Dawson, "The Lines of Demarcation of Pope Alexander VI and the Treaty of Tordesillas AD 1493 and 1494," *Transactions of the Royal Society of Canada* 5, 2nd ser.（1899）: 468–546。洪堡错误地以为教皇懂得地磁现象，相关讨论见 p. 488。

9 Perrin, "Prime Meridian," 118.

10 Jonkers 描述 16 世纪是"一口名副其实的大锅，各种地磁概念被一股脑儿抛入自相矛盾又相互适应的序列当中"。Jonkers, *Earth's Magnetism in the Age of Sail*, 45。话虽不错，Jonkers 的著作却表明，从 1508 年前后到 1650 年前后，无偏子午线的主要特征是本初子午线与地磁学思想史和现实考虑的一个独特要素。

11 Lucie Lagarde, "Historique du probléme du méridien origine en France," *Revue d' histoire des sciences* 32（1979）: 289–304; Perrin, "Prime Meridian," 119–120。关于加西亚·德·塞斯佩德斯，参见 María Portuondo, "An Astronomical Observatory for the Escorial of Philip II: An Exercise in Historical Inference," *Colorado Review of Hispanic Studies* 7（2009）: 101–117。关于格劳秀斯对陆地领土概念的相关论述，参见 Stuart Elden, *The Birth of Territory*（Chicago: University of Chicago Press, 2013）, 239–241。

12 Jonkers, "Parallel Meridian," 6.

13 同上, 10。

14 同上，10–11。Perrin 认为，“无论 1634 年法令的真正起因是什么，无疑都产生了鼓励采用费鲁岛的效果”，现在这个观点必须对照 Jonkers 的著作加以限定。Perrin, “Prime Meridian,” 119。关于西班牙的菲利普二世 1573 年下令西班牙地图一律以托莱多为本初子午线，参见 James J. Parsons, “Before Greenwich: The Canary Islands, El Hierro and the Dilemma of the Prime Meridian,” in *Person, Place, and Things: Interpretative and Empirical Essays in Cultural Geography*, ed. Shue T. Wong（Baton Rouge: Louisiana State University Geoscience, 1995），61–78。

15 Larry Stewart, “Other Centres of Calculation, or, Where the Royal Society Didn't Count: Commerce, Coffee-Houses and Natural Philosophy in Early Modern London,” *British Journal for the History of Science* 32（1999）: 133–153; Katy Barrett, “The Wanton Line: Hogarth and the Public Life of Longitude”（PhD diss., University of Cambridge, 2014）.

16 关于这些问题，参见 Steven Shapin, *The Scientific Revolution*（Chicago: University of Chicago Press, 1996）; Daniel R. Headrick, *When Information Came of Age: Technologies of Knowledge in the Age of Reason and Revolution, 1700–1850*（Oxford: Oxford University Press, 2000）。财政军事国家的概念、以空间控制为掌控社会和帝国的手段，这是 John Brewer, *The Sinews of Power: War, Money, and the English State, 1688–1783*（Cambridge, MA: Harvard University Press, 1990）的核心内容。制图研究“模型”的要点出自 Matthew Edney, “Cartography: Disciplinary History,” in *Sciences of the Earth: An Encyclopedia of Events, People, and Phenomena*, 2 vols., ed. Gregory A. Good（New York: Garland, 1998），1:81–85。

17 更为全面的叙述，参见 Joseph W. Konvitz, *Cartography in France, 1660–1848: Science, Engineering and Statecraft*（Chicago: University of Chicago Press, 1987）; Anne M. C. Godlewska, *Geography Unbound: French Geographic Science from Cassini to Humboldt*（Chicago: University of Chicago Press, 1999）; Brotton, *History of the World in Twelve Maps*, 294–336。

18 这几段内容立足于 Lagarde, “Historique du probléme du méridien origine en France”; Jean-Pierre Martin, *Une histoire de la méridienne: Textes, enjeux, débats et passions autour du méridien de Paris 1666–1827*（Cherbourg, France: Editions Isoète, 2000）。很可惜，Martin 的其他睿智独到的叙述并未充分参考其所依赖的资料来源：这里引用的几份关键文本，参见 M. l'Abbe de la Caille, “Extrait de la relation du voyage fait en 1724, aux Isles Canaries, par le P.Feuillée Nimine, pour determiner la vraie position du premier méridien,” *Histoire de l'Academie Royale des Sciences*（hereafter cited as *HRAS*），1746, 129–151; Guillaume Delisle, “Determination géographique de la situation and d' l'étendue des differentes parties de la terre,” *HRAS*, 1720, 365–383; Cassini de Thury, *La meridienne de l'Observatoire Royal de Paris*（Paris: Hippolyte-Louis Guerin et Jacques Guerin, 1744）。计算中心的观点出自 Bruno Latour, *Science in Action: How to Follow Scientists and Engineers through Society*（Cambridge, MA: Harvard University Press, 1987）。关于 17 世纪末期大西洋上法国航海学的讨论，参见 Nicholas Dew,

"Scientific Travel in the Atlantic World: The French Expedition to Gorée and the Antilles, 1681–1683," *British Journal for the History of Science* 43（2010）: 1–17。关于这个时期法国地理学家和天文学家在宫廷和科学院的情况，参见 Michael Heffernan, "Geography and the Paris Academy of Sciences: Politics and Patronage in Early 18th–Century France," *Transactions of the Institute of British Geographers* 39（2014）: 62–75。

19 关于 18 世纪 30 年代地理测量和地球形状的辩论，参见 Mary Terrall, *The Man Who Flattened the Earth: Maupertuis and the Sciences in the Enlightenment*（Chicago: University of Chicago Press, 2003）; Rob Iliffe, "'Aplatisseur du Monde et de Cassini': Maupertuis, Precision Measurement, and the Shape of the Earth in the 1730s," *History of Science* 31（1993）: 335–375。1744 年是启蒙运动时期大地测量史上里程碑式的年份，这个观点出自 Martin, *Histoire de la méridienne*, 88。

20 Dava Sobel, *Longitude: The True Story of a Lone Genius Who Solved the Greatest Scientific Problem of His Time*（New York: Walker, 1995）.

21 克鲁扎多、奥尔登伯格、弗拉姆斯蒂德通信的拉丁文原稿收藏于 Royal Society, January 20, 1675, MSS EL / C2 / 1; December 10, 1675, EL / C2 / 2; September 15, 1675, EL / O2 / 159; February 3, 1676, EL / O2 / 161。誊写稿参见 A. Rupert Hall and Marie Boas Hall, eds., *The Correspondence of Henry Oldenburg Volume 11*（London: Taylor and Francis, 1986）, 444, 501; Hall and Hall, eds., *The Correspondence of Henry Oldenburg Volume 12*（London: Taylor and Francis, 1986）, 69, 150, 172。又见 "An Extract of a letter to the Publisher from a Spanish Professour of the Mathematicks, Proposing a New Place for the First Meridian, and Pretending to Evince the Equality of all Natural Daies, as Also to Shew a Way of Knowing the True Place of the Moon," *Philosophical Transactions of the Royal Society of London* 10（1675）: 425–432。

22 Alexi Baker, ed., *The Board of Longitude 1714–1828: Science, Innovation and Empire*（London: Palgrave, 2016）; Richard Dunn and Rebekah Higgitt, *Ships, Clocks and Stars: The Quest for Longitude*（London: Collins; Greenwich: Royal Museums Greenwich, 2014）.

23 William Whiston and Humphry Ditton, *A New Method for Discovering the Longitude Both at Sea and Land*（London: printed for John Phillips at the Black Bull in Cornhill, 1714）, 引自 p. 23、38、52、54、79。Howse, *Greenwich Time and the Longitude* 称之为"古怪的"计划（p. 56），还讨论了公众对惠斯顿和迪顿这部 1714 年著作的反应——难以置信、严厉批评。一些同时代人参照惠斯顿和迪顿的著作提出了自己（同样行不通）的经度测算计划：例子参见 R. B.［pseud.］, *Longitude To be found with a New Invented Instrument, both by Sea and Land*, 用副标题 *With a Better Method for Discovering Longitude, than that lately proposed by Mr. Whiston and Mr. Ditton* 进行宣传（London: printed for F. Burleigh in Amen Corner, 1714）。

24 *An Essay Towards a New Method to Shew the Longitude at Sea; Especially Near the Dangerous Shores*（London: printed for E. Place, at Furnival's–Inn–Gate in Holborn,

1714），引自 pp. 16–19。

25 Jane Squire, *A Proposal to Determine our Longitude*, 2nd ed.（London, 1731; repr., London: printed for the author, 1743）. 伯利恒的相关引言摘自第二版 p. 65。对斯夸尔及其著作的评论，参见 Eva G. R. Taylor, *The Mathematical Practitioners of Hanoverian England 1714–1840*（Cambridge: Cambridge University Press, 1966）, 19–20, 193。Alexi Baker 提供了年代较近的概述，"Squire, Jane," *Oxford Dictionary of National Biography Online*, accessed October 14, 2015, www. oxforddnb. com / public / dnb / 45826–article. Html。

26 这段内容立足于 Derek Howse, *Greenwich Time and the Longitude*（Greenwich: Philip Wilson / National Maritime Museum in association with ATKearney, 1997）的前三章，该书又是参照 Howse, *Greenwich Time and the Discovery of the Longitude*（Oxford: Oxford University Press, 1990）。又见 Howse, "Nevil Maskelyne, the Nautical Almanac, and G. M. T.," *Journal of Navigation* 38（1985）: 159–177; William J. H. Andrewes, ed., *The Quest for Longitude*（Cambridge, MA: Harvard University Press, 1996）; Dunn and Higgitt, *Ships, Clocks and Stars*。马斯基林的引言摘自 Nevil Maskelyne, *The British Mariner's Guide*（London: printed for the author, 1763）, i。

27 Howse 在谈到华盛顿会议采用格林尼治时这样写道："1766 年《航海天文历》的出版启动了上述连锁事件。" Howse, *Greenwich Time and the Longitude*, 71。在 "Nevil Maskelyne"，他写道，"……的出版是我们今年（1984）为国际上以格林尼治为世界本初子午线举行百年庆典的主要原因"（p. 165）。D. H. Sadler and G. A. Wilkins, "Astronomical Background to the International Meridian Conference of 1884," *Journal of Navigation* 38（1985）: 191–199 也许略微谨慎地提到，"格林尼治皇家天文台所做出的贡献几乎不可避免地导致人们选择用艾里中星仪确定 0 度经线，用于经度测量和世界日的起点"（p. 191）。他们还指出，"由于在天文和航海中的广泛使用及其民用地位，1884 年选择 G.M.T 和格林尼治子午线几乎是不可避免的"（p. 197）。

28 Jonkers, *Earth's Magnetism in the Age of Sail*, 29–30; Jonkers, "Parallel Meridian," 11–12。"Of the First Meridian" 的摘录出自 *Sailing by the True Sea Chart*, Sloane MSS 3143, fol. 65r, British Library; Howse, *Greenwich Time and the Discovery of the Longitude*, 71。又见 H. Harries, "Pre–Greenwich Sea Longitudes," *Observatory* 50（1927）: 315–319。约翰·布里斯班的引言摘自 Simon Schaffer, "In Trans: European Cosmologies in the Pacific," in *The Atlantic World in the Antipodes: Effects and Transformations since the Eighteenth Century*, ed. Kate Fullagar（Newcastle upon Tyne, UK: Cambridge Scholars Press, 2012）, 70–93, 引自 p. 84。

29 关于英国 18 世纪 70 年代和 80 年代的航海实务文本没有提到《航海天文历和天文星历表》，参见 Jane Wess, "Navigation and Mathematics: A Match Made in the Heavens?" in *Navigational Enterprises in Europe and Its Empires, 1730–1850*, ed. Richard Dunn and Rebekah Higgitt（London: Palgrave Macmillan, 2015）, 201–222, 尤因的引言出自 p. 207。关于法国人对经度和多种方法的海上测试的讨论，参见 Guy Boistel, "From Lacaille to Lalande: French Work on Lunar Distances, Nautical Ephemerides and

Lunar Tables, 1742–1785," in Dunn and Higgitt, *Navigational Enterprises*, 47–64; Martina Schiavon, "The Bureau des Longitudes: An Institutional Study," in Dunn and Higgitt, *Navigational Enterprises*, 65–88。Boistel 对《航海天文历和天文星历表》与拉卡耶早先著作的关系格外审慎："《航海天文历》似乎是对法国星历表的改编，是对拉卡耶早先的航海天文历相关建议的落实。不过，马斯基林受惠于拉卡耶的程度尚待充分探究"（p. 60）。

30 关于俄国的例子，参见 Endel Varep, *The Prime Meridian of Dagö and Ösel*（Tartu, USSR: Tartu State University, 1975）。在 Varep 看来，俄国与托勒密遥相呼应，选择最西边的地点"只是俄国制图史上的偶然事件"（p. 14）。关于西班牙，参见 Parsons, "Before Greenwich," 67–68; Juan Pimentel, "A Southern Meridian: Astronomical Undertakings in the Eighteenth–Century Spanish Empire," in Dunn and Higgitt, *Navigational Enterprises*, 13–31。关于荷兰，参见 Karel Davids, "The Longitude Committee and the Practice of Navigation in the Netherlands, c. 1750–1850," in Dunn and Higgitt, *Navigational Enterprises*, 32–46。

31 0 度经线穿过格林尼治的已知第一幅海图（英国）制作于 1738 年，这个说法出自 G. E. W. Gosnell, "Greenwich Prime Meridian Marks," *Journal of the British Astronomical Association* 63（1953）: 104–107, from p. 105。杰弗里斯地图集的编辑罗伯特·塞耶的引言摘自 Thomas Jefferys, *The West-India Atlas*（London: printed for Robert Sayer and John Bennett, 1780）, ii。塞缪尔·邓恩的相关证据出自 *Nautical Propositions and Institutes*（London: printed for the author at Boar's Head Court, Fleet Street, 1781）, section 22; Dunn, *The Theory and Practice of Longitude at Sea*, 2nd ed.（London: printed for the author at No. 1, Boar's–Head Court, Fleet Street, 1786）: section 74, 35–36; Dunn, *A New Atlas of the Mundane System; or, Of Geography and Cosmography*, 2nd ed.（London: printed for Robert Sayer, No. 53, Fleet Street, 1788）, 11。

32 关于这一点，参见 Martin, *Une histoire de la méridienne*, 87–97; Brotton, *History of the World in Twelve Maps*, 294–336, 引自 p. 315、322；Godlewska, *Geography Unbound*, 57–86，Godlewska 在这本书中探讨了卡西尼四世、"地形地理学"的衰落和卡西尼被驱逐出科学界，包括 1795 年后遭到经度局开除。Godlewska 把这些特征叫作 18 世纪末法国地理学的"降格"。我不同意她的阐释。

33 这几段内容是根据 Nevil Maskelyne, "Concerning the Latitude and Longitude of the Royal Observatory at Greenwich: With Remarks on a Memorial of the Late M. Cassini de Thury. By the Rev. Nevil Maskelyne, D. D., F. R. S. and Astronomer Royal," *Philosophical Transactions of the Royal Society of London* 77（1787）: 151–187, 引自 p. 180、181。

34 William Roy and Isaac Dalby, "An Account of the Trigonometrical Operation, Whereby the Distance between the Meridians of the Royal Observatories of Greenwich and Paris Has Been Determined. By Major–General William Roy, F. R. S. and A. S.," *Philosophical Transactions of the Royal Society of London* 80（1790）: 111–614。从法国的视角，参见 Martin, *Histoire de la méridienne*, 97–107。关于罗伊对创办国家测绘局所起的作用、苏格兰军事测量的早期资讯（1747—1755）和后来制作的"大地图"，参见 Rachel

Hewitt, *Map of a Nation: A Biography of the Ordnance Survey*（London: Granta Books, 2010）。

35 MM. Cassini, Méchain, and Le Gendre, *Exposé des opérations faites en France en 1787 pour la jonction des Observattoires de Paris et de Greenwich*（Paris: L'Imprimerie de L'Institution des Sourds–Muet, 1790）.

36 Roy and Dalby, "An Account of the Trigonometrical Operation," 183, 186.

37 这几段内容出自 Martin and McConnell, "Joining the Observatories of Paris and Greenwich." 又见 Martin, *Une histoire de la méridienne*, 特别是 pp. 97–107; McConnell and Martin, *Méridien, méridienne*。关于法国在这个时期的地形学中使用各种突阿斯、它们在 18 世纪 80 年代格林尼治—巴黎测量中的作用，参见 Michael Kershaw, "A Different Kind of Longitude: The Metrology and Conventions of Location by Geodesy," in Dunn and Higgitt, *Navigational Enterprises*, 134–158。

第 2 章　独立宣言

本初子午线在美国，1784 年前后至 1884 年

1 Joseph Hyde Pratt, "American Prime Meridians," *Geographical Review* 32（1942）: 233–244.

2 Silvio A. Bedini, *The Jefferson Stone: Demarcation of the First United Meridian of the United States*（Frederick, MD: Professional Surveyors, 1999）; Matthew Edney, "Cartographic Culture and Nationalism in the Early United States: Benjamin Vaughan and the Choice for a Prime Meridian, 1811," *Journal of Historical Geography* 20（1994）: 384–395.

3 这个要点由 Matthew Edney 提出, "Cartographic Confusion and Nationalism: The Washington Meridian in the Early Nineteenth Century"。*Mapline: The Quarterly Newsletter Published by the Hermon Dunlap Center for the History of Cartography at the Newberry Library* 69–70（1993）: 3–8。

4 18 世纪末期美国出现这种新的地理学文化氛围是 Martin Brückner, *The Geographic Revolution in Early America: Maps, Literacy and National Identity*（Chapel Hill: University of North Carolina Press, 2006）探讨的主题。

5 关于莫尔斯，参见 Ralph Brown, "The American Geographies of Jedidiah Morse," *Annals of the Association of American Geographers* 31（1941）: 145–217; David N. Livingstone, "'Risen into Empire': Moral Geographies of the American Republic," in *Geography and Revolution*, ed. David N. Livingstone and Charles W. J. Withers（Chicago: University of Chicago Press, 2005）, 304–335; Brückner, *Geographic Revolution in Early America*, 113–120, 151–158, 163–170。如 Susan Schulten 所述，"杰迪代亚·莫尔斯预见了一套地理知识体系，它将成为公民美德和民族认同的基础"。Susan Schulten, *Mapping the Nation: History and Cartography in Nineteenth-Century America*（Chicago: University of Chicago Press, 2012）, 75。

6 Jedidiah Morse, *The American Geography; or, A View of the Present Situation of the United States of America*, 2nd ed.（London: printed for John Stockdale, 1792）, vi– vii, 5。莫尔斯提到“伦敦”，也许指格林尼治，也许指伦敦圣保罗大教堂，圣保罗大教堂在 18 世纪 60 年代末期之前用作本初子午线，再后来还有几位制图师以它为本初子午线。

7 Lewis Evans, *Geographical, Historical, Political, Philosophical and Mechanical Essays. The First, Containing an Analysis of a General Map of the Middle British Colonies in America*（Philadelphia: printed by B. Franklin; Philadelphia: D. Hall, 1755）, 1。这位没有对两种类型加以区别的 20 世纪评论人员是 Pratt, “American Prime Meridians”。对莫尔斯的费城方案及其准确性提出批评的是 James Freeman, *Remarks on The American Universal Geography*（Boston: Belknap and Hall, 1793）, 6。莫尔斯用文本强调费城本初子午线，18 世纪末期以费城为美国首子午线的刺绣地图反映了这种认识，精湛的手工被用来构建民族认同。Judith A. Tyner, *Stitching the World: Embroidered Maps and Women's Geographical Education*（Farnham, UK: Ashgate, 2015）, 76。

8 Edney, “Cartographic Confusion and Nationalism” ; Bedini, *Jefferson Stone*, chaps. 1–2; Pratt, “American Prime Meridians,” 235.

9 Bedini, *Jefferson Stone*, 特别是第 1–2 章。杰斐逊失去了早先对本初子午线的兴趣，原因始终不得而知。Bedini 注意到，兰伯特继续把天文观测结果寄给杰斐逊，再由杰斐逊把它们转交给费城的美国哲学学会，直到 1825 年杰斐逊去世前一年。Bedini 接着指出，“杰斐逊的文章和信件没有什么地方提到并表示，他与别人沟通过设立美国本初子午线的计划，他既没有与国会沟通，也没有与他在科学活动中的特殊伙伴沟通……在设置标记后似乎也不曾努力推进这个项目。可能时事政务压力让他分身乏术，没空做这件事，后来可能这件事似乎不再切实可行”（p. 39）。

10 William Lambert, *Calculations for Ascertaining the Latitude North of the Equator, and the Longitude West of Greenwich Observatory, in England, of the Capital, at the City of Washington, in the United States of America*（Washington, DC: printed for author, A. and G. Way, 1805）.

11 *American State Papers: Documents, Legislative and Executive, of the Congress of the United States, from the First Session of the Eleventh to the Second Session of the Seventeenth Congress, Inclusive: Commencing May 22, 1809, and Ending March 3, 1823*（Washington, DC: Gales and Seaton, 1834）, II, 54.

12 同上，53。

13 同上，53–54。

14 Bedini, *Jefferson Stone*, 44. 关于美国海军天文台的发展，参见 Steven J. Dick, *Sky and Ocean Joined: The U.S. Naval Observatory 1830–2000*（Cambridge: Cambridge University Press, 2003）。

15 Benjamin Vaughan, “An Account of Some Late Proceedings in Congress Respecting the Project for Establishing a First Meridian, with Remarks,” MS B / V46p, Benjamin Vaughan Papers, American Philosophical Society. 这份手稿收藏在美国哲学学会，顶尖的制图

史家马修·埃德尼在 1992 年 12 月未出版的打字稿中对其进行了编辑和评论。沃恩打算把工作成果写成一本内容翔实的小册子，添加附录和支持性引文使之变得完整，却始终没有完成。如埃德尼指出的那样，这份手稿的原始资料是收集在一处的未完成手稿、笔记和庞杂的剪贴资料，收在沃恩题为“Concerning the Establishment of a Universal Prime Meridian, in Reply to William Lambert's Proposal of a U.S. One”的文件夹中。为了条理明晰，埃德尼整理了几部分，把缩写改为全称，改用现代拼写和标点符号，给沃恩的脚注编了号，还在原文中补充了几句话。这些论文依次是：（1）MS 最深入、最全面的部分，由前 20 页构成；（2）清爽整洁的 4 页 MS 对开纸；（3）和（4）是第 2 项的变体，是偏离了关注当代地图状况的题外话；（5）两页 MS 的草稿；（6）双面纸 MS，把两张纸粘在一起做成，想必是早先的草稿和笔记；这一项是对第 5 项的延续；（7）和（8）零碎的纸片；（9）9 页草稿，探讨怎样确定经度的问题，考虑到时人对经度的兴趣和测量经度的问题所在；（10）和（11）在文件夹最后，分别为 1 页和 4 页。我这里引用的是沃恩的 MS 原文，必要时参照埃德尼 1992 年的誊写稿，如果有的话。

16 同上，2、3、4、6、11、14。

17 Edney, “Cartographic Culture and Nationalism,” 391; Vaughan, “An Account of Some Late Proceedings in Congress,” fol. 21: Edney 1992 transcript, 10.

18 Vaughan, “An Account of Some Late Proceedings in Congress,” fol. 6: Edney 1992 transcript, 3.

19 Nathaniel Bowditch, “Report of the Committee to Whom Was Referred, on the 25th of January, 1810, the Memorial of William Lambert, Accompanied with Sundry Papers Relating to the Establishment of a First Meridian for the United States, at the Permanent Seat of Their Government,” *Monthly Anthology and Boston Review* 9（1810）: 246–265, quotes from pp. 250, 252, 257, 265. 鲍迪奇在这里指兰伯特在 Lambert, *Calculations for Ascertaining the Latitude North of the Equator* 中对这些术语的使用（参见第 2 章正文）。

20 William Lambert, “To the Critical Reviewers of Boston, in the State of Massachusetts,” *In dependent Chronicle*, December 10, 1810.

21 Nathaniel Bowditch, “Defence of the Review of Mr. Lambert's Memorial,” *Monthly Anthology and Boston Review* 10（1811）: 40–48, 引自 p. 48（原文强调）。

22 Nathaniel Bowditch, *The New American Practical Navigator*（Newburyport, MA: Edward M. Blunt, 1802）, v, vi; Nevil Maskelyne, *Tables Requisite to be used with the Astronomical and Nautical Ephemeris*（London: printed by W. Richardson and S. Clark, 1766）. 这部著作通常作为《航海天文历和天文星历表》（1767）的第二部分出现，也收入了后来的所有版本。穆尔与鲍迪奇的关系、二人各自的航海文本以及历史学家后来不公正地摈弃穆尔等，在 Charles H. Cotter, “John Hamilton Moore and Nathaniel Bowditch,” *Journal of Navigation* 30（1977）: 323–326 当中做了探讨。

23 Pierre-Simon Laplace, *Mécanique Céleste*, trans. Nathaniel Bowditch, 4 vols.（Boston: 1829–1839）, 4, 54. 附 N. I. Bowditch 的译者自述。拉普拉斯的法语原著共 5 卷：鲍

迪奇始终没有完成第 5 卷的翻译工作。

24 American State Papers, 195.

25 同上，546、759。

26 同上，753–796，引自 p. 792; Bedini, *Jefferson Stone*, 48。

27 Henry S. Tanner, *New American Atlas Containing Maps of the Several States of North American Union*（Philadelphia: H. S. Tanner, 1823），1.

28 Ferdinand Hassler, *Principal Documents Relating to the Survey of the Coast of the United States, since 1816*（New York: William van Norden, 1834），74（original emphasis）.

29 Richard Stachurski, *Finding North America: Longitude by Wire*（Columbia: University of South Carolina Press, 2009），49。关于"测定"巴黎和格林尼治天文台经度的不变主题，参见本书第 2、4 和 7 章的讨论。

30 Charles H. Davis, "Upon the Prime Meridian," *Proceedings of the American Association for the Advancement of Science* 2（1849）: 78–85，引自 pp. 78、79。

31 Craig B. Waff, "Charles Henry Davis, the Foundation of the *American Nautical Almanac*, and the Establishment of an American Prime Meridian," *Vistas in Astronomy* 28（1985）: 61–66，引自 p. 63。

32 该委员会的成员是 Prof. A. D. Bache（美国海岸测量局局长）、Lt. M. F. Maury（国家天文台台长）、Prof. Frederick A. P. Barnard（阿拉巴马大学）、Prof. Lewis R. Gibbes（南卡罗来纳州查尔斯顿）、Prof. Edward Courtenay（弗吉尼亚大学）、Prof. Stephen Alexander（普林斯顿大学）、Prof. John Frazer（宾夕法尼亚大学）、Prof. H. J. Anderson（纽约）、Prof. O. M. Mitchel（辛辛那提）、Prof. A. D. Stanley（耶鲁大学）、the Hon. William Mitchell of Nantucket, Prof. Joseph Lovering（哈佛大学）、Prof. William Smyth（鲍登学院）、Prof. George Coakley（马里兰州圣詹姆斯学院）、Professor Curley（乔治敦学院）、Prof. J. Smith Fowler（田纳西州富兰克林学院）、Prof. James Phillips（北卡罗来纳大学）、Prof. William H. C. Bartlett（西点军校）、Prof. Ebenezer S. Snell（阿默斯特学院）、Prof. Alexis Caswell（布朗大学）和戴维斯上尉本人。信件证据被收入几卷本的 *Proceedings of the American Association for the Advancement of Science*（见后面的注释）。更为全面的叙述，连同政治家对美国 1850 年前本初子午线立法史的简短总结收录在 *Committee on Naval Affairs, American Prime Meridian, H.R. Rep. No. 286-31*, at 1–70（May 2, 1850）（后面引为 H.R. Rep. No. 286–31，页码、日期和作者列在后面）。对戴维斯的本初子午线论文与他筹备航海天文历编制局的关系的讨论，参见 *Dick, Sky and Ocean Joined*, 124–127。

33 H.R. Rep. No. 286–31, at 14–17（November 1849）（copy of the "remonstrance" referred to）。根据 p.17 给出的数字，共计 732 人。巴尔的摩贸易局布龙的引言摘自 November 5, 1849, p. 13。

34 H.R. Rep. No. 286–31, at 24（January 10, 1850）（Smyth）; H.R. Rep. No. 286–31, at 44（n.d.）（Lovering）; H.R. Rep. No. 286–31, at 34（October 16, 1849）（Coakley）。这里最后一句引言摘自 I. F. Holton, "On an American Prime Meridian," *Proceedings of the*

American Association for the Advancement of Science 2（1849）: 381–383, 引自 p. 381。

35 H.R. Rep. No. 286–31, at 50–68, 引自 p. 52。（n.d. but probably January 1850）（Charles H. Davis, "Remarks upon the Establishment of an American Prime Meridian"）。

36 Charles H. Davis, *Remarks upon the Establishment of an American Prime Meridian*（Cambridge, MA: Metcalf, 1849）, 7, 30.

37 戴维斯的儿子也叫 C. H. Davis，他在评论父亲的成就时认为，父亲在美国《航海天文历》领域的工作是其最伟大的成就，"一座纪念碑……比黄铜或大理石还要持久"。C. H. Davis, "Memoir of Charles Henry Davis, 1807–1877"（在国家学院宣读的论文，1896 年 4 月，Washington, DC, 自费出版，1896）, 31。

38 Joseph Lovering, "On the American Prime Meridian," *American Journal of Science and Arts* 9（1850）: 1–15, 引自 p. 11。

39 "Report on the Committee on the Prime Meridian—Appointed at the Meeting of the American Association for the Advancement of Science, Held at Cambridge, August 14, 1849," *Proceedings of the American Association for the Advancement of Science* 4（1851）: 155–157, 引自 p. 155。

40 Lovering, "On the American Prime Meridian," 1.

41 "Report on the Committee on the Prime Meridian," 155.

42 Bedini, *Jefferson Stone*, 58.

43 Stachurski, *Finding North America*, 165. 引言出自时人亚历山大·达拉斯·巴赫之口，他在 1843 年到 1867 年间担任美国海岸测量局局长（哈斯勒的继任）。《美国星历表和航海天文历》是一份混合文本，更多详情参见 *Dick, Sky and Ocean Joined*, 127。

44 Ian R. Bartky, *Selling the True Time: Nineteenth-Century Timekeeping in America*（Stanford, CA: Stanford University Press, 2000）; Bartky, *One Time Fits All: The Campaign for Global Uniformity*（Stanford, CA: Stanford University Press, 2007）; Carlene Stephens, *On Time: How America Has Learned to Live by the Clock*（Washington, DC: Smithsonian and Bullfinch Press, 2002）; Peter Galison, *Einstein's Clocks and Poincaré's Maps: Empires of Time*（New York: Hodder and Stoughton, 2003）.

45 Sandford Fleming, *Papers on Time-Reckoning and the Selection of a Prime Meridian to Be Common to All Nations*（Toronto, 1880）, 52.

46 Sandford Fleming, *Longitude and Time Reckoning: A Few Words on the Selection of a Prime Meridian to Be Common to All Nations, in Connection with Time-Reckoning*（Toronto, 1883）, 55.

47 同上，61。

48 Charles P. Daly, "Annual Address. Geographical Work of the World in 1878 & 1879," *Journal of the American Geographical Society of New York* 12（1880）: 1–107, quote from p. 7.

49 Smyth to Latimer, "Letter from C. Piazzi Smyth to Charles B. Latimer," *Appeal to the Earnest and Thoughtful* 2: 178–179, 引自 p. 178。

50 *What Shall Be the Prime Meridian for the World?*, report from the Committee on Standard

Time and Prime Meridian, 1884, International Institute for Preserving and Perfecting Weights and Measures, Cleveland. Professor C. Piazzi Smyth's report is on pp. 10–13. Charles Piazzi Smyth, *Memorandum Requested by the Committee on Kosmic Time and Prime Meridian, Appointed by the International Institute for Preserving and Perfecting Weights and Measures*（Edinburgh: privately printed, 1883）。这份备忘录的单行本给出了"1883年6月5日"的日期，也许说明这项工作在1883年付诸执行，到1884年才出版。这个"标准时间委员会"的成员包括 Rev. H. G. Wood of Sharon（宾夕法尼亚）、皮亚兹·史密斯、Msr. L'Abbe F. Moigno（巴黎圣丹尼斯教士）、桑福德·弗莱明、William H. Searles of Beech Creek（宾夕法尼亚）、Jacob Clark（土木工程师，纽约）、Professor Stockwell（来自克利夫兰的天文学家）和查尔斯·拉蒂默（该院主席，来自克利夫兰）。

51 Frederick A. P. Barnard, "The Imaginary Metrological System of the Great Pyramid," *School of Mines Quarterly 5*（1884）: 97–127, 193–217, 289–329, 引自 p. 300。

52 Fleming, *What Shall Be the Prime Meridian for the World?*, 1.

53 H.R. Rep. No. 286–31, at 39（October 15, 1849）（William H. C. Bartlett）.

第3章 国际标准?
计量学与空间和时间的规范，1787—1884年

1 概述参见 M. E. Himbert, "A Brief History of Measurement," *European Physical Journal Special Topics* 172（2009）: 25–35。研究欧洲各种专业术语和测量体系的权威之作是 Witold Kula, *Measures and Men*, trans. R. Szreter（Princeton, NJ: Princeton University Press, 1986）。Robert P. Crease, *World in the Balance: The Historic Quest for an Absolute System of Measurement*（New York: W. W. Norton, 2011）的历史证据不如 Kula 详尽，但是提供了欧洲之外的范例。关于英国度量衡，参见 R. D. Connor, *The Weights and Measures of England*（London: Her Majesty's Stationery Office, 1987）; Julian Hoppit, "Reforming Britain's Weights and Measures, 1660–1824," *English Historical Review 108*（1993）: 82–104; R. D. Connor and Allan D. C. Simpson, *Weights and Measures in Scotland: A European Perspective*（Edinburgh: National Museums of Scotland in association with Tuckwell Press, 2004）. 阿瑟·扬的例子摘自 John Heilbron, "The Measure of Enlightenment," in *The Quantifying Spirit in the Eighteenth Century*, ed. Tore Frängsmyr, John Heilbron, and Robin Rider（Berkeley: University of California Press, 1990）, 207–242。"计量学"这个词首次出现在1816年：参见 Patrick Kelly, *Metrology; or, An Exposition of Weights and Measures, Chiefly Those of Great Britain and France*（London: printed for the author by J. Whiting, 1816）。

2 皮埃尔－西蒙·拉普拉斯的引言摘自其 *The System of the World*, 2 vols., trans. J. Pond（London: Richard Phillips, 1809）, 1:37, 135, 152。它们也被 Juan Pastorin, "Remarks on a Universal Prime Meridian," *Proceedings of the Canadian Institute* 2（1885）: 49–51,

from p. 50 引用。

3　Jean-Alexandre Carney, "Mémoire sur un premier méridien universel, et sur une ère universelle, a laquelle il se lierait," *Recueil des bulletins, Publiés par la Société libre des Sciences et Belles-Lettres de Montpellier* 1, no. 11 [1803] : 19–24. 第一卷包含学刊第 1 到 14 期：卡尔尼的论文出现在学刊第 1 期中，把它作为地理学问题专门讨论的更多内容出现在学刊第 12 期 , 280–284。

4　Jean-Pierre Martin and Anita McConnell, "Joining the Observatories of Paris and Greenwich," *Notes and Records of the Royal Society* 62 (2008) : 355–372; Michael Kershaw, "A Different Kind of Longitude: The Metrology and Conventions of Location by Geodesy," in *Navigational Enterprises in Europe and its Empires, 1730–1850*, ed. Richard Dunn and Rebekah Higgitt (London: Palgrave Macmillan, 2015) , 134–158.

5　Henry Kater, "An Account of Trigonometrical Operations in the Years 1821, 1822 and 1823, for Determining the Difference of Longitude between the Royal Observatories of Paris and Greenwich," *Philosophical Transactions of the Royal Society of London* (后面简化为 Philosophical Transactions) 118 (1828) : 153–239, 引自 p. 153、154、156、157、158、160–161。关于凯特在印度的工作，参见 Matthew H. Edney, *Mapping an Empire: The Geographical Construction of British India, 1765–1843* (Chicago: University of Chicago Press, 1998) , 182, 183, 247。这里提到的 1821 年论文是 Henry Kater, "An Account of the Comparison of Various British Standards of Linear Measure," *Philosophical Transactions* 111 (1821) : 75–94。

6　Kater, "An Account of Trigonometrical Operations," 184, 192–193。凯特指出，阿拉戈及其法国同事的工作此时尚未公布，他的说法是错误的：结果已经公布，但是到达英国学术圈的时间发生延误。参见 Jean-Baptiste Biot, François Arago, and Veuve de Louis Courcier, *Recueil d'observations géodésiques, astronomiques et physiques, exécutées par ordre du Bureau des Longitudes de France, en Espagne, en France, en Angleterre et en Ecosse, pour déterminer la variation de la pesanteur et des degrés terrestres sur le prolongement du méridien de Paris, faisant suite au troisième volume de la base du système métrique* (Paris: Mme Ve Courcier, 1821)。

7　J. F. W. Herschel, "Account of a Series of Observations Made in the Summer of the Year 1825, for the Purpose of Determining the Difference of Meridians of the Royal Observatories of Greenwich and Paris," *Philosophical Transactions* 116 (1826) : 77–126, 引自 p. 81、126。概述参见 Christopher Wood, "The Determination of the Difference in Meridians of the Paris and Greenwich Observatories," *Antiquarian Horology* 24 (1998) : 234–236。

8　Thomas Henderson, "On the Difference of Meridians of the Royal Observatories of Greenwich and Paris," *Philosophical Transactions* 117 (1827) : 286–296, 引自 p. 286、287、295。托马斯·亨德森是苏格兰首位皇家天文学家。约翰·庞德也参与了皇家天文台的定位工作，他是这项工作的主管。不清楚这项工作与托马斯·亨德森

注意到并转给赫歇尔的错误有何关联：参见 John Pond, "On the Latitude of the Royal Observatory of Greenwich," *Memoirs of the Astronomical Society of London* 2（1826）: 317–319。

9 Edward J. Dent, "On the Difference of Longitude between the Greenwich and Paris Observatories," *Memoirs of the Royal Astronomical Society* 11（1840）: 69–72, quotes from p. 70.

10 计量学及其社会层面、思想史和制度史的相关文献浩如烟海。这段文字借鉴了 Andrew Barry, "The History of Measurement and the Engineers of Space," *British Journal for the History of Science* 26（1993）: 459–468; Simon Schaffer, "Modernity and Metrology," in *Science and Power: The Historical Foundations of Research Policies in Europe*, ed. Luca Guzzetti（Luxembourg City, Luxembourg: European Communities, 2000）, 71–91; Schaffer, "Metrology, Metrication, and Victorian Values," in *Victorian Science in Context*, ed. Bernard Lightman（Chicago: University of Chicago Press, 1997）, 438–474; Schaffer, "Late Victorian Metrology and Its Instrumentation: A Manufactory of Ohms," in *Invisible Connexions: Instruments, Institutions and Science*, ed. Robert Bud and Susan Cozzens（Bellingham, WA: SPIE Press, 1995）, 23–56; Joseph O'Connell, "The Creation of Universality by the Circulation of Particulars," *Social Studies of Science* 23（1993）: 129–173; Martha Lampland and Susan Leigh Star, eds., *Standards and Their Stories: How Quantifying, Classifying and Formalizing Shape Everyday Life*（Cornell, NY: Cornell University Press, 2008）。这句引言摘自 Schaffer, "Modernity and Metrology," 91。

11 Connor, *Weights and Measures of England*, 345。Connor 指出，不能确定邀请是否发出。

12 Hoppit, "Reforming Britain's Weights and Measures" 阐述了近代度量衡标准千差万别的具体情况。关于 18 世纪 40 年代皇家学会就英国标准单位和英法标准的讨论，参见 Anonymous, "An Account of the Proportions of the English and French Measures and Weights, from the Standards of the Same, kept at the Royal Society," *Philosophical Transactions* 42（1742–1743）: 185–188; Anonymous, "An Account of a Comparison Lately Made by Some Gentlemen of the Royal Society, of the Standard of a Yard, and the Several Weights Lately Made for Their Use; With the Original Standards of Measures and Weights in the Exchequer, and Some Others Kept for Public Use, at Guild–Hall, Founders–Hall, the Tower, &c," *Philosophical Transactions* 42（1742–1743）: 541–556。托马斯·威廉斯讨论地球维度和可能的新计量学的著作是 *Method to Discover the Difference of the Earth's Diameters, Likewise a Method for Fixing a Universal Standard for Weights and Measures*（London: John Stockdale, 1788）, 引自 p. 73。关于皇家学会 18 世纪末的辩论，参见 George Shuckburgh Evelyn, "An Account of Some Endeavours to Ascertain a Standard of Weights and Measures," *Philosophical Transactions* 88（1798）: 133–182。詹姆斯·斯图尔特爵士的评论摘自其 "A Plan for Introducing an Uniformity of Weights and Measures over the World and for Facilitating the More Speedy Accomplishment of Such a Scheme within the Limits of the British Empire," in *The Works, Political,*

Metaphysical and Chronological; Collected by His Son General Sir James Steuart, 6 vols.（London: T. Cadell and W. Davies, 1805）, 5:379–415, 引自 p. 382、387、397。

13 凯特在这方面的主要著作（也是这几段内容的主要依据）如下：Henry Kater, "An Account of Experiments for Determining the Length of the Pendulum Vibrating Seconds in the Latitude of London," *Philosophical Transactions* 108（1818）: 33–102; "On the Length of the French Meter Estimated in Parts of the English Standard," *Philosophical Transactions* 108（1818）: 103–109; "An Account of Experiments for Determining the Variation in the Length of the Pendulum Vibrating Seconds, at the Principal Stations of the Trigonometrical Survey of Great Britain," *Philosophical Transactions* 109（1819）: 337–508; "An Account of the Comparison of Various British Standards of Linear Measure," *Philosophical Transactions* 111（1821）: 75–94; "An Account of the Re–Measurement of the Cube, Cylinder, and Sphere, Used by the Late Sir George Shuckburgh Evelyn, in His Enquiries Respecting a Standard of Weights and Measures," *Philosophical Transactions* 111（1821）: 316–326; "An Account of the Construction and Adjustment of the New Standards of Weights and Measures of the United Kingdom of Great Britain and Ireland," *Philosophical Transactions* 116（1826）: 1–52; "On the Error in Standards in Linear Measure, Arising from the Thickness of the Bar on Which They are Traced," *Philosophical Transactions* 120（1830）: 359–381; "An Account of the Construction and Verification of a Copy of the Imperial Standard Yard Made for the Royal Society," *Philosophical Transactions* 121（1831）: 345–347。关于凯特在皇家委员会及后来的工作，参见 Connor, *Weights and Measures of England*, 253–261。

14 George Biddell Airy, "Account of the Construction of the New National Standard of Length, and of Its Principal Copies," *Philosophical Transactions* 147（1857）: 621–705。1857 年 5 月，艾里提供了其对皇家学会的完整叙述的摘要，参见 *Philosophical Transactions* 147（1857）: 530–534; Connor, *Weights and Measures of England*, 261–272。

15 赫歇尔的引言摘自 *Outlines of Astronomy*（London: Longman, Brown, Green and Longmans, and John Taylor, 1849）, 87。关于 19 世纪英国实行公制的立法史，参见 Connor, *Weights and Measures of England*, 279–288。如 Connor 指出的那样（p. 284），1864 年公制（度量衡）法案"只是使在合同中使用公制合法化，而不是把公制单位用于贸易目的。商业活动中可以书写米、公斤和升，但不能用米尺测量供销售的货品，市场上也不能用公斤称重。它们只能用于科学目的，不能用于商业"。

16 这段和下面几段内容的依据是：Connor, *Weights and Measures of England*, app. C, "A Brief Account of the Metric System," 344–357（我摘录了"乱得一塌糊涂"这句话来形容革命前法国的计量情况）; Kula, *Measures and Men*, chaps. 23–24; Ken Alder, "A Revolution to Measure: The Political Economy of the Metric System in France," in *The Values of Precision*, ed. M. Norton Wise（Princeton, NJ: Princeton University Press, 1995）, 39–71; Alder, *The Measure of All Things: The Seven-Year Odyssey That Transformed the World*（London: Little, Brown, 2002）; Paul Murdin, *Full Meridian of Glory: Perilous*

Adventures in the Competition to Measure the Earth（New York: Springer, 2009）, chaps. 5–6。Heilbron, "Measure of Enlightenment" 也很有参考价值。

17 关于不同的突阿斯在法国计量学和地理测量中的意义，参见 Kershaw, "A Different Kind of Longitude"。

18 这句引言摘自 Connor, *Weights and Measure of England*, 348。

19 从多个学科角度论述这个论题的文献相当丰富。探讨 19 世纪由电报的影响力形成的地理维度和技术基础、总结和讨论"消除空间和时间"的杰出著作，参见 Roland Wenzlhuemer, *Connecting the Nineteenth-Century World: The Telegraph and Globalization*（Cambridge: Cambridge University Press, 2013）。

20 Herschel, "Account of a Series of Observations," 107。赫歇尔在脚注中问道："是否可以用设在各站之间的电报来确定各个站点的经度差？"

21 Reports to the Board of Visitors: The Printed Reports of George Airy, Astronomer Royal, to the Board of Visitors, 1836–1857, June 5, 1852, p. 5, RGO 17/1/1, Cambridge University Library.

22 同上；Printed Reports of George Airy, 1836–1857, June 3, 1854, p. 14, RGO 17/1/1。

23 Printed Reports of George Airy, 1858–1870, June 2, 1860, p. 19, RGO 17/1/2.

24 这条证据摘自 Alexander R. Clarke, *Comparisons of the Standards of Length of England, France, Belgium, Prussia, India, Australia, Made at the Ordnance Survey Office, Southampton*（London: Eyre and Spottiswoode, 1866），引自 pp. vii 和 viii。这项工作的功劳归于克拉克，但文字由詹姆斯书写，日期是 1866 年 8 月 10 日。详尽的说明参见 *Account of the Observations and Calculations, of the Principal Triangulation; and of the Figure, Dimensions and Mean Specific Gravity, of the Earth as Derived Therefrom*［Drawn up by Captain Alexander Ross Clarke under the direction of Lt. Col. H. James］（London: Eyre and Spottiswoode, 1858）。保存在英国国家测绘局"标尺间"（Bar Room）内的各种长度测量单位是：俄国标准双突阿斯、普鲁士标准突阿斯、比利时标准突阿斯、皇家学会的铂金米尺（由阿拉戈与法国的标准米尺加以比较）、英国标准码尺（相同测量标准的 8 种不同样品）、英国国家测绘局的 10 英尺标准尺、印度的 10 英尺标准尺（新旧不等）、澳大利亚的 10 英尺标准尺和好望角的 10 英尺标准尺等。

25 Printed Reports of George Airy, *1858–1870*, June 1, 1867, p. 21, RGO 17/1/2.

26 Printed Reports of George Airy, *1871–1881*, June 3, 1871（p. 19）to June 5, 1880（p. 18）, RGO 17/1/3. 巴赫的引言摘自 Richard Stachurski, *Finding North America: Longitude by Wire*（Columbia: University of South Carolina Press, 2009）, 159。

27 关于计量学和时间标准化，我借鉴了 Elisa Arias, "The Metrology of Time," *Philosophical Transactions* 363（2005）: 2289–2305; Eviatar Zerubavel, "The Standardization of Time: A Sociohistorical Perspective," *American Journal of Sociology* 88（1982）: 1–23。关于英国近代的计时情况，参见 Paul Glennie and Nigel Thrift, *Shaping the Day: A History of Timekeeping in England and Wales 1300–1800*（Oxford: Oxford University Press, 2009）。关于时间的地理学和文化实践，参见 John Hassard, ed., *The Sociology of Time*（Basingstoke, UK: MacMillan,

1990）; Robert Levine, *A Geography of Time: The Temporal Misadventures of a Social Psychologist, Or How Every Culture Keeps Time Just a Little Bit Differently*（New York: Basic Books, 1997）中的文章。19 世纪铁路对时间和空间的概念产生影响，我的相关要点借鉴了 Wolfgang Schivelbusch, *The Railway Journey: The Industrialization of Time and Space in the Nineteenth Century*（Leamington Spa, UK: Berg, 1986）; Wenzlhuemer, *Connecting the Nineteenth-Century World*, 31–34, 59–62。关于工业资本主义和基于时间的全新工作常规，参见 E. P. Thompson, "Time, Work–Discipline, and Industrial Capitalism," *Past and Present* 38（1967）: 59–97。关于 19 世纪对时间的规范，我得益于 Ian R. Bartky, *Selling the True Time: Nineteenth-Century Timekeeping in America*（Stanford, CA: Stanford University Press, 2000）; Bartky, *One Time Fits All: The Campaigns for Global Uniformity*（Stanford, CA: Stanford University Press, 2007）; Peter Galison, *Einstein's Clocks, Poincaré's Maps*（London: Hodder and Stoughton, 2003）。

28 Anonymous, "Greenwich Time," *Blackwood's Edinburgh Magazine* 63（March 1848）: 354–361, 引自 p. 355。对 1874 年格林尼治报时信号的评论摘自 Printed Reports of George Airy, 1871–1881, June 6, 1874, p. 17, RGO 17/1/3。关于格林尼治对时间的协调作用，参见 Howse, *Greenwich Time and the Longitude*, 91–94。

29 Zerubavel, "Standardization of Time," 7–10; Bartky, *Selling the True Time*, passim; Bartky, *One Time Fits All*, passim.

30 关于这些情况，参见 Schaffer, "Metrology, Metrication, and Victorian Values," 438–474; Crease, *World in the Balance*, 128–142。

31 这是 H. A. Brück 和 M. T. Brück 提出的说法，*The Peripatetic Astronomer: The Life of Charles Piazzi Smyth*（Philadelphia: Hilger, 1988）。他们指出："皮亚兹·史密斯接受了泰勒的观点，直接原因是他读了约翰·泰勒于 1864 年出版的题为《标准之战》的第二部小册子，书中探讨使用适当度量衡的问题，宣扬古代英国规格的优越性及其与神圣的《圣经》体系的渊源。"（p. 100）

32 Charles Piazzi Smyth, *Present State of the Longitude Question in Navigation*（Edinburgh: Chamber of Commerce, 1859）, 61。他提到精密计时法的变革［他本人 1861 年的报时大炮每天下午 1 点（至今依然）从爱丁堡城堡的城墙上发射］是"海洋经度第四纪"（pp. 56–57）。

33 C. P. Smyth correspondence, MS. A13.59, Royal Observatory Edinburgh。两封信的日期（多数其他信件也一样）都是 1866 年，可能与 *Our Inheritance in the Great Pyramid*, 第三版在这一年出版有关。

34 J. F. W. Herschel, pamphlet, "Two Letters to the Editor of *The Athenaeum* on a British Modular Standard of Length," n.d. 我仔细研究了这份小册子的副本，它收藏在爱丁堡皇家天文台的档案中，上面标有皮亚兹·史密斯手写的旁注。引言"很简单……"旁边批注了"斜体字"这个词，说明皮亚兹·史密斯认可这个要点。又见 Brück and Brück, *Peripatetic Astronomer*, 100–101。

35 Charles Piazzi Smyth, *Life and Work at the Great Pyramid*, 3 vols.（Edinburgh: Edmonston

and Douglas, 1867）, 1:xii。这位批评者是 Frederick A. P. Barnard, "The Imaginary Metrological System of the Great Pyramid," *School of Mines Quarterly* 5（1884）1:97–127, 引自 p. 103。巴纳德是美国计量学会主席，他 1883 年 12 月 27 日向学会宣读论文，用很长的篇幅对史密斯的说法和金字塔神秘学予以批驳。其论文的第 2 部分和第 3 部分分别刊载和收录在这份刊物的 pp. 193–217 和 289–329。巴纳德是公制的拥趸：参见其 *The Metric System of Weights and Measures*（Boston: American Metrics Bureau, 1879）。

36 报告内容从一开始就是英国科学促进会有力的亲公制游说，这在 1864 年到 1869 年间的年度会议上是多份报告的主要内容；例如 "Report on the Best Means of Providing for a Uniformity of Weights and Measures, with Reference to the Interests of Science," *Report of the Thirty-Fourth Meeting of the British Association for the Advancement of Science*（London: John Murray, 1865）, 375–378; Charles K. Davies, *The Metric System: Considered with Reference to Its Introduction into the United States; Embracing the Reports of the Hon. John Quincy Adams, and the Lecture of Sir John Herschel*（New York: A. S. Barnes, 1874）; Crease, *World in the Balance*, 132–142。

37 Charles Piazzi Smyth, *Memorandum Requested by the Committee on Kosmic Time and Prime Meridian, Appointed by the International Institute for Preserving and Perfecting Weights and Measures*（Edinburgh: privately printed, 1883）.

38 Anonymous, "Professor C. Piazzi Smyth's Report," *What Shall Be the Prime Meridian for the World?*［Report of Committee on Standard Time and Prime Meridian, International Institute for Preserving and Perfecting Weights and Measures］（Cleveland, 1884）, pp. 10–13.

39 International Institute for Preserving Weights and Measures, *Appeal to the Earnest and Thoughtful, and Especially to the Members of the International Institute for Preserving Weights and Measures*［Cleveland, 188（8）］, 2.

40 Schaffer, "Metrology, Metrication and Victorian Values," 457–459; William M. F. Petrie, *Inductive Metrology; or, the Recovery of Ancient Measures from the Monuments*（London: H. Saunders, 1877）; Melancthon W. H. Lombe Brooke, *The Great Pyramid of Gizeh: Its Riddle Read, Its Secret Metrology Fully Revealed as the Origin of British Measures*（London: H. Banks and Son, 1908）.

第 4 章　空间与时间的全球化
到达格林尼治，1870 年前后至 1883 年

1 Msr. Roux de Rochelle, "Mémoire sur la fixation d'un premier méridien, lu à la Société de Géographie, le 4 Octobre 1844," *Bulletin de la Société de Géographie, troisième série* 3（1845）: 145–153; L. E. Sédillot, "Longitude, latitude; premiers méridiens," *Bulletin de la Société de Géographie, quatrième série* 1（1851）: 167–172; L. E. Sédillot, "Appel aux

gouvernements des principaux États de L'Europe et de l'Amérique pour l'adoption d'un premier méridien commun dans l'énonciation des longitudes terrestres," *Bulletin de la Société de Géographie,* quatrième série 1（1851）: 193–205; Edmé–François Jomard, "Lettre de M. Jomard sur la même sujet（méridien universel）," *Bulletin de la Société de Géographie,* quatrième série 1（1851）: 206–209; Antoine d'Abbadie, "Lettre de M. Antoine d'Abbadie sur le même sujet（méridien universel）," *Bulletin de la Société de Géographie,* quatrième série 1（1851）: 210–211; L. E. Sédillot, "Lettre de M. A. Sédillot," *Bulletin de la Société de Géographie,* cinquième série 12（1866）: 408–410; Anonymous, "Meridién origine des longitudes." *Bulletin de la Société de Géographie,* sixième serie 8（1874）: 241–246.

2 Henry James, *On the Rectangular Tangential Projection of the Sphere and Spheroid . . . for a Map of the World on the Scale of Ten Miles to an Inch*（Southampton: Ordnance Survey Office, 1868）, 3.

3 这是伊恩·巴特基探讨本初子午线和 19 世纪后期全球尤其是美国出现标准时间的核心主题。Ian R. Bartky, *One Time Fits All: The Campaigns for Global Uniformity*（Stanford, CA: Stanford University Press, 2007）, 特别是第 2 章到第 5 章。我虽然借鉴了巴特基的分析，我的解读却与他存在几方面的不同，我在文中做了清楚的表述。

4 Elisabeth Crawford, "The Universe of International Science, 1880–1939," in *Solomon's House Revisited: The Organisation and Institutionalization of Science*, ed. Tore Frängsmyr（Canton, MA: Science History, 1990）, 251–269.

5 这里对斯特鲁维 1870 年论文的评价是根据 Otto W. Struve, "Du premier méridien," *Bulletin de la Société de Géographie* 9（1875）: 46–64。这是斯特鲁维俄语原文 "Opervom meridiane," *Izvestiya Imperatorskogo Russkogo Obschestva* 6（1870）: 14–34 的翻译。又见 Bartky, *One Time Fits All*, 37–40。

6 Bartky, *One Time Fits All*, 40.

7 V. de Saint–Martin, "Premier Méridien," in *L'année géographique revue annuelle, neuvième et dixième années*（*1870–1871*）, ed. V. de Saint–Martin（Paris: Libraire Hachette, 1872）, 442–444.

8 从这些角度论述地理学历史的文献数不胜数。这两段概述参照了 David Livingstone, *The Geographical Tradition: Episodes in the History of a Contested Enterprise*（Oxford: Blackwell, 1992）; Gary S. Dunbar, ed., *Geography: Discipline, Profession and Subject since 1870*（Dordrecht, Netherlands: Kluwer Academic, 2000）; Helene Blais and Isabelle Laboulais, eds., *Géographies plurielles: Les sciences géographiques au moment de l'émergence des sciences humaines*（*1750–1850*）（Paris: L'Harmattan, 2006）; Karin Morin, *Civic Discipline: Geography in America, 1860–1890*（Farnham, UK: Ashgate, 2011）。对 19 世纪地理学在英国作为民用科学和学界科学的体制化发展更为详尽的叙述，参见 Charles W. J. Withers, *Geography and Science in Britain 1831–1939: A Study of the British Association for the Advancement of Science*（Manchester, UK: Manchester University Press,

2010）。这里给出的 1871 年前后成立的地理学会的数量摘自 J. S. Keltie and H. R. Mill, *Report of the Sixth International Geographical Congress*（London: John Murray, 1895）, xiii。

9 安特卫普的小组或分会场有地理学、宇宙学、人类学和包罗万象的航海、航行、贸易、计量学和统计学。小组之间也开展讨论。关于 1871 年在安特卫普讨论过本初子午线的 6 场会议，参见 *Compte-rendu du Congrès des Sciences Géographiques, Cosmographiques et Commerciales tenu a Anvers du 14 au 22 Aout 1871. Tome second*（Antwerp, Belgium: Gerrits and Van Merlen, 1872）, 1:176, 183, 184, 206–209, 381; 2:234, 254–257。

10 E. Ommaney, "Additional Notices," *Proceedings of the Royal Geographical Society* 16（1871–1872）: 134.

11 会议记录的手稿无迹可寻，所以我摘录了打印记录——不可避免地摘录了概述——这是议程仅有的记录。关于奥曼尼提出问题之后的讨论，参见 *Compte-rendu du Congrès des Sciences Géographiques, 1:206–208; Compte-rendu du Congrès des Sciences Géographiques*, 2:254–255。

12 同上 , 2:255–256。

13 G. Visconti, "Du premier méridien, par Otto Struve," *Bulletin de la Société de Géographie* 9（1875）: 46–64; A. Germain, "Le premier meridien et la *Connaissance des temps*," *Bulletin de la Société de Géographie* 9（1875）: 504–521; Bartky, *One Time Fits All*, 43–44.

14 Committee Minute Book, September 1872– October 1877, December 17, 1874, fol. 136, Royal Geographical Society（with the Institute of British Geographers）.

15 这段概述和前面一段内容立足于 *Congrès International des Sciences Géographiques tenu à Paris du Ier au 11 Août 1875: Compte rendu des séances*, 2 vols.（Paris: Sociéte de Géographie, 1880）, 1:26–27, 29, 30; 2:400–402。又见 Bartky, *One Time Fits All*, 45–46。

16 A. Salomon, F. de Morsier, and L.–H. de Laharpe, "Mémoire sur la fixation d'un premier méridien," *Mémoires de la Société de Géographie de Genève* 40（1875）: 87–94.

17 这段内容基于亨利・布迪里耶・德博蒙论述这个问题的几篇论文："Le méridien unique," L'exploration 1（1877）: 131–132; "Choix d'un méridien initial," L'exploration 7（1879）: 132–136; "Note［d'un méridien initial］," *Le globe* 18（1879）: 202–208; 最重要的是他 1880 年的小册子 *Choix d'un méridien initial unique*（Geneva: Libraire Desrogis, 1880）。又见 Bartky, *One Time Fits All*, 47; H. M. Smith, "Greenwich Time and the Prime Meridian," *Vistas in Astronomy* 20（1976）: 219–229。关于德博蒙本人对 1875 年巴黎会议的讨论，参见 de Beaumont, "Quelques mots sur l'exposition Géographique de Paris," *Bulletin de la Société de Géographie de Genève* 40（1875）: 210–226, 尤其是 p. 210–216。

18 关于 1876 年布鲁塞尔会议及其源自殖民的纽带和遗产，参见 Sandford Bederman, "The 1876 Brussels Geographical Conference and the Charade of European Cooperation in African Cooperation," *Terrae Incognitae 21*（1989）: 63–73。德博蒙打算在 1876 年 2

月的会议上提交论述白令海峡本初子午线的论文，日内瓦地理学会的刊物 *Le globe* 做了报道：*Le globe* 15（1876）：22。学会前一年讨论过这个问题，报告称一条共同的首子午线和“（经度）起点”符合各国的最大利益：*Le globe* 14（1875）：216–217。1879 年国际商业地理学大会（International Congress on Commercial Geography）的代表们讨论了唯一的本初子午线用于商业的理由及其对海上事务的益处，概述摘自 *Bulletin de la Société Belge de Géographie* 3（1879）：592–596; E. Cortambert, “Selecting a First Meridian,” *Popular Science Monthly* 15（June 1879）：156–159, 引自 p. 159。这篇文章译自法语刊物 *La nature*，说明跨越国界但属于同一类科学杂志的圈内人都对这个问题感兴趣。

19 C. P. Daly, “Annual Address. Geographical Work of the World in 1878 and 1879,” *Journal of the American Geographical Society of New York* 12（1880）：1–107, 引自 p. 7、8。较为概括性地探讨戴利市长的地理学工作是 Morin, *Civic Discipline* 的课题。感谢 Morin 教授提醒我注意到这条参考资料。

20 Bartky, *One Times Fits All*, 59.

21 G. M. Wheeler, *Report upon the Third International Geographical Congress and Exhibition at Venice, Italy, 1881*（Washington, DC: Government Printing Office, 1883），30–31。惠勒列举了地形测绘中使用的本初子午线，有一个脚注大意如此：“西班牙在不同时期以不少于 11 条各不相同的子午线为经度起算点”（p. 30）。当时使用许多条本初子午线的更多证据可以在各类地形测绘中找到。August Petermann 在通俗刊物 *Geographische Mitteilungen* 中传播科学的制图学，他使用巴黎或格林尼治本初子午线，1855 年后支持格林尼治。参见 Jan Smits, *Petermann's Maps: Carto-bibliography of the Maps in* Petermann's Geographische Mitteilungen *1885–1945*（t' Goy, Utrecht: HES and De Graaf, 2004）。相反，英国军事权威在克里米亚战争（Crimean War，1853–1856）中可以使用的地形图数量有限，图中常用的本初子午线却是费鲁岛子午线。参见 Daniel Foliard, *Dislocating the Orient: British Maps and the Making of the Middle East, 1854–1921*（Chicago: University of Chicago Press, 2017），35。

22 S. Fleming, *The Adoption of a Prime Meridian to Be Common to All Nations. The Establishment of Standard Meridians for the Regulation of Time, Read before the International Geographical Congress at Venice, September, 1881*（London: Waterlow and Sons, 1881），引自 p. 4, 6, 7, 13。

23 Wheeler, *Report upon the Third International Geographical Congress*, 26。三篇论文的全文参见 *Terzo Congresso Geografico Internazionale tenuto a Venezia dal 15 al 22 Settembre 1881, notizie e rendiconti*, vol. 1（Rome: Società Geografi ca Italiana, 1882）; *Terzo Congresso Geografico Internazionale tenuto a Venezia dal 15 al 22 Settembre 1881, communicazionie memori*, vol. 2（Rome: Società Geografi ca Italiana, 1884）。巴纳德 – 戴利、黑曾 – 惠勒和弗莱明的论文出现在 vol. 2, pp. 7–9, 10–18, 18–19。

24 Fleming, *Adoption of a Common Prime Meridian*, 15.

25 Otto Struve to Sandford Fleming, January 23, 1881, MG 29–B1, fol. 332, Sandford Fleming

Papers, Library and Archives Canada.

26 此处内容摘自 “List of Views Issued by Each Group and Not Presented at the General Sessions,” in *Terzo Congresso Geografico Internazionale tenuto a Venezia* 1:392; Wheeler, *Report upon the Third International Geographical Congress*, 23。又见 Bartky, *One Time Fits All*, 66–67。贝吉耶・德・尚古尔多阿提案的最早表述参见其 “Programme d'un système de géographie,” *Bulletin de la Société de Géographie, series VI* 8（1874）: 270–336。他提交给 1881 年威尼斯会议的论文题为 “L'adoption d'un méridien initial international”，*Terzo Congresso Geografico Internazionale tenuto a Venezia* 1（1882）: 20–22。又见其 *Observation au sujet de la circulaire du Gouvernement des États Unis, concernant l'adoption d'un méridien initial commun et d'une heure universelle*（Paris: privately printed, 1883）。

27 George Wheeler to Sandford Fleming, March 2, 1882, vol. 53, fol. 365, ff. 1–3, MG 29– B1, Sandford Fleming Papers.

28 Wheeler, *Report upon the Third International Geographical Congress*, 27–28; Oscar Meyer, ed., *The Third International Geographical Congress of Venice: A Short Account by Oscar Meyer, Commissioner for New South Wales*（Florence, 1882）, 38。惠勒与泰阿诺、泰阿诺与意大利政府的纽带从惠勒写给弗莱明的信中清晰可知（见注释 17），但没有暗示惠勒在给意大利人施加不适当的影响。奥地利探险家 Gustav Kreitner 虽然获得了中亚探险奖章，他对威尼斯会议的评价却相当不客气，认为此次会议组织得很糟糕，议程规范以牺牲实质为代价压倒了学术因素，贸易因素过于占据主导：G. Kreitner, *Report of the Third International Geographical Congress, Venice*（Venice, 1882）, 8–9。

29 Bartky, *One Time Fits All*, 50.

30 弗莱明对计时缺乏规律的问题发生兴趣是出于他在爱尔兰的切身体验（由于时间安排和印制的时刻表错误而错过了火车），巴特基以“迷思”为由批驳了这种说法。Bartky, *One Time Fits All*, 50–51。如若列举，《地球时》的年代有时是 1876 年，但是出于巴特基探讨过的理由，这里的年代为 1878 年。巴特基指出，弗莱明出版过三部书名类似、内容几乎一模一样的小册子：*Terrestrial Time*（1878 年 3 月）, *Temps terrestre: Mémoire*（1878 年 8 月）, 和 *Uniform Non-Local Time*（*Terrestrial Time*）（1878 年 11 月）。这部小册子的若干版本对我的论述不很重要，此处不予赘述。参见 Bartky, *One Time Fits All*, 51–56, 221n11。又见 M. Creet, “Sandford Fleming and Universal Time,” *Scientia Canadensis* 14（1990）: 66–89; Sandford Fleming, *Terrestrial Time*（London, 1876）, 36。

31 两本小册子以连贯的页码编排同时出版，S. Fleming, *Papers on Time-Reckoning and the Selection of a Prime Meridian to Be Common to All Nations: Transmitted to the British Government by His Excellency the Governor-General of Canada*（Toronto: Copp, Clark, 1879）。为了明确各是哪一本小册子，我这里给出了书名，但是保留了这部合成著作的连续页码。

32 Sandford Fleming, *Time-Reckoning and the Selection of a Prime Meridian to Be Common to All Nations*（Toronto: Copp, Clark, 1879）, 引自 pp. 12、28、29。

33 Sandford Fleming, *Longitude and Time-Reckoning*（Toronto: Copp, Clark, 1879），引自 p. 55、56。

34 Fleming, *Longitude and Time-Reckoning*, 60. 就表 4.2 和 4.3 中给出的数据而言，不太清楚弗莱明怎么区别使用不止一条本初子午线的各国船只或吨位（参见表 4.2，例如德国海员使用 3 条起始经线），在根据不同的本初子午线计算相对比例时又怎样对这些区别进行总计（表 4.3）。这个插图最早把弗莱明的时间和经度建议合在一起，这个说法出自 Bartky, *One Time Fits All*, 57。

35 Ian R. Bartky, *Selling the True Time: Nineteenth-Century Timekeeping in America*（Stanford, CA: Stanford University Press, 2000）; Bartky, *One Time Fits All*, 60–61.

36 Fleming, *Papers on Time-Reckoning and the Selection of a Prime Meridian*。又见 Fleming, *Longitude and Time-Reckoning*。加拿大研究所的备忘录在这部累积编撰的著作中的页码为 pp. 1–7；引自 pp. 6、7。

37 关于唐宁街发给皇家地理学会的最初请求，参见 Colonial Office Covering Letters, Edward Wingfield, August 1879, MSS CB6/511, Royal Geographical Society（with Institute of British Geographers）Archives。关于答复，参见 Sandford Fleming, "Sir G. B. Airy, Astronomer Royal, Greenwich, to the Secretary of State for the Colonies（18 June 1879）," in *Universal or Cosmic Time: Together with Other Papers, Communications and Reports in the Possession of the Canadian Institute Respecting the Movement for Reforming the Time-System of the World, and Establishing a Prime Meridian as a Zero Common to All Nations*（Toronto: Copp, Clark, 1885）, 32–34。这份出版物由 29 份论述本初子午线和世界时的文件组成，年代为 1879 年 5 月到 1885 年 3 月，由加拿大研究所撰写。这部 1885 年著作的组合性质很重要，可以说明加拿大研究所为推动这个问题所起的作用，可以把弗莱明篇幅较短的论文和讲座加以综合（包括他 1881 年提交给威尼斯会议的论文），可以让我们看到弗莱明对 1884 年华盛顿会议的介入怎样由于别人发生兴趣而得到渲染（见本书第 5 章）。

38 这篇论文寄给了法国、德国、意大利、挪威、瑞典、美国和俄国的科学机构和组织（各收到 8 份），还有奥地利、比利时、巴西、丹麦、日本、荷兰、葡萄牙、西班牙、瑞士、土耳其、希腊和中国（各收到 4 份）等。在大不列颠，这些论文寄给了海军部、皇家天文学家艾里、苏格兰皇家天文学家查尔斯・皮亚兹・史密斯、皇家天文学会、皇家地理学会、皇家联合军种（Royal United Service）和皇家学会。

39 英国多家机构的答复在"Supplementary Papers, Communicationsand Reports"中给出，它们构成了 Fleming, *Universal or Cosmic Time*: the Admiralty, 38; the Royal Society, 39; Piazzi Smyth, 35 的大部分内容。参见 Gen. Sir J. H. Lefroy's response, November 19, 1879, MSS CB8/1377, Royal Geo graphical Society（with the Institute of British Geographers）Archives; Bartky, *One Time Fits All*, 64。

40 威尔逊的第二份备忘录、弗莱明 1879 年论文和克利夫兰・阿贝代表美国计量学会的"标准时间报告"于 1880 年 5 月寄往欧洲多家学会：The Institut de France 和 the Société de Géographie（二者都在巴黎）; the Société Belge de Géographie（布鲁塞尔）; the

Königliché de Preussische Akademie der Wissenschaften 和 the Gesellschaft für Erdkunde（二者都在柏林）; the Kaiserliche Akademie der Wissenschaften 和 the Kaiserliche Geographische Gessellschaft（二者都在维也纳）; the Nicolaevskaia Glavania Observatoria（普尔科沃）; the Imperial Rousskae Geogratícheskoe Obsehestov 和 the Imperial Akademia Nauk（二者都在圣彼得堡）;the Société de Géographie（日内瓦）。

41 Sandford Fleming, "Notes from His Excellency the Governor–General of Canada, Transmitting Mr. Sandford Fleming's Papers Together with the Report of the American Metrological Society, to Various Scientific Societies in Europe," in Fleming, *Universal or Cosmic Time*, 43–44, 引自 p. 43。

42 斯特鲁维 1880 年 9 月 30 日在圣彼得堡就加拿大研究所提出的问题向帝国科学院发表了讲话。讲话内容后来翻译出版为 O. Struve, "Report on Universal Time and on the Choice for That Purpose of a Prime Meridian; Made to the Imperial Academy of Sciences, St. Petersburg, by M. Otto Struve, Member of the Academy and Director of the Observatory at Pulkova," *Proceedings of the Canadian Institute* 2（July 1885）: 45–49, 引自 p. 46–47, 48–49, 48。

43 关于提交给柏林地理学会（1881 年 7 月 2 日）对阿贝 – 弗莱明论文进行讨论却没有引起反响的文章，参见 G. V. Boguslawski, "Remarks upon a Normal Time to Be Common to the Whole Earth, and a Prime Meridian, to Be Accepted by All Nations," *Proceedings of the Canadian Institute* 2（1885）: 52–55。关于比利时的讨论，参见 E. Adan, "De L'heure universelle," *Société Belge de Géographie* 4（1880）: 403–411。Colonel Adan 是比利时地理学会推动采用唯一本初子午线的主要代言人。关于西班牙的证据，参见 J. Pastorin, "Remarks on a Universal Prime Meridian, by Don Juan Pastorin, Lieut.–Commander of the Spanish Navy," *Proceedings of the Canadian Institute* 2（1885）: 49–51。

44 Creet, "Sandford Fleming and Universal Time," 66–89; C. Blaise, *Time Lord: Sir Sandford Fleming and the Creation of Universal Time*（London: Weidenfeld and Nicolson, 2000）.

45 对这个术语及其意义的较为全面的讨论，参见 Simone Turchetti, Nèstor Herran, and Soraya Boudia, "Introduction: Have We Ever Been 'Transnational'? Towards a History of Science across and beyond Borders," *British Journal for the History of Science* 45（2012）: 319–336。

46 弗莱明的引言摘自其 "Letter to the President of the American Society for the Advancement of Science on the Subject of Standard Time for the United States of America, Canada and Mexico, by Sandford Fleming, C. E.," Montreal Conference of the AAAS, 1882 年 8 月 , 1。

47 同上，5。关于 1882 年 6 月本初子午线问题在美国国会的情况，参见 "To Fix a Common Prime Meridian," H.R. Rep. No. 1519–47, at 1–2（1884 年 6 月 24 日）, 引自 p. 2。关于多个机构的介入为推动美国在 1883 年采用标准时间所起的作用，参见 Bartky, *One Time Fits All*, 68–73。纽科姆的话是他的完整回答：参见 Simon Newcomb, "Remarks on the Cosmopolitan Scheme for Regulating Time," in Fleming, *Universal or Cosmic Time*, 64。纽科姆对美国计时的

立场和他在海军天文台的角色在 S. J. Dick, *Sky and Ocean Joined: The U.S. Naval Observatory 1830–2000*（Cambridge: Cambridge University Press, 2003）中加以探讨。19 世纪大多数墨西哥地图上的本初子午线是墨西哥城大都会教堂（Metropolitan Cathedral）最东端的塔楼（有些墨西哥地形图使用格林尼治子午线）。感谢 Luz Maria Tamayo 教授提供这条信息。美国地理学会的工作从 Minutes of Council 1879–1885, February 4, 1882, vol. 9, box 4, 109–111; Correspondence between Hazen, General Cullum, and Charles Daly, 1879–1885, AC 1, box 79, vol. 9, American Geographical Society Papers, Letterpress Books 中可以清楚地看到。

48 J. H. Lefroy to Clements Markham and Douglas Freshfield, November 15, 1882, MSS JMS / 21/49, Royal Geographical Society。勒弗罗伊建议把提案受到的部分关注（用于国际会议）刊载在学会出版的会议记录中，但这个建议未得到采纳。理事会 1879 年 11 月 24 日的会议记录仅仅指出："勒弗罗伊对桑福德·弗莱明先生关于本初子午线的建议得到采纳。"在 *One Time Fits All* 中，Bartky（p. 67, 225n28）把勒弗罗伊 1879 年和 1882 年的答复合在了一起。答复分两次做出，分别给出了不接受格林尼治以外的本初子午线的理由。对于总共收到的 10 份答复的概述，参见 *Terzo Congresso Geografico Internazionale tenuto a Venezia dal 15 al 22 Settembre 1881, Communicazioni e memori*, vol. 2, xv– xviii。

49 A. Hirsch to C. W. Siemens, January 13, 1883, MSS Eur F127/188, files 348–353, British Library, quotes from file 351.

50 Col. Donnelly to W. H. M. Christie, August 9, 1883, RGO 7/142, *Papers of William Christie*, Cambridge University Library.

51 "Report by the Astronomer Royal and Colonel Clarke FE CB FRS Delegates to the Geodetic Conference at Rome, December 10, 1883," RGO 7/142, *Papers of William Christie*. Hugo Gyldén, "Om eqvidistanta lokaltider," *Ymer tidskrift utgifven af Svenska Sällskapet för Antropologi oct Geografi* 3（1883）: 40–48。讨论了瑞典的答复和吉尔当的提案（世界时以 240 个 10 分钟的间隔为基础）。关于比利时的证据，参见 E. Hennequin, "Le premier méridien et l'heure universelle a la Septième Conférence Géodésique Internationale," *Bulletin de la Société Royale Belge de Géographie* 7（1883）: 782–805。

52 Bartky, *One Time Fits All*, 81。我得益于巴特莱对罗马 1883 年会议的讨论（p. 75–81），还借鉴了 H. Smith, "Greenwich Time and the Prime Meridian," *Vistas in Astronomy* 20（1976）: 219–229; W. Lambert, "The International Geodetic Association and Its Predecessors," *Bulletin Géodésique* 17（1963）: 299–324; *Resolutions de l'Association Geodesique Internationale concernant l'unification des longitudes et des heures*（Geneva, 1883）。

第 5 章 格林尼治冉冉升起
1884 年的华盛顿与科学的政治学

1 这立足于对印发的会议记录的详细评估，尤其是印发的议事记录："International Conference Held at Washington for the Purpose of Fixing a Prime Meridian and a

Universal Day. October, 1884," *Protocols of the Proceedings*（Washington, DC: George Brothers, 1884）（hereafter cited as *Protocols*）。

2 *Protocols*, November 1, 1884, 206.

3 本初子午线问题的研究人员以各种方式讨论了 1884 年国际子午线会议。Derek Howse, *Greenwich Time and the Longitude*（Greenwich: Philip Wilson, in association with the National Maritime Museum, 1997）对决议做了逐条分析，并为每条决议制作了有用的投票模式表格（pp. 133–143）。Peter Galison, *Einstein's Clocks, Poincare's Maps: Empires of Time*（London: Sceptre, 2003）提供了对主要论据的概述（pp. 144–155）。Adam Barrows, *The Cosmic Time of Empire: Modern Britain and World Literature*（Berkeley: University of California Press, 2011）把华盛顿会议与近现代的柏林西非会议并列为帝国现代性的预兆，并记录了围绕唯一本初子午线的辩论的主要特征（pp. 36–46）。简短的历史研究参见 S. R. Malin, "The International Prime Meridian Conference, Washington, October 1984," *Vistas in Astronomy* 38（1985）: 203–206. Allen W. Palmer, "Negotiation and Resistance in Global Networks: The 1884 International Meridian Conference," *Mass Communication and Society* 5（2002）: 7–24 存在几处事实错误，但强调了在一个科学和政治国际主义时代应当如何理解 1884 年会议。Ian R. Bartky, *One Time Fits All: The Campaigns for Global Uniformity*（Stanford, CA: Stanford University Press, 2007）, chaps. 6–7, pp. 82–119 提供了对此次会议极其不均衡的结果最为全面的叙述。

4 我从 Thomas Gieryn, *Cultural Boundaries of Science: Credibility on the Line*（Chicago: University of Chicago Press, 1999）; Gieryn, "Three Truth–Spots," *Journal of the History of the Behavioural Sciences* 38（2002）: 113–132; Gieryn, "City as Truth–Spot: Laboratories and Field–Sites in Urban Studies," *Social Studies of Science* 36（2006）: 5–38 中借鉴了"真相现场"这个概念。"话语空间"的概念出自 Martin Hewitt, "Aspects of Platform Culture in Nineteenth–Century Britain," *Nineteenth Century Prose* 29（2002）: 1–32; David N. Livingstone, "Science, Site and Speech: Scientific Knowledge and the Spaces of Rhetoric," *History of the Human Sciences* 20（2007）: 71–98; Diarmid A. Finnegan, "Placing Science in an Age of Oratory: Spaces of Scientific Speech in Mid–Victorian Edinburgh," in *Geographies of Nineteenth-Century Science*, ed. David N. Livingstone and Charles W. J. Withers（Chicago: University of Chicago Press, 2011）, 153–177。

5 根据国家名称首字母顺序排列，指定的代表有 Baron Ignatz von Schlaeffer（代表奥匈帝国），Dr. Luiz Cruls（巴西），Cdre. S. R. Franklin of the U.S. Navy（哥伦比亚），Mr. Juan Francisco Echeverria（哥斯达黎加），Mr. A. Lefaivre 和 Mr. J. Janssen（法国），Baron H. von Alvensleben（德国），Capt. Sir Frederick J.O. Evans、Prof. John C. Adams、Lt. Gen. Richard Strachey 和 Mr. Sandford Fleming（大不列颠），Mr. Miles Rock（危地马拉），the Hon. W. D. Alexander 和 the Hon. Luther Aholo（夏威夷），Count Albert de Foresta（意大利），Professor Kikuchi（日本），Mr. Leandro Fernandez 和 Mr. Angel Anguliano（墨西哥），Capt.

John Stewart（巴拉圭），Mr. C. de Struve、Major General Stebnitzki 和 Mr. J. de Kologrivoff（俄国），Mr. M. de J. Galvan（圣多尼加），Mr. Antonio Batres（萨尔瓦多），Mr. Juan Valera、Mr. Emilio Ruiz del Arrol 和 Mr. Juan Pastorin（西班牙），Count Carl Lewenhaupt（瑞典），Col. Emile Frey（瑞士），Rear Adm. C. R. P. Rodgers、Mr. Lewis M. Rutherfurd、Mr. W. F. Allen、Comm. W. T. Sampson 和 Prof. Cleveland Abbe（美 国），Señor Dr. A. M. Soteldo（委内瑞拉）。缺席代表（后来抵达）有 Mr. Francisco Vidal Gormas 和 Mr. Alvaro Bianchi Tupper（智利），Mr. Carl Steen Andersen de Bille（丹麦），Mr. Hinckeldeyn（德国），Mr. William Coppinger（利比里亚），Mr. G. de Weckherlin（荷兰），和 Rustum Effendi（土耳其）。俄国代表 Mr C. de Struve 即 Karl von Struve，他是天文学家 Otto Wilhelm von Struve 的异母兄弟。美国人管他叫卡尔或者卡尔・德・斯特鲁维，他在 1882 年到 1892 年间担任俄国驻美国大使。德国人也许有理由期待天文学家、大地测量学家 Heinrich Georgvon Boguslawski 担任代表，他 1881 年在柏林地理学会发表过论本初子午线的讲话，但德国代表团的人选尚未确定，Boguslawski 便于 1884 年 3 月去世。参见 W. T. Lynn, "Boguslawski, Father and Son" ,*Observatory* 22（1899）: 124–125。

6 出席华盛顿 1884 年会议的俄国代表团其他成员有 Imperial Russian Council of Routes and Communications 的成员 Mr. Kologruvoff，还有大地测量学家、测量员 Major General Stebnitzki。俄国代表团的提案——受到 1883 年罗马决议的引导（见表 4.4）——由 Lieutenant Colonel Rylke of the Russian War Department 起草初稿。参见 Otto Struve, "The Resolutions of the Washington Meridian Conference," in *Universal or Cosmic Time*, ed. Sandford Fleming（Toronto: Copp, Clark: 1885）, 84–101, 特别是 p. 91。

7 "The Seventh International Geodetic Conference," *Times*,1883 年 10 月 27 日，9。埃尔韦・法耶给巴黎科学院的报告刊登在 *Nature* 29（1883 年 11 月 8 日至 1883 年 12 月 13 日）: 44, 183; *Monthly Notices of the Royal Astronomical Society* 44（1884）: 206–8。

8 委派殖民地代表与建议再派一个人代表澳大利亚殖民地之间存在关联，这个建议在寄给剑桥的约翰・亚当斯的代表资格确认信中提出：June 19, 1884, St. John's Library / Adams / 10/30/1。关于加拿大人预先委派弗莱明、英国与加拿大自治领各政府部门间的沟通情况，参见 Letters of May 31, 1883; June 5, June 7, June 8, June 14, July 21, 1883, between Foreign Office, Colonial Office, and Canadian government officials, RG 25, vol. 31（A– L）, items 1–9, Library and Archives Canada。

9 J. Donnelly to W. H. Christie, February 22, 1884, and Christie to Donnelly, March 28, 1884, RGO 7/142, *Papers of William Christie*, Cambridge University Library.

10 J. Donnelly to R. Strachey, July 7, 1884, MS Eur F127/188, ff. 424–426, British Library.

11 Édouard Caspari, *Rapport fait au nom de la Commission de l'Unification des Longitudes et des Heures*（Paris: Ministère de l'Instruction Publique et des Beaux–Arts, Imprimerie Nationale, 1884）。这份文件共 18 页，第一页为委员名单。又见 Bartky, *One Time Fits All*, 85–86。

12 Caspari, *Rapport fait au nom de la Commission de l'Unification des Longitudes et des Heures*, 16–18; Bartky, *One Time Fits All*, 86.

13 Struve, “Resolutions of the Washington Meridian Conference,” 84–101, 引自 pp. 94–95。

14 代表们可以得到的文件是 *Unification des longitudes par l'adoption d'un meridien initial unique, et introduction d'une heure universelle*［*Extrait des comptes rendus de la Septième Conférénce Generale de L'Association Géodésique Internationale réunie à Rome, en Octobre 1883, rédigé par les secretaries A.*［Adolphe］*Hirsch*［and］*Th* .［Theodore］v. *Oppolzer publié par le Bureau Central de l'Association Géodésique Internationale*。

15 *Protocols*, 1884 年 10 月 2 日，引自 p. 10、20。

16 同上，引自 p. 24、25。

17 同上，引自 p. 29、30、32。

18 “A Common Prime Meridian. The International Conference Not Yet Able to Agree,” *New York Times*, October 3, 1884; *Times*, October 2, 1884, 9; *Times*, October 3 and 4, 1884.

19 *Protocols*, 1884 年 10 月 2 日，引自 p. 37, 38, 40, 41。

20 *Protocols*, 1884 年 10 月 6 日，引自 p. 43、44、50、51。

21 同上，引自 p. 52、53、54、55、56。

22 同上，引自 p. 60、67。约翰·亚当斯对纽科姆观点的评价收录在亚当斯的私人文件中，为亚当斯对提议作出贡献的草稿版 : St. John's Library / Adams / 27/4/5; 内在证据只有 1884 这个数字，没有写明日期。亚当斯 1884 年 7 月动身前往华盛顿之前曾经写信给纽科姆，表示渴望与后者会面，希望华盛顿会议“严格局限于本初子午线问题和计算天文日的时间起点，不允许以任何方式混杂其他问题”。亚当斯在信中提到了拉普拉斯的观点，拉普拉斯在《天体力学》中表示，唯一的本初子午线和计量学统一性很重要。亚当斯还特别提到福尔斯特教授在罗马对这些问题的论证，认为这个德国人的论证“很薄弱，没有说服力”。参见 July 14, 1884, St. John's Library / Adams / 37/21/4。这封信以及斯特鲁维致弗莱明和惠勒致弗莱明的信件（参见本书第 4 章）是有力的证据，说明几位科学家在国际地理大会或华盛顿会议的背景以外讨论过本初子午线问题。

23 *Times*, October 8, 1884, 5; C.H. Mastin to R. Strachey, Letters to Sir Richard Strachey, 1883–1889, October 11, 1884, file 124, MS Eur 127/151, British Library; Jules Janssen to Henriette Janssen, October 13, 1884, MSS 4133–278, Bibliothéque Institut de Français, cited in Françoise Launay, *The Astronomer Jules Janssen: A Globetrotter of Celestial Physics*, trans. Storm Dunlop（New York: Springer, 2012）, 132。有趣的是，谈到就本初子午线会议与他人通信，英国的约翰·亚当斯在日记中记下了他在北美洲的工作和 1884 年的出行经历（1884 年，他去蒙特利尔出席英国科学促进会的会议，然后动身去往华盛顿）。他的日记完整地记录到 8 月中旬，然后出现空白，直至 11 月中旬再次开始完整地记录。让人沮丧的是，他只字未提华盛顿会议。St. John's College / Adams 21/17。当然，也许是他全神贯注于辩论问题，既没有空闲，也没有意愿在日记中记录此事。

24 *Times*, October 11, 1884, 5; *Protocols*, October 13, 1884, 引自 pp. 75, 76–77.

25 *Protocols*, October 13, 1884, quotes from pp. 90, 92.

26 从 1877 年到 1884 年第一个季度，英国海军部的海图在七大购买国的总销量如下：法国 : 35 744; 德国 : 36 679; 美国 : 23 867; 意大利 : 14 440; 俄国 : 52 930; 土耳其 : 4591; 奥地利 : 6544。《航海天文历和天文星历表》在 1877 年到 1883 年间的年销量（不是由埃文斯按照各国的销量给出）是，1877 年 : 18 439; 1878 年 : 16 408; 1879 年 : 16 290; 1880 年 : 14 561; 1881 年 : 15 870; 1882 年 : 15 071; 1883 年 : 15 535。参见 *Protocols*, October 13, 1884, 97–98。Howse 称，桑福德·弗莱明的吨位统计数据和多条本初子午线使用情况的表格打破了华盛顿会议的僵局，这个说法没有根据：印发的《议程议定书》中没有证据表明产生了这种效果。科学界的代表们在前来参会前必然知晓这条证据，外交界的代表们也没有对此发表评论。弗莱明的证据是在实践基础上建议以格林尼治为首选的资料的组成部分，但弗莱明以中立为由主张格林尼治 180 度的本初子午线。Derek Howse, "1884 and Longitude Zero," *Vistas in Astronomy* 28（1985）: 11–19。

27 *Times*, October 15, 1884, 9.

28 "The Meridian Conference," *Science* 4（1884 年 12 月 17 日）: 376–378, 引自 p. 378。

29 *Protocols*, 1884 年 10 月 14 日 , 引自 p. 130、131。

30 [Sandford Fleming], *The International Prime Meridian Conference Washington, October 1884: Recommendations Suggested by Sandford Fleming Respectfully Submitted*, October 1884.

31 *Protocols*, October 13, 1884, 105, 106, 109; *Protocols*, October 14, 1884, 117–118, 123, 124.

32 *Protocols*, October 14, 1884, 132–133.

33 同上 , 134。

34 同上 , 147、149.

35 *Protocols*, October 20, 1884, 158, 162, 163.

36 同上 , 167–168。

37 同上 , 170、171、173、181–182。

38 从罗杰斯（致弗莱明）的信件判断，会议已经分崩离析。罗杰斯写道"许多代表已经离开或等不及要离开"：C. R. P. Rodgers to Sandford Fleming, October 31, 1884, MG 29–B1, vol. 41, fol. 295, Library and Archives Canada。

第 6 章 华盛顿会议的"余波"
本初子午线与世界时，1884—1925 年

1 Derek Howse, "1884 and Longitude Zero," *Vistas in Astronomy* 28（1985）: 11–19, 引自 p. 18; Howse, *Greenwich Time and the Longitude*（London: Philip Wilson, 1997）, chap. 6。

2 *Australian Town and Country Journal*, November 22, 1884, 25; Rebekah Higgitt and Graham Dolan, "Greenwich, Time and 'The Line,' " *Endeavour* 34（2009）: 34–39; *Philadelphia Inquirer*, January 2, 1885, 2.

3 Françoise Launay, *The Astronomer Jules Janssen: A Globetrotter of Celestial Physics*, trans.

Storm Dunlop (New York: Springer, 2012) , 134 引用了让森的评论。让森的报告全文，参见 Jules Janssen, "Rapport sur le Congrès de Washington et sur les propositions qui y ont été adoptées, touchant le premier méridien, l' heure universelle et l' extension du système décimal à la mesure des angles et à celle du temps," *Comptes rendus de l'Académie des Sciences* 100 (March 9, 1885) : 706–726。关于亚当斯的思考，参见 John Adams to F. Bashforth, November 21, 1884, St. John's Library / Adams / 4/26/4, St. John's College Library, Cambridge (original emphasis) ; [Sandford Fleming] , "Report on the Washington International Conference, to the Canadian Government, by Mr. Sandford Fleming, Delegate of Great Britain, Representing Canada. (31st December, 1884) ," in *Universal or Cosmic Time, Together with Other Papers, Communications and Reports in the Possession of the Canadian Institute Respecting the Movement for Reforming the Time-System of the World, and Establishing a Prime Meridian as a Zero Common to All Nations* (Toronto: Copp, Clark: 1885) , 67–73, 引自 p. 69、71; George Wheeler to Sandford Fleming, *June* 23, 1885, MG 29– B1, vol. 53, fol. 365, Sandford Fleming Papers, Library and Archives Canada (LAC) ; f. 1; C. R. P. Rodgers to Sandford Fleming, December 15, 1887, and Rodgers to Fleming, March 21, 1889, MG 29– B1, vol. 41, fol. 295, Sandford Fleming Papers。

4 U.S. Congress. *Message from the President of the United States Transmitting a Communication from the Secretary of State, Relative to International Meridian Conference Held at Washington*, 48th Cong., 2nd sess., December 4, 1884; Senate Committee on Foreign Relations, *Concurrent Resolution Authorizing the President to Communicate to the Governments of All Nations the Resolutions Adopted by the International [Meridian] Conference . . . for Fixing a Prime Meridian*, 48th Cong., 2nd sess., February 7, 1885.

5 Rodgers to Fleming, December 15, 1887, MG 29– B1, vol. 41, fol. 295, *Sandford Fleming Papers*.

6 海军部长传达关于所建议的改变天文日计时起点的信函 (Letter from the secretary of the navy transmitting communications concerning the proposed change in the time for beginning the astronomical day) , February 17, 1885, RGO 7/146, *Papers of William Christie*, Cambridge University Library, Washington, DC。

7 Ian R. Bartky, *One Time Fits All: The Campaigns for Global Uniformity* (Stanford, CA: Stanford University Press, 2007) , 100–119, 以更多原始材料为补充。

8 同上 , 107–109; *Thirty-Fourth Report of the Department of Science and Art of the Committee of Council on Education, with Appendices* (London: Eyre and Spottiswoode, 1887) , enclosure 11, p. 21。

9 Bartky, *One Time Fits All*, 106; Otto Struve, "The Resolutions of the Washington Meridian Conference," in Fleming, *Universal or Cosmic Time*, 84–101, 引自 p. 93、97、99。

10 D. Kikuchi to J. Adams, December 12, 1884, St. John' s Library / Adams / 24/16/2。John Tennant 写信给亚当斯提出他的观点："我不认为我们很快就会看到普遍使用世界

时，同时看到美国用于铁路目的的计划又好又切实可行。” J. Tennant to J. Adams, February 23, 1885, St. John's Library / Adams / 14/41/3。

11 “Minutes and Correspondence: Washington Prime Meridian Conference, 10–12” [Mr. Duncombe, Under Secretary of State at the Foreign Office, January 30, 1886] , *Thirty-Fourth Report of the Department of Science and Art of the Committee of Council on Education*, app. A。关于皇家学会的本初子午线委员会，参见 Royal Society, 1885 年 6 月 25 日 , MSS CMB / 3/8, 该委员会建议皇家学会理事会批准决议第 6 条，并从 1890 年起在“各国航海天文历”中统一实行决议第 6 条。又见 [Minutes of June 18, 1885] , *Minutes of Council of the Royal Society from October 30th 1884 to June 30th 1892* (London: Harrison and Son, 1893) , 46。

12 “Minutes and Correspondence: Washington Prime Meridian Conference,” app. A, 10.

13 同上。

14 RGO 7/146, items 1–15, *Papers of William Christie*; June 25, 1885, CMB / 3/8, Royal Society of London; Bartky, *One Time Fits All*, 109–113.

15 Sandford Fleming, “Report on the Washington International Conference, to the Canadian Government,” 67–73, 引自 p. 73; Bartky, *One Time Fits All*, 113, 他指出：“他（弗莱明）为什么在这个特殊时间（1892 年）做这件事，原因不得而知。”桑福德·弗莱明的《20 世纪的计时》(Washington, DC: Adams, 1889) 初版时是 *Report of the Smithsonian Institution* for 1886 的组成部分，页码编排也采用这份报告的形式 (pp. 346–361)。巴特基没有引述。

16 Fleming, *Time-Reckoning for the Twentieth Century*, 359。这个时期桑福德·弗莱明也收到了利益相关方就他的提案写来的私人信件。勒弗罗伊中将在 1885 年 9 月的一封来信中恭维弗莱明提倡世界时的出版物，他指出，虽然他（勒弗罗伊）对纽科姆的反应感到意外，却对艾里似乎不接受格林尼治毫不惊讶，“这很符合此人的性格”。H. Lefroy to Sandford Fleming, September 2, 1885, MG 29 B–1, vol. 28, fol. 199, *Sandford Fleming Papers*。

17 “Correspondence Relative to a Universal Prime Meridian and to a Proposed Reform in Time Reckoning,” *Thirty-Eighth Report of the Department of Art and Science of the Committee of Council on Education, with Appendices* (London: Eyre and Spottiswoode, 1890) , app. A, 16–32, 引自 p. 25、27。Fleming's “Memorandum,” 日期为 1890 年 11 月 20 日，在 pp. 16–20。

18 Sandford Fleming to W. Christie, July 4, 1982, RGO 7/146, *Papers of William Christie*。弗莱明关于这件事的大部分消息显然得自他与唐纳利的会面：“他（唐纳利）亲切地给我看了已收到的探讨计时问题的所有论文……我发现他拥有相当数量的有趣通信。”

19 1893 年 4 月，加拿大联合委员会所发出的通告收到了回复，我们能够凭借印发的对回复的总结找出各国国内的个体受访者。例如在大不列颠，4 位受访者中有一人反对以这些方法改变天文日，也反对所提议的日期，他就是 Lt. Gen. John Tennant；他曾在 1885 年 2 月写信给约翰·亚当斯，询问华盛顿会议的结果和世界时问题

（见注释 10）。他评论世界时对美国铁路的益处，但没有提及其他方面，这与他后来反对 1893 年提案的证据前后一致。参见 *Forty-Second Report of the Department of Art and Science of the Committee of Council on Education, with Appendices*（London: Her Majesty's Stationery Office, 1895）, app. A, 19。桑福德·弗莱明对贝尔纳普—纽科姆报告的评论在这份打印的报告中并未引用，但出现在手稿 RGO 7/146, *Papers of William Christie*, 14 中。这里弗莱明提到的第三人是美国海军部长威廉·惠特尼：Bartky, *One Time Fits All*, 116 错误地把这句话的年代标记为 1895 年。

20 *Forty-Second Report of the Department of Art and Science of the Committee of Council on Education*, app. A, 21; Bartky, *One Time Fits All*, 21; RGO 7/146, August 3, 1894, Papers of William Christie.

21 Replies from Foreign Governments, RGO 7/146, Papers of William Christie.

22 C. Abbe to Sandford Fleming, May 21, 1895, MG 29–B1, vol. 2, fol. 1, Sandford Fleming Papers. 缩进的引文摘自 Abbe to Fleming,1895 年 5 月 24 日。

23 Questions put to Shipmasters, RGO 7/146, Papers of William Christie.

24 Fleming to Christie, October 10, 1895, RGO 7/146, Papers of William Christie。关于 1896 年克里斯蒂—弗莱明的通信，参见 Christie to Fleming, March 7, 1896, RG vol. 31, A– L, item 4, LAC and the reply, Fleming to Christie, October 10, 1896, MG–29 B1, fol. 65, LAC。

25 Bartky, *One Time Fits All*, 112.

26 Replies from Foreign Governments, November 27, 1896 and January 19, 1897（关于法国当局确认打算以格林尼治为本初子午线）, RGO 7/146, *Papers of William Christie*; RGO 16/2, Papers on the Astronomical Day, Cambridge University Library; Bartky, *One Time Fits All*, 155–156。

27 Otto Struve, "The Resolutions of the Washington Meridian Conference," in Fleming, *Universal or Cosmic Time*, 98.

28 Henri Bouthillier de Beaumont, "Les projections dans la cartographie et présentation d'une nouvelle projection de la sphere comme planisphère," *Le globe* 27（1888）: 216–217。1888 年 8 月德博蒙在瑞士地理学家会议上讲话，讲话报告刊登在 *Le globe* 28（1889）: 13，我从中引用了讲话所引起的反响和评论。巴特基在其 *One Time Fits All*（p. 97）中指出，德博蒙 1888 年 4 月的文章是一篇内容翔实的论文（巴特基错误地引用为 1888 年刊 *Le globe* pp. 1–26），德博蒙在文章中贬低自 1871 年起人们就在为实施统一所付出的努力，并且评论认为罗马国际大地测量协会会议和 1884 年华盛顿会议不具有代表性。事实并非如此：德博蒙提到早先的著作只是一笔带过，也没有对前面两次会议的内容发表评论。

29 Cesare Tondini de Quarenghi, "A Suggestion from the Bologna Academy of Science towards an Agreement on the Initial Meridian for the Universal Hour," *Report of the Fifty-Eighth Meeting of the British Association for the Advancement of Science*（London: John Murray, 1889）,［transactions of section A］, 618–619.

30 这个英国科学促进会委员会负责提交"为了科学利益统一度量衡的最佳方法"报

告，它 19 世纪 70 年代初的工作在英国科学促进会年度报告中做了讨论，分别是 1871 年（p. 197）、1872 年（p. 217）和 1874 年（p. 359）。关于弗莱明 1876 年打算交给格拉斯哥英国科学促进会会议的论文，参见 Sandford Fleming, “Observations on the Conventional Division of Time Now in Use, and Its Disadvantages in Connexion with Steam Communications in Different Parts of the World; with Remarks on the Desirability of Adopting Common Time over the Globe for Railways and Steam–Ships,” *Report of the Forty-Sixth Meeting of the British Association for the Advancement of Science*（London: John Murray, 1887）, 182。提到标题，但不描述文章内容是英国科学促进会的惯例，表示作者提交了论文，但没有发表讲话。雷文斯坦和弗莱明关于邀请后者在 1886 年伯明翰英国科学促进会会议上讲话的通信，参见 E. G. Ravenstein to Sandford Fleming, July 30, 1886, and the reply, August 5, 1886, vol. 6, fol. 37, MG–29 B1, LAC。关于雷文斯坦认可公制，参见 E. G. Ravenstein, “A Plea for the Metre,” *Report of the Fifty-Seventh Meeting of the British Association for the Advancement of Science*（London: John Murray, 1888）, 805。

31 “Report of the Committee, Consisting of Dr. Glaisher, Mr. W. H. M. Christie, Sir R. S. Ball, and Dr. Longstaff, Appointed to Consider the Proposals of M. Tondini de Quarenghi Relative to the Unification of Time, and the Adoption of a Universal Prime Meridian, Which Have Been Brought before the Committee by a Letter from the Academy of Sciences of Bologna,” *Report of the Fifty-Eighth Meeting of the British Association for the Advancement of Science*, 49.

32 R. P. Tondini de Quarenghi, “Du choix du méridien de Jérusalem pour fixer l’heure universelle,” *IVe Congres Internationale des Sciences Geographiques tenu a Paris en 1889*, 2 vols.（Paris: Bibliotheque des Annales Économiques, 1890）, 1:193–204, 引自 p. 204。vol. 1 of the *IVe* Congres 的 pp. 41–42 和 164–166 也讨论了耶路撒冷提案。这里用首字母 R. P. 指代托恩迪尼・德・夸伦吉（巴特基提到，这个意大利人也用这两个字母指代自己），表示他担任天主教牧师和传教士的身份—Révérend Père。他的教名是凯撒（参见注释 29）。

33 *IVe Congres Internationale des Sciences Geographiques tenu a Paris en 1889*, 1:166 给出了总票数，没有给出投赞成票或反对票的投票人姓名。巴特基在 *One Time Fits All*,（p. 97）中没有提到，博洛尼亚的耶路撒冷提案最早提出是在巴斯 1888 年英国科学促进会会议上，他以为该委员会 1889 年在纽卡斯尔把它驳回是该机构第一次处理这个问题，当时英国科学促进会考虑这个问题只是因为代表们在巴黎第四届国际地理大会上把它驳回。如上述讨论的证据所示，英国科学促进会纽卡斯尔会议正式驳回了一年前引起他们关注的事宜。

34 “Correspondence Relative to a Universal Prime Meridian and to a Proposed Reform in Time Reckoning,” app. A, 29.

35 同上, app. A, pp. 29–30（Tornielli）, p. 30（Donnelly）。

36 同上, app. A, 32 阐述了唐纳利对 1891 年意大利提案的答复。Bartky, *One Time Fits All*, 98

简要地指出，国际大地测量协会驳回了博洛尼亚提案。关于 1891 年伯尔尼会议上讨论的论文，参见 Henri Bouthillier de Beaumont, "L'expression de la longitude par l'heure"; de Beaumont, "Presentation, avec cartes nouvelles, d'une cartographié générale pour le meilleur enseignement de la géographie"; [C.] Tondini de Quarenghi, "Le statu quo dans le marine, l'astronomie et la topographie et le méridien de Jerusalem–Nyanza pour fixer l'heure eniverselle," *Compte rendu du Vme Congrès International des Sciences Geographiques tenu à Berne du 10 au 14 Aout 1891* (Berne: Schmid, Francke, and CIE, 1892), 222–224, 351–354, 229–248。关于托恩迪尼·德·夸伦吉计划 1891 在英国科学促进会利兹会议上讲话的通知，参见 C. Tondini de Quarenghi, "The Actual State of the Question of the Initial Meridian for the Universal Hour," *Report of the Sixty-First Meeting of the British Association for the Advancement of Science* (London: John Murray, 1892), 897。1888 年德·夸伦吉就这个问题出版的论文刊登在意大利地理学会的刊物上，这篇文章是他对日历改革、世界时和耶路撒冷作为世界本初子午线的备选资格发生兴趣的奇特混合：[Signor] Tondini de Quarenghi, "Nota sul calendario Gregoriano e sull' era universale del. Sig [lio]," *Bolletino della Societa Geografi ca Italiana 20* (1888): 621–623。意大利政府在 1890 年到 1891 年间为推动耶路撒冷所起的作用可能是弗朗西斯科·克里斯皮（Francesco Crispi）新近出任意大利首相的结果：克里斯皮是意大利扩张主义殖民愿景的发起人，即意大利是个媲美英国、法国和美国的"大国"。感谢博洛尼亚大学 Matteo Proto 教授对我的建议。

37 T. H. Holdich, "Geographical Notes," *Proceedings of the Royal Geographical Society and Monthly Record of Geography* 13 (1891): 615–616。巴特基没有提到霍尔迪奇的名字，他提到这条证据只说"印度政府的代表"。关于霍尔迪奇身为帝国测量员的突出成就，参见 Kenneth M. Mason and H. L. Crosthwait, "Colonel Sir Thomas Hungerford Holdich," *Geographical Journal* 75 (1930): 209–217。这里霍尔迪奇自称"完全知晓迄今未能采用格林尼治的本质原因"（指在此之前，别国未能采用格林尼治），这个评论很有趣：我们只能推测他指的是本书第 3 章和第 4 章讨论的问题。

38 Bartky, *One Time Fits All*, 98.

39 Norman J. W. Thrower, *Maps and Civilization: Cartography in Culture and Society* (Chicago: University of Chicago Press, 1999), 164–171; Alastair W. Pearson and Michael Heffernan, "The American Geographical Society's Map of Hispanic America: Million–Scale Mapping between the Wars," *Imago Mundi* 61 (2009): 215–243。关于 1891 年伯尔尼的决议公开宣布应当普遍采用格林尼治，参见 *Times*, 1891 年 8 月 14 日, 3。

40 D'Italo Enrico Frassi, "On Time–Reform, and a System of Hour Zones," in *Report of the Sixth International Geographical Congress: Held in London, 1895* (London: John Murray, 1896), 261–268, 引自 p. 262。关于其他被引用的论文，参见 M. J. de Rey–Pailhade, "L'application du système décimale a la mesure du temps et des angles," in *Report of the Sixth international Geographical Congress*, 255–256; Henri Bouthillier de Beaumont, "Resolution as to Standard Time," in *Report of the Sixth International Geographical Congress*, 259。

41 *Verhandlungen des siebenten Internationalen Geographen-Kongresses, Berlin, 1899*, 2 vols.（Berlin: W. H. Kuhl, 1901）。在彭克的地图项目中使用格林尼治和公制的建议出自 vol. 1, 5。关于米尔倡导普遍实行公制，参见 H. R. Mill, “On the Adoption of the Metric System of Units in All Scientific Geographical Work,” *Verhandlungen* 2:120–124。

42 *Report of the Eighth International Geographical Congress Held in the United States, 1904*（Washington, DC: International Geographical Union, 1905）, 109–110.

43 巴特基对“划分世界时间”开展了最为细致的研究，Bartky, *One Time Fits All*, chaps. 8–9, 我从中摘录了这个术语（p. 120）。Derek Howse 在其 *Greenwich Time and the Longitude* 中提供了各国采用基于格林尼治子午线的计时制的日期表 : table 3, pp. 148–149。这里引用的各国的例子出自 RGO 7/146, *Papers of William Christie*。对澳大利亚另一种计时法的评论摘自 *Sydney Morning Herald*,1895 年 1 月 30 日 , 6。

44 *Sydney Morning Herald*, February 14, 1885, 8.

45 George Biddell Airy, *Account of Observations of the Transit of Venus, 1874, December 8, Made under the Authority of the British Government*（London: Her Majesty's Stationery Office, 1881）, 284–285。莫卡塔姆是开罗东南部一条山脉的名称，是艾里 1874 年用三角测量法确定经度的探险地点的组成部分。

46 *Reports to the Board of Visitors, 1882–1896*, June 2, 1888, June 1, 1889, June 6, 1891, June 4, 1892, June 3, 1893, RGO 17/4, Cambridge University Library; *Reports to the Board of Visitors, 1897–1910*, June 5, 1897, June 3, 1899, June 3, 1905, RGO 17/5.

47 Bartky, *One Time Fits All*, 138–157.

48 *Times*, March 13, 1911, 9.

第 7 章 统领空间，确定时间

1 *Mercury*, January 13, 1934, 11（Hobart, Tasmania）.

2 Benjamin Vaughan, “An Account of Some Late Proceedings in Congress Respecting the Project for Establishing a First Meridian, with Remarks,” MS B / V46p, fol. 14, *Benjamin Vaughan Papers*, American Philosophical Society.

3 Joseph Conrad, *The Secret Agent. Edited and with an Introduction and Notes by Martin-Seymour Smith*（London: Penguin Books, 1984）, 68, 70。康拉德从报纸 *Anarchist* 和同时代的其他消息源获悉了“格林尼治炸弹暴行”。相关讨论参见 M. Kellens Williams, “‘Where All Things Sacred and Profane Are Turned into Copy’: Flesh, Fact, and Fiction in Joseph Conrad's *The Secret Agent*,” *Journal of Narrative Theory* 32（2002）: 32–52; Mary Burgoyne, “Conrad among the Anarchists: Documents on Martial Bourdin and the Greenwich Bombing,” *Conradian* 32（2007）: 147–185; Adam Barrows, *The Cosmic Time of Empire: Modern Britain and World Literature*（Berkeley: University of California Press, 2011）, chap. 4, 100–128。

4 这个段落摘录的引语出自 Barrows, *Cosmic Time of Empire*, 101, 102, 112。关于约瑟

夫・康拉德对地理学的讨论，参见 Conrad, "Geography and Some Explorers," in *Last Essays*, ed. R. Curle（London: Dent, 1926）, 121–134。1884 年华盛顿和格林尼治是高潮事件的说法由 Ronald L. Thomas 提出，"The Home of Time: The Prime Meridian, the Dome of the Millennium, and Postnational Space," in *Nineteenth-Century Geographies: The Transformation of Space from the Victorian Age to the American Century*, ed. Helena Michie and Ronald L. Thomas（New Brunswick, NJ: Rutgers University Press, 2003）, 23–39, 引自 p. 26。如巴特基表明的那样，大不列颠联合王国和爱尔兰在 1880 年到 1916 年间有两个法定时间，都柏林平时和格林尼治标准时间：Ian R. Bartky, *One Time Fits All: The Campaigns for Global Uniformity*（Stanford, CA: Stanford University Press, 2007）, 134–136。

5 Rebekah Higgitt and Graham Dolan, "Greenwich, Time and 'The Line,' " *Endeavour* 34（2014）: 35–39, box 1 on p. 38。如他们指出的那样，1903 年，John Henry Buxton 在 Ware, Hertfordshire 的庄园里种了一行杨树，此事似乎与标记本初子午线或天文台无关。我在指出 1910 年到 1959 年间纪念本初子午线的 10 种形式时没有把这件事包括在内。关于几种纪念行为的实例，比如萨塞克斯郡皮斯黑文的方尖碑——本初子午线在这里"离开了"英国，参见 Stuart Malin and Carole Stott, *The Greenwich Meridian*（London: Her Majesty's Stationery Office, 1984）, 9。关于国家测绘局千禧地图的问题，参见 Chet Raymo, *Walking Zero: Discovering Cosmic Space and Time along the Prime Meridian*（New York: Walker, 2006）, 19。国家测绘局《探险家》系列地图制作于 1999 年到 2001 年间，页码标记为 122、135、147、148、161、162、174、194、209、225、227、235、249、261、273、283、284 和 292。感谢戈登街（Gordon Street）的国家测绘局客户服务部（Customer Services）向我提供这条信息。Paul Murdin, *Full Meridian of Glory: Perilous Adventures in the Competition to Measure the Earth*（New York: Springer, 2009）, 3–5; Claude Teillet, "Mission 2000 en France: La Méridienne Verte," *Comptes-rendus et mémoires de la Société Archeologique et histoire de Clermont en Beauvaisis* 40（1998–2002）: 193–222 讨论了法国的千禧年野餐会和标记"绿色子午线"的植树活动。

6 这个概念是 Patrick Hutton, *History as an Act of Memory*（Burlington, VT: University of Vermont / University Press of New England, 1993）的核心焦点。

7 Nicky Reeves, " 'To Demonstrate the Exactness of the Instrument': Mountainside Trails of Precision in Scotland, 1774," *Science in Context* 22（2009）: 323–340.

8 这是从 Stephen Malys, John H. Seago, Nikolaos K. Pavlis, P. Kenneth Seidelmann, and George H. Kaplan, "Why the Greenwich Meridian Moved," *Journal of Geodesy* 89（2015）: 1263–1272 提炼而来。感谢 Dr. Richard Dunn 在我即将写完这本书时提醒我注意到这本参考书。

9 Chris Green, " There's No Need to Adjust Your Watch, But the Greenwich Meridian Is on the Move," *Independent*, August 13, 2015, 7 引用了库库拉博士的话。格林尼治还具有超越地球的影响力：根据法律，国际空间站的时区由格林尼治标准时间规定。